Laser in Technik und Forschung

Herausgegeben von
G. Herziger und H. Weber

Volker Klein
Christian Werner

Fernmessung von Luftverunreinigungen

mit Lasern und anderen spektroskopischen Verfahren

Mit 115 Abbildungen und 23 Tabellen

Springer-Verlag
Berlin Heidelberg New York
London Paris Tokyo
Hong Kong Barcelona Budapest

Dr. Volker Klein
Kayser Threde GmbH
Wolfratshauser Str. 48
8000 München 70

Dr. Christian Werner
Inst. f. Optoelektronik
DLR-Forschungsanstalt
für Luft- und Raumfahrt e. V.
8031 Oberpfaffenhofen

Herausgeber der Reihe:
Prof. Dr.-Ing. Gerd Herziger
Fraunhofer Institut für Lasertechnik Aachen
5100 Aachen

Prof. Dr.-Ing. Horst Weber
Festkörper-Laser-Institut Berlin GmbH
1000 Berlin 12

ISBN 3-540-55079-8 Springer-Verlag Berlin Heidelberg New York

Die Deutsche Bibliothek – CIP-Einheitsaufnahme

Klein, Volker: Fernmessung von Luftverunreinigungen : mit Lasern und anderen spektroskopischen Verfahren ;
mit 23 Tabellen / Volker Klein ; Christian Werner. –
Berlin ; Heidelberg ; New York ; London ; Paris ; Tokyo ; Hong Kong ; Barcelona ; Budapest ; Springer, 1993
(Laser in Technik und Forschung)
ISBN 3-540-55079-8 (Berlin . . .)
ISBN 0-387-55079-8 (New York . . .)
NE: Werner, Christian:

Satz: Reproduktionsfertige Vorlage vom Autor
Druck: Mercedes-Druck, Berlin; Bindearbeiten: Lüderitz & Bauer, Berlin
62/3020 – 5 4 3 2 1 0 - Gedruckt auf säurefreiem Papier

Geleitwort der Herausgeber zur Reihe

Die Bedeutung des Lasers sowohl in seinen Anwendungen als auch im wissenschaftlichen Bereich erkennt man am besten daran, daß die Lasertechnik sich von der Laserphysik getrennt hat und dabei ist, sich zu einer eigenständigen Disziplin zu entwickeln, so wie viele andere Bereiche der Ingenieurwissenschaften. Das führt auch zu einer eigenen Sprache, zu anderen pragmatischen Definitionen und Begriffen. Anwender interessieren weniger die fundamentalen, physikalischen Herleitungen, sie möchten handliche Formeln, Zahlenwerte und Anwendungsvorschriften.

In diesem Sinne wendet sich die vorliegende Buchreihe an den Ingenieur und Physiker, die den Laser in der Praxis einsetzen wollen.

In einer Reihe von Monographien werden die verschiedenen Anwendungsbereiche behandelt. Der Reihe vorangestellt sind einführende Bände, die die Grundlagen der Laserphysik und der Laserkomponenten behandeln, gefolgt von Monographien, die die wichtigsten Laser als industrielle Systeme beschreiben. Jeder Band ist in sich abgeschlossen und verständlich, d. h. die wichtigsten Begriffe die benutzt werden, sind jeweils dargestellt.

Die Reihe wird fortgesetzt mit Monographien zu allen Bereichen der Laseranwendungen.

Aachen und Berlin, im Januar 1993

Prof. Dr. G. Herziger

Fraunhofer Institut für Laser-Technik
Lehrstuhl für Laser-Technik
der RWTH Aachen

Prof. Dr. H. Weber

Festkörper-Laser Institut Berlin GmbH
Optisches Institut der TU Berlin

Vorwort

Die Überwachung der Luftqualität und die Reduktion von Luftverunreinigungen sind vordringlichste Ziele, um den Lebensraum Erde auch für zukünftige Generationen zu erhalten.

Neben den bereits etablierten analytischen Verfahren wurden in den letzten Jahren neue Meßverfahren entwickelt, mit deren Hilfe eine zusätzliche wirksame Kontrolle von gasförmigen Luftverunreinigungen ermöglicht wird.

Es handelt sich hierbei um optische Fernmeßverfahren einschließlich Lasermeßverfahren, durch die bereits aus größerer Entfernung eine gezielte und flächendeckende Untersuchung der Luftqualität ermöglicht wird. Aufgrund der vielfältigen technischen Varianten dieser Verfahren erstreckt sich die Skala der Anwendungen von der lokalen stationären bzw. mobilen Kontrolle bis zur satellitengestützten globalen Überwachung.

Aufgrund der Entwicklung der spektroskopischen Verfahren kann man nicht nur Lasermeßverfahren behandeln. In diesem Buch wird neben theoretischen Grundlagen eine breite Palette unterschiedlicher Fernmeßverfahren und deren technische Umsetzung dargestellt, wobei die Laserfernmeßverfahren Priorität haben. Es werden weiterhin beispielhafte Anwendungen aus der Praxis vorgestellt, wo sich optische Fernmeßverfahren bereits als besonders wirkungsvolles Instrumentarium zur Bestimmung der räumlichen Konzentration von gasförmigen Luftverunreinigungen bewährt haben.

Anschließend erfolgt ein Ausblick auf zukünftige Entwicklungsmöglichkeiten mit deren Hilfe die Applikation von optischen Fernmeßverfahren zur Bewältigung weiträumiger Umweltprobleme vorangetrieben werden kann. Dabei wird auch die Laserentwicklung einbezogen.

München, Oktober 1992 Volker Klein, Christian Werner

Inhaltsverzeichnis

1 Einleitung

Sie kennen sicher das Szenario:

Die Umweltkatastrophe ereignet sich mediengerecht an einem Feiertag. In der Umgebung einer dicht besiedelten Gegend entgleist ein Güterzug beladen mit giftigen Chemikalien. Die Hilfsorganisationen versagen bei der Bekämpfung aus Nichtwissen über die Ladung und Kompetenzunklarheiten.
Ursache: menschliches Versagen.

Viele Umweltkatastrophen sind nach diesem Muster abgelaufen; man empört sich immer weniger; die Industriegesellschaft fordert ihren Preis.

An der Notwendigkeit, die Umwelt zu schützen, besteht sicher kein Zweifel. Die Durchführung erfordert eine gemeinsame Aktion von Politikern, Wissenschaftlern und Technikern in der Industrie. Tabelle 1.1 zeigt die Zuständigkeiten der Gruppen.

Dies ist ein bekannter Regelkreis in dem gut bestellten Haus Bundesrepublik Deutschland. Wissenschaftler forschen erfolgreich zum Beispiel am Ozonloch mittels Lasermethoden. Die Politiker erlassen ein Gesetz zum Verbot der Fluorchlorkohlenwasserstoffe. Es wird eine Behörde beauftragt, dieses Gesetz zu überwachen, und die Techniker finden ein anderes, noch nicht als schädlich erkanntes Treibgas.

Was könnte anders sein? Am Ende dieses Buches ist ein geänderter Regelkreis geschildert. Dieses Buch ist als Lehrbuch konzipiert, es soll helfen, die optischen Fernmeßmethoden verständlich zu machen. Es konzentriert sich dabei auf die Fernmessung von Luftverunreinigungen. Die Wasserverschmutzung und die Erfassung von Vegetationsstreß mittels optischer Fernmeßmethoden werden in diesem Buch trotz der Verwandtschaft der Methoden nicht behandelt.

Bei den Luftverunreinigungen handelt es sich generell um natürliche und anthropogene Verunreinigungen. Das 2. Kapitel behandelt den Aufbau der Atmosphäre und die Grundlagen der spektroskopischen Methoden. Im 3. Kapitel wird auf die Luftverunreinigungen, die Quellen und die Ausbreitung eingegangen.

Tabelle 1.1 Zuständigkeit für den Umweltschutz

Politiker	Erarbeitung von Gesetzesvorlagen - Verbote von Transporten in ungeeigneten Behältern - Grenzwerte von Schadstoffemissionen von Kraftfahrzeugen und Kraftwerken - usw.
Behörden	Erarbeitung von Methoden zur Überwachung der Gesetze Anwendung der Methoden zur Überwachung
Wissenschaftler	Test neuer Methoden für die Erkennung und Wirkung von Schadstoffen Anwendung der Methoden zur Überwachung
Techniker	Nutzung der Erkenntnisse zur Reduzierung der Schadstoffe

Nach dieser Bestandsaufnahme wird der Anspruch dieses Buches, ein Lehrbuch für Umwelttechniker zu werden, verdeutlicht. Drei Szenarien bilden das Gerüst. Die Abbildung 1 zeigt schematisch diese drei Szenarien.

Da ist zunächst die Industrieanlage (Abb. 1.1, unten). Der Betrieb der Anlage unterliegt der "Technischen Anleitung Luft", kurz TA Luft. Sollte ein Störfall auftreten, tritt die "Störfallverordnung" inkraft. Die Instrumente zur Überwachung der Abgase sowie die Richtlinien selbst werden in Kapitel 6 beschrieben. Man erkennt am Gitter außerhalb des Industriewerkes, daß man auch mit Fernmeßmethoden diese Fabrik überwachen kann. Die Grundlagen für die Verfahren werden in Kapitel 4 behandelt.

Die mittlere Skala (Abb. 1.1, Mitte) gilt als Schema für eine diffuse Quelle. Typische diffuse Quellen sind Deponien, Kläranlagen, Halden, Freianlagen, Dachauslässe von Großanlagen, Flughäfen mit den Triebwerksabgasen als Sonderfall und der Hausbrand als beliebig große diffuse Quelle (Millionenstadt). Die Ausdehnung ist typisch 500 m x 500 m und soll mittels Fernmessung (Gitter in Abb. 1.1, Mitte) erfaßt werden. Die Umweltbehörden sind an Richtlinien und Meßgeräten zur Erfassung interessiert. Die Meßmethoden und ihre Genauigkeiten werden in Kapitel 5 dargestellt. Dies gilt auch für die große Skala in Abbildung 1.1, oben. Hier geht es um die globale Luftverunreinigung, nicht mehr um einzelne Quellen. Bisher im Einsatz sind integrierende Meßverfahren, die die Sonne als Lichtquelle benutzen und aus der Absorption entlang des Lichtpfades die Konzentration integrierend bestimmen. Das Ozonloch wurde damit gefunden. Eine Ausweitung der Verfahren auf andere Komponenten sowie die entfernungsauflösenden, aktiven Laserverfahren sind in Vorbereitung.

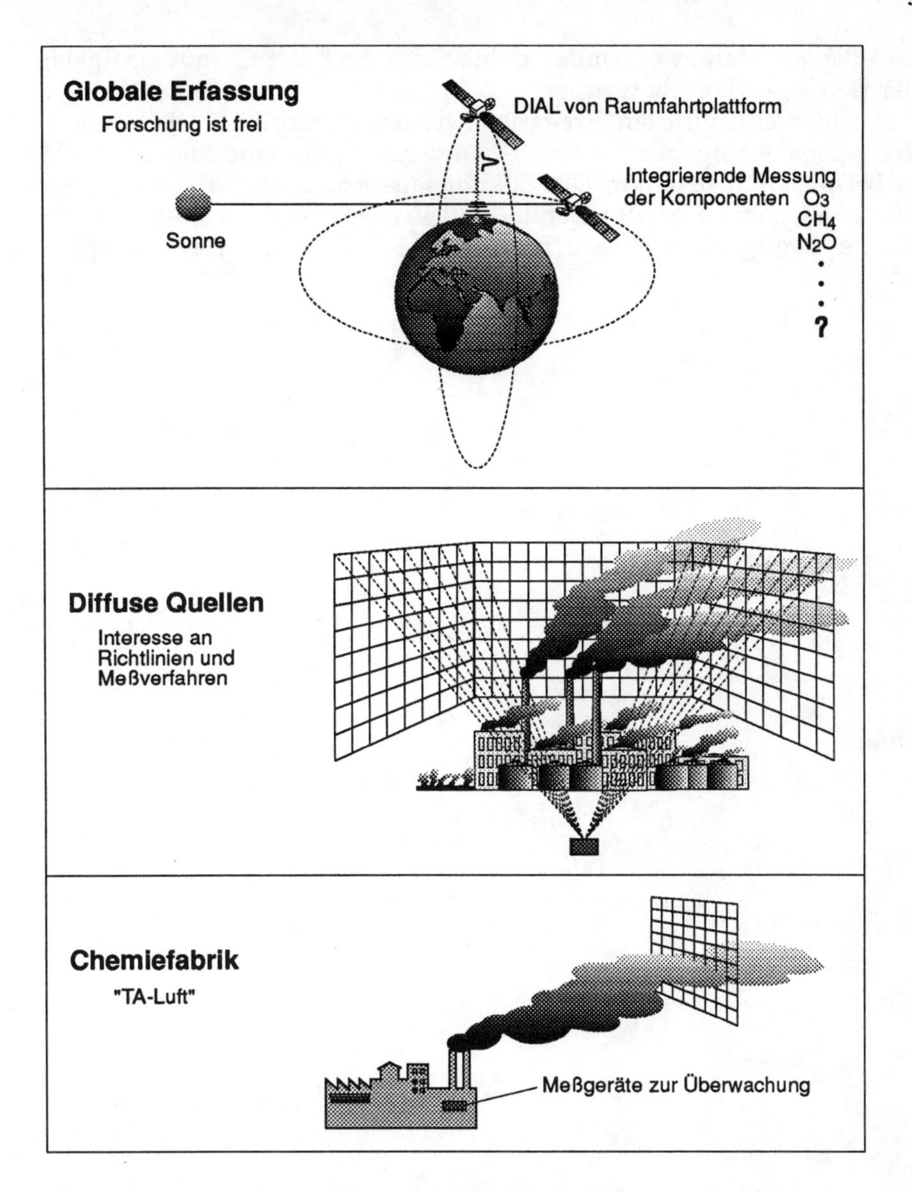

Abb. 1.1 Szenarien zur Erfassung der Luftverunreinigungen

Kapitel 5 gibt sowohl für die kleine Skala (Industrieanlage) als auch für die anderen Skalen Meßbeispiele.

Die Kalibrierung der Verfahren wird in Kapitel 6 behandelt. Kalibrierung ist Voraussetzung für den Einsatz im kleinskaligen Bereich, wo Richtlinien einzuhalten sind. Eine Kalibrierung ist auch für die Überwachung der diffusen Quellen vorgesehen. Für die globale Skala ist zunächst nicht an eine Kalibrierung gedacht: Die Forschung ist frei und die Forschungsergebnisse richten sich nach der Glaubwürdigkeit der jeweiligen Forschergruppe.

Die hier eingeführten Szenarien werden in Kapitel 7 als Anwendungsgebiete eingehend behandelt und das dargestellte Material wird in Beispielen angewandt. Die Zukunftsaussichten und die staatlichen Förderprogramme bei der Geräte- und Verfahrensentwicklung sind in Kapitel 8 aufgeführt. Eine Schrifttumsübersicht schließt jedes Kapitel ab.

2 Aufbau der Atmosphäre

2.1 Einleitung

Von den drohenden Klimaveränderungen hört man in Presse, Rundfunk und Fernsehen. Ozonloch, Treibhauseffekt, nuklearer Winter etc. sind Begriffe, die jedem bekannt sind. Dabei stammt unser Wissen über den Aufbau der Atmosphäre aus den letzten 100 Jahren.

Das Klima der Erde ist wechselvoll. Es ist zur Zeit anders als vor 100 Millionen Jahren, als tropische Pflanzen in hohen Breiten wuchsen. Es ist auch anders als zur letzten Eiszeit. Die Erdatmosphäre hat eine lange Entwicklung hinter sich. Die erste Atmosphäre bestand aus Ammoniak und Methan. Noch heute haben die Planeten Jupiter, Saturn, Uranus und Neptun eine solche erste Atmosphäre. Der Wasserdampf kam zur zweiten Atmosphäre hinzu. Stickstoff und Kohlendioxid bildeten die dritte Atmosphäre, die Venus hat diese Atmosphärenzusammensetzung. Durch die beginnende Photosynthese vor drei Milliarden Jahren bildete sich die vierte Atmosphäre, die wir heute haben und die hauptsächlich aus Stickstoff, Sauerstoff und Argon besteht.

Es ist immer wieder interessant, die Zeitskalen der Entwicklung zu betrachten:

Sauerstoff ist in der Atmosphäre seit einigen Milliarden Jahren. Die letzte Eiszeit war vor 25 000 Jahren. Unser Wissen über das Ozon stammt aus spektroskopischen Methoden gemessen vor etwa 100 Jahren, und unser Wissen über das Ozonloch in der Antarktis begann vor 20 Jahren.

Das Wissen über die Entwicklung unseres Planeten (T.H. van Andel, (1989)) ist notwendig, um vorschnelle Schlußfolgerungen zu vermeiden.

Die Erde ist weiterhin aktiv, ein Gemisch aus z.T. giftigen Gasen ist die Exhalation eines Vulkans. Die Hauptmasse der Gase besteht aus Wasserdampf. Es folgen Kohlendioxid, Schwefeldioxid, Schwefelwasserstoff und andere Schwefelverbindungen. Diese Gase und Aerosol (d.h. Staubteilchen) werden bei einem Vulkanausbruch bis in große Höhen befördert.

Zu diesen natürlichen Änderungen der Zusammensetzung kommen die durch den Menschen verursachten Änderungen. Die Technisierung, das Bevölkerungswachstum und die damit verbundene Anwachsen der Städte haben noch nicht absehbare Folgen. Wie kann sich die Menschheit auf ein zukünftiges Klima vorbereiten? Eine Klimavorhersage ist gefragt wie in der kleinskaligen Zeitskala die Wettervorhersage für die nächste Woche. Die Schwierigkeiten bei der langfristigen Wettervorhersage sind jedem bekannt, die Klimavorhersage ist mit deutlich mehr Risiko behaftet. Die zur Zeit angewendeten mathematischen Klimamodelle sind ein großer Fortschritt. Je genauer man die Bestandteile der Atmosphäre und ihre chemischen Prozesse kennt, desto genauer sind die Eingangsdaten für die Modelle. Um diese Genauigkeiten zu erreichen, benötigt man optische, spektroskopische Methoden.

In diesem Kapitel werden der vertikale Aufbau der Atmosphäre (Abschnitt 2.2), die Verteilung des Aerosols und die Wirkung von Vulkanstaub (Abschnitt 2.3) und die optische Wirkung der Gase und partikelförmigen Bestandteile zur Bildung der Farbe des Himmels anhand von Lichtstreuprozessen (Abschnitt 4.6) dargestellt. Der Transport innerhalb der Atmosphäre von den Polen zum Äquator und umgekehrt wird schematisch dargestellt (Abschnitt 2.4). Die Turbulenz, die optische Meßverfahren beeinflußt, wird im Abschnitt 2.5 eingeführt.

2.2 Höhenprofile

Die Kenntnis über den Aufbau der Atmosphäre ist erst etwa 100 Jahre alt. Man teilt die Atmosphäre in Höhenbereiche ein und gibt diesen Teilbereichen eigene Namen. Abbildung 2.1 zeigt das Schema.

Die Temperaturverteilung ist für mittlere Breiten in ihrer Höhenabhängigkeit dargestellt. Gleichzeitig ist in der rechten Skala die Druckachse angebracht. Die Strahlungsbilanz aus der einfallenden Sonnenstrahlung und der Ausstrahlung (Emission) der Erde führt zu dieser Schichtung.

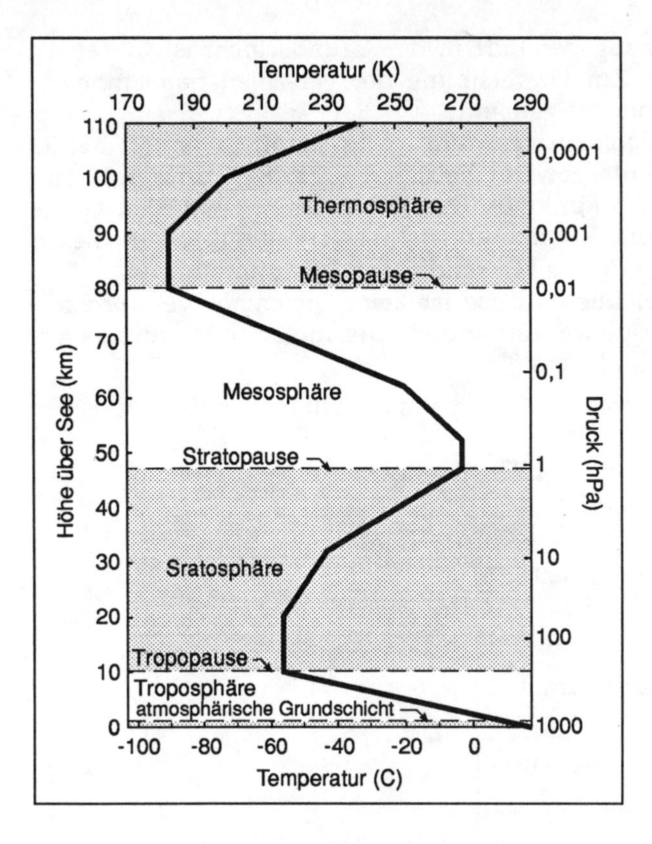

Abb. 2.1 Schematischer Aufbau der Atmosphäre

Der unterste Teil, die Troposphäre, ist der dichteste Teil. Die Grenze nach oben ist die Tropopause, gekennzeichnet durch extrem tiefe Temperaturen. Diese Tropopause liegt an den Polen bei etwa 10 km und am Äquator bei etwa 15 km. Innerhalb der Troposphäre wird die unterste Schicht als atmosphärische Grundschicht bezeichnet. Ihre Ausdehnung hängt auch von der geographischen Breite ab (2 km am Äquator, 500 m am Pol). Sie wird, im Zusammenhang mit dem Thema des Buches, interessant bei Austauschprozessen.

Der meiste Wasserdampf befindet sich in der Troposphäre. In konzentrierter Form (Wolken) erreicht er die Tropopausenhöhe.

Oberhalb der Troposphäre liegt die Stratosphäre, die bis in etwa 30 km Höhe reicht. Darin befindet sich die Ozonschicht mit einer maximalen Konzentration in etwa 22 km Höhe. In der Stratosphäre nimmt die Temperatur bis zur Stratopause zu und fällt in der darüberliegenden Mesosphäre bis zur Mesopause wieder ab, um in der Thermosphäre wieder anzusteigen. Diese wiederum ist in die Ionosphäre (bis etwa 1000 km) und in die Exosphäre eingeteilt.

Die Zusammensetzung der Luft in der Grundschicht ist in Tabelle 2.1 zusammengefaßt. Zur Umrechnung der verschiedenen Einheiten sei folgendes Grundmuster genannt:

Stickstoff hat das Molekulargewicht 28 kg/kmol, Sauerstoff hat 32 kg/kmol. Das Molekulargewicht beträgt bei 78,084% Stickstoff und 20,94% Sauerstoff 28,96 kg/kmol. Das Volumen eines idealen Gases bei Standard-Druck und -Temperatur ist 22,4 m^3/kmol. Unter diesen Bedingungen hat die Luft die Massendichte 1,29 kg/m^3.

Für die mit * bezeichneten Gase ist keine gleichmäßige Durchmischung in der Atmosphäre vorhanden. Die molaren Mischungsverhältnisse werden in Einheiten

parts per million (1 ppm = $1:10^6$), parts per billion (1 ppb =$1:10^9$) oder

parts per trillion (1 ppt = $1:10^{12}$)

angegeben.

Tabelle 2.1 Zusammensetzung der Luft in der Grundschicht

Molekül	Volumen-Prozent
N_2	78,084
O_2	20,946
Ar	1
H_2O	4,5 - ($1,3 \cdot 10^{-5}$) *
CO_2	0,033
CH_4	$1,0 \cdot 10^{-4}$
O_3	$5 \cdot 10^{-6}$ *
CO	$(0,5 - 2,5) \cdot 10^{-5}$
N_2O	$(2,7 - 3,5) \cdot 10^{-5}$ *

Oft sind statt der Volumenkonzentrationen Massenkonzentrationen gefragt. Die Umrechnung in Massenkonzentrationen aus Mischungsverhältnissen basiert auf Annahmen von Temperatur und Druck. 1 ppb V Stickstoff entspricht bei 0° C und 1013 hPa etwa 1,25 µg/m^3.

Die Konzentration von Wasserdampf und Ozon ist abhängig von der Höhe, wie in Abbildung 2.2 dargestellt.

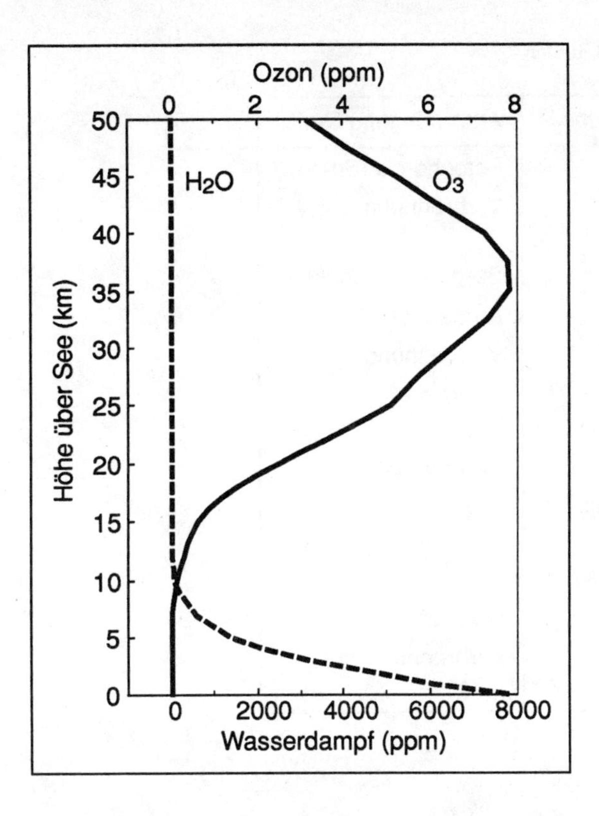

Abb. 2.2 Standardprofile von Wasserdampf und Ozon

Bei diesen Profilen gibt es noch eine starke Abhängigkeit von der geographischen Breite und von der Jahreszeit.

Wie schon in Tabelle 2.1 gezeigt sind die Gase Ozon, Methan und Kohlenmonoxid sowie die Stickoxide wirkliche Spurengase. Diese und auch andere Spurengase haben ihr Entstehen sowohl aus natürlichen Quellen als auch aus anthropogenen. Tabelle 2.2 zeigt diese Spurengase.

Die hervorgehobenen Anteile sollen auf die größere Bedeutung der Quelle hinweisen.

Die chemische und photochemische Wechselwirkung mit anderen Gasen hängt von der Durchmischung und von der Verweildauer in der Atmosphäre ab. Nicht gleichmäßig gemischt sind neben Ozon und Wasserdampf auch Methan und Lachgas. Das Ozon nimmt eine Sonderstellung ein, da es ein klimarelevantes Gas ist. Es absorbiert die ultraviolette Strahlung der Sonne. Die Sonne als Schwarzkörperstrahler der Temperatur von 5900 K emittiert Strahlung von 300 nm bis in den infraroten Bereich. Die atmosphärischen Gase absorbieren einen Teil dieser Strahlung, Ozon dabei etwa 40% des ultravioletten Anteils.

Tabelle 2.2 Spurengase und Quellen

Spurengas	Natürliche Quelle	Anthropogene Quelle
O_3	Fotochemie	Fotochemie (Smog)
CO_2	Ozean *biol. Prozesse*	Verbrennung
CH_4	*biol. Prozesse*	Bergbau, Müllhalden
CO	aus Methan	Autoabgase
SO_2	Vulkane	Verbrennung
H_2S	*Vulkane* biol.Prozesse	Chemie
NO	*biol. Prozesse*	*Verbrennung*
NO_2	Umwandlung von NO	---
N_2O	*biol. Prozesse*	---
NH_3	*biol. Prozesse*	Müllhalden
Hydrokarbon		Verbrennung *Chemie*

Nach Beers Gesetz gilt

$$I(\lambda) = I_0(\lambda)\,\tau(\lambda) \tag{2.1}$$

Die gemessene Intensität $I(\lambda)$ einer Strahlung der Wellenlänge λ ist gleich der ursprünglichen Strahlung $I_0(\lambda)$, multipliziert mit der Transmissionsfunktion $\tau(\lambda)$. Diese Funktion setzt sich zusammen aus vier Einzelanteilen:

molekulare Absorption $\alpha(\lambda)$,
molekulare Streuung $ß_m(\lambda)$,
Aerosolabsorption $\alpha_a(\lambda)$ und
Aerosolstreuung $ß_a(\lambda)$

$$\tau(\lambda) = \alpha_m(\lambda) + \beta_m(\lambda) + \alpha_a(\lambda) + \beta_a(\lambda) \tag{2.2}$$

wobei α die Absorptionskoeffizienten und ß die Streukoeffizienten darstellen. Es hat sich als sinnvoll herausgestellt, diese Koeffizienten nochmals in Absorptions- und Streuquerschnitte σ aufzuteilen nach der individuellen Anzahl der Moleküle und Partikel. Dies ergibt für den Absorptionskoeffizienten der Moleküle:

$$\alpha_m(\lambda) = \sigma_{a,m}(\lambda)\, N_m \tag{2.3}$$

mit $\sigma_{a,m}(\lambda)$ als dem Absorptionsquerschnitt mit dem Index a der Molekülsorte m und N_m Molekülen. Für den Streukoeffizienten gilt analog:

$$\beta_m(\lambda) = \sigma_{s,m}(\lambda)\, N_m \tag{2.4}$$

mit dem Streuquerschnitt $\sigma_{s,m}(\lambda)$ mit dem Index s. Weichel (1989) hat eine kurze Zusammenfassung für die Laserausbreitung in der Atmosphäre geschrieben. Abbildung 2.3 zeigt die Transmission der Atmosphäre schematisch.

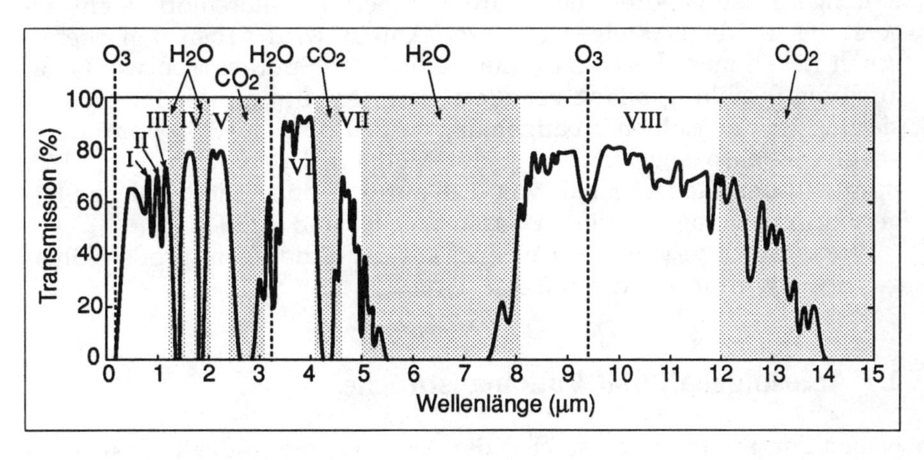

Abb. 2.3 Schematische Transmission der Atmosphäre bis 15 µm

Man erkennt die Absorption im ultravioletten Bereich durch Ozon und die atmosphärischen "Fenster", d.h. Bereiche mit geringen Transmissionsverlusten. Das 10 µm-Fenster ist dabei sehr bekannt. Die Fenster sind numeriert, oft benutzt wird für die Fernerkundung das Fenster Nr. VIII im infraroten Spektralbereich (siehe Kapitel 3). Genaue Daten für die Absorptionsfunktionen sind tabellarisch auch als Computerprogramme erhältlich (Anderson et al. (1986)).

1880 hat Hartley im Ozon die Ursache für das abrupte Ende der Sonnenstrahlung im ultravioletten Bereich gefunden. 1912 wurden Messungen (Fabry and Buisson (1912)) in der Atmosphäre durchgeführt, und es wurde festgestellt, daß eine Schicht von etwa 5 mm Ozon in der gesamten Atmosphäre vorhanden ist.

Diese ersten optischen Messungen des Spurengasgehalts wurden ausgeführt auf der Grundlage der gleichen optischen Methoden, mit denen heute, verbessert und verfeinert, die Spurengase gemessen werden.

Im Zusammenhang mit den Fenstern der Atmosphäre (Abb. 2.3) wird die Auswirkung der Spurengase deutlich. Spurengase, die im Spektralbereich des Sonnenlichts oder im infraroten Spektralbereich die Ausstrahlung der Erde absorbieren, bilden das Strahlungsgleichgewicht der Atmosphäre, welches zu der bekannten Temperaturverteilung (Abb. 2.1) führte. Jede Änderung der Konzentration bewirkt eine Änderung dieses Gleichgewichts und führt, wie viele Klimamodelle anhand des Anwachsens der CO_2-Konzentration zeigen, zu Temperaturänderungen auf der Erde. Kohlendioxid ist solch ein klimarelevantes Gas. Daneben sind Wasserdampf, Ozon, Lachgas und Methan als klimarelevante Gase bekannt.

Viele durch die Industrieproduktion freigesetzte Gase absorbieren im infraroten Spektralbereich, besonders im Fenster bei 10 μm Wellenlänge. Dazu gehören die Hydrokarbone und Fluorchlorkohlenwasserstoffe. Bei einer Steigerung ihres Anteils wird neben den chemischen Reaktionen dieser Gase mit natürlichen Spurengasen wie Ozon auch die Strahlungsbilanz geändert. Seit dem Beginn der Industrialisierung ist der Kohlendioxidgehalt von 280 ppm auf 355 ppm angestiegen. Ebenso angestiegen ist der Methangehalt von 0,65 auf 1,75 ppm und der Lachgasgehalt von 0,28 auf 0,31 ppm. Die jährliche Steigerungsrate betragt bei diesen Gasen 0,65, 0,8 und 0,25%.

Wie diese Gase von den Fabriken auf der Erde bis in große Höhen gelangen, wird in Abschnitt 2.5 erklärt.

2.3 Aerosolgehalt und Vulkanausbrüche

Neben den Spurengasen spielen die Aerosole, die in der Luft suspendierten Staubpartikel, eine entscheidende Rolle. Ihre Verteilung ist höhenabhängig. Abbildung 2.4 zeigt ein typisches Profil.

Der Hauptanteil ist in der atmosphärischen Grundschicht. Die Sichtweite, bis zu der ein nicht leuchtendes Objekt gegen den dunklen Horizont erkannt werden kann, ist ein Maß für den Aerosolgehalt. Jeder kennt die Verringerung der Sicht durch Smog und Nebel. Auch die Tröpfchen des Nebels und der Wolken sind im weiteren Sinne Aerosole, in Luft suspendierte Teilchen.

Man unterscheidet auch hier zwischen natürlichen Aerosolen (aus Vulkanausbrüchen, Staub aus der Wüste, Pollen etc.) und anthropogenen Aerosolen (aus Verbrennungsprozessen).

Bei einem Vulkanausbruch ist die Hauptmenge Wasserdampf. Er macht zwei Drittel der ausgeworfenen Gasmasse aus. Von diesem Wasser stammen wiederum 30% aus dem Erdinneren, 70% kommen durch Oberflächenwasser, welches bis zum Magma eindrang und dort durch Überhitzung zur Sprengwirkung führte.

Kohlendioxid macht 20% der Gasmenge aus, Schwefeldioxid 8%, Schwefelwasserstoff 0,5% und Chlorwasserstoff 0,5%. Das Schwefeldioxid bildet mit Wasser schweflige Säure und, in die hohe Atmosphäre gebracht, Schwefelsäure. Diese bildet ein Aerosol aus Schwefelsäuretröpfchen.

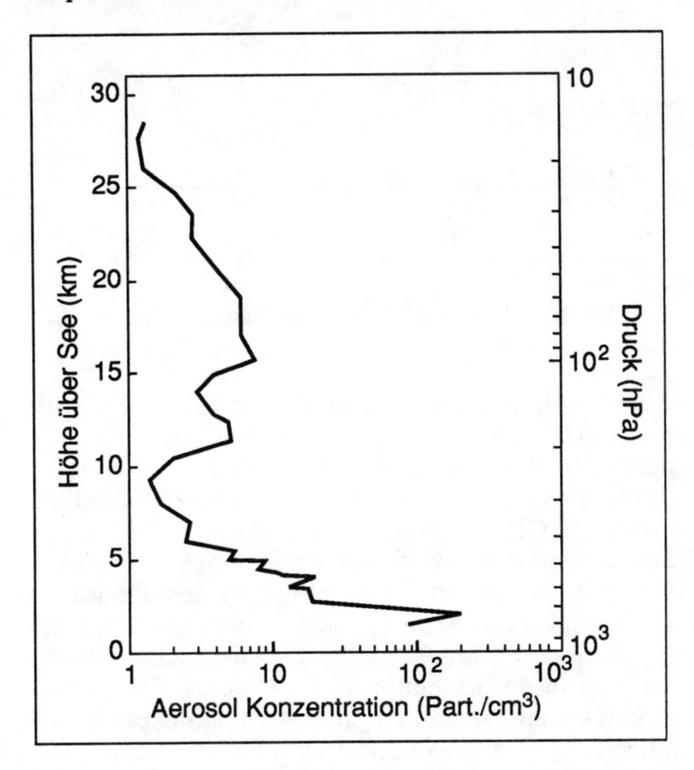

Abb. 2.4 Schematische Höhenverteilung der Aerosolpartikel

Zu diesen über die Gasphase gebildeten Aerosolen kommen Vulkanascheteilchen hinzu. Ihre Verweildauer in der Stratosphäre hängt von der Tendenz der Aerosole ab, sich zu größeren Aggregaten zusammenzuballen, die dann rascher in tiefere Atmosphärenschichten absinken und dort über die Wolken und den Regen ausgewaschen werden. In Abbildung 2.4 ist das stratosphärische Aerosol im Schema enthalten. Eine Meßreihe mit Laserverfahren dieses Aerosols über die Zeitspanne von 1974 bis 1987 zeigt Abbildung 2.5 (Kent and McCormick (1989)).

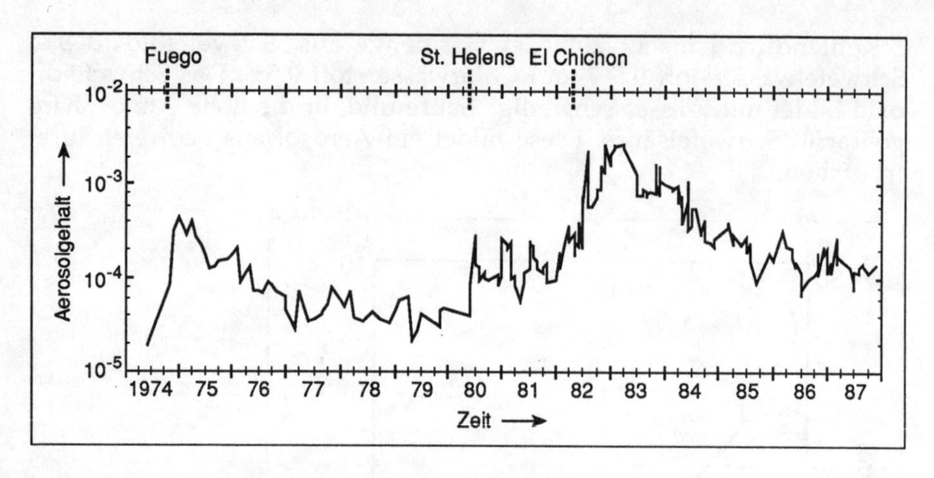

Abb. 2.5 Aerosolgehalt in der Stratosphäre mit Angabe der Vulkanausbrüche (Material von NASA, McCormick et al. 1989)

Die Bildung von stratosphärischen Aerosolwolken ist durch optische Fernerkundungsverfahren sehr gut dokumentiert. Die Mischung aus Aschepartikeln, Wasserdampf und Schwefelgasen verteilt sich mit dem Wind. Dabei werden Unterschiede durch Windgradienten, Scherwinde, erzeugt. Gleich nach dem Ausbruch fallen die großen Ascheteilchen aus und es wird innerhalb einer Zeitspanne von 6 Monaten nach dem Ausbruch in den Wolken Schwefelsäure gebildet. Abbildung 2.5 zeigt diese Anstiege nach den Ausbrüchen der Vulkane Fuego und El Chichon sowie kleinerer Ausbrüche. Gleichzeitig tritt eine Verteilung in der gesamten Erdstratosphäre statt, verbunden mit einem langsamen Absinken in tiefere atmosphärische Schichten. Die Abfallzeit (1/e-Zeit) beträgt etwa 6 bis 12 Monate. Die Gesamtmenge des Aerosols betrug beim Fuego etwa 3 bis $6 \cdot 10^6$ Tonnen, bei El Chichon waren es $12 \cdot 10^6$ Tonnen. Der Ausbruch des Pinatubo 1991 war etwa doppelt so stark wie der des El Chichon, dagegen hat Mt. St. Helens nur $0{,}55 \cdot 10^6$ Tonnen produziert. Modellmäßig kann man die Aerosole in drei Anteile aufspalten:

- Aerosol in der Troposphäre (natürlichen und anthropogenen Ursprungs),
- ständig vorhandenes, sogenanntes Hintergrundaerosol (die Aerosole spielen eine große Rolle bei der Wolkenbildung) und
- stratosphärisches Aerosol aus Vulkanausbrüchen.

Die Größe der Teilchen ist sehr unterschiedlich. Man hat schon frühzeitig versucht, die Aerosole in Klassen einzuteilen. Das stratosphärische Aerosol in der Junge-Schicht wurde bereits erwähnt (Prof. Junge war Direktor am Max-Planck-Institut für Atmosphärenchemie).

Je nach Herkunft kann man zwischen maritimen Aerosolen (große Salzteilchen können enthalten sein), städtischen (oder urbanen) Aerosolen und den ländlichen (ruralen) Aerosolen unterscheiden. Die Grundlagen der Streuung sind in Abschnitt 4.6 enthalten.

2.4 Austauschprozesse in der Atmosphäre

Die vertikale Schichtung der Atmosphäre wurde in den vergangenen Abschnitten behandelt. Dem Transport der Luftbestandteile, dem Austausch innerhalb der Atmosphäre ist dieser Abschnitt gewidmet.

Direkt sichtbar wird der Transport nur von Abgasfahnen von Fabriken und Industrieanlagen und dies auch dann nur, wenn der Ausstoß mit Wasserdampf und Aerosolen verbunden ist. Abbildung 1.1 zeigt ein Modell dieser Ausbreitung. Der Wind, der die Ausbreitung bewirkt, wird durch das Luftdruckfeld hervorgerufen. Jeder kennt die Wetterkarte und die Erläuterungen dazu vom Fernsehen. Die Wetterkarte wurde vor etwa 200 Jahren von Professor Brandes, einem Mathematiker und Physiker in Breslau, eingeführt. Sie zeigt heute die Lage und Bewegung von Hoch- und Tiefdruckgebieten.

Kleinräumige Windfelder kommen zum Beispiel zwischen Land und Ozean vor. Bei Tag wird das Land unter dem Einfluß der Sonneneinstrahlung schneller erwärmt als das Wasser; es kühlt sich bei Nacht auch schneller ab als das Wasser. Die Luft steigt bei Erwärmung (zum Beispiel bei Nacht über dem Wasser) nach oben und wird über dem Land nach unten transportiert. Dies führt zu Druckunterschieden, die sich als lokale und zeitlich veränderliche Druckgebilde darstellen. Windstärke und Windrichtung werden damit bestimmt. Abbildung 2.6 zeigt das Schema.

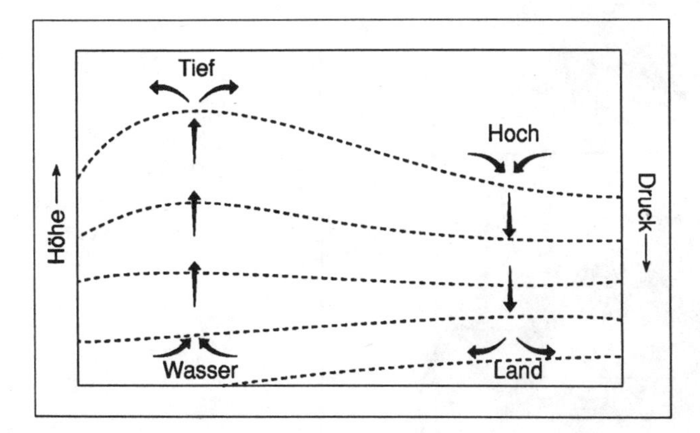

Abb. 2.6 Schema lokaler Druckgebilde anhand der täglichen Land- und Seewindzirkulation

Diese lokalen Druckgebilde reihen sich ein in großräumige Druckgebilde in der Atmosphäre. Der Wind hat auch bei den großen Druckgebilden das Bestreben, Hoch und Tief auszugleichen. Er muß dies über mehrere Hundert Kilometer durchlaufen. Auf der sich drehenden, kugelförmigen Erde treten zusätzlich Corioliskräfte auf die Bewegung der Druckgebilde hinzu. Das Luftdruckgefälle zwischen Hoch- und Tiefdruckgebiet ist der atmosphärische Motor, der die Bewegung der Luft zustande bringt und aufrechterhält.

Man unterteilt die atmosphärische Zirkulation in die Zirkulation auf der Nord- und Südhalbkugel aufgrund der unterschiedlichen Wirkung der Corioliskraft. Tiefdruckgebiete werden auf der Nordhalbkugel linksherum umfahren, auf der Südhalbkugel rechtsherum. Auf den jeweiligen Halbkugeln wird nochmals unterteilt in niedrige Breiten (Äquator bis 30°), mittlere Breiten (30° bis 60°) und polare Breiten (60° bis zum Pol). Das in Abbildung 2.6 gezeigte lokale Druckgebilde bewegt sich mit den großräumigen Druckunterschieden. Abbildung 2.7 zeigt das Schema der großräumigen Bewegung.

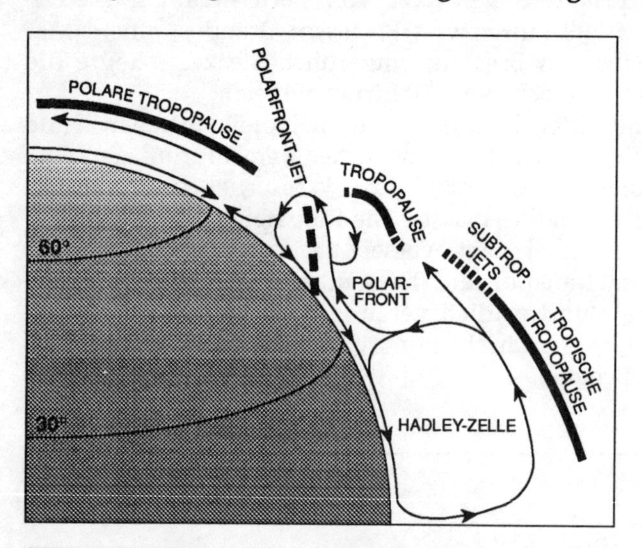

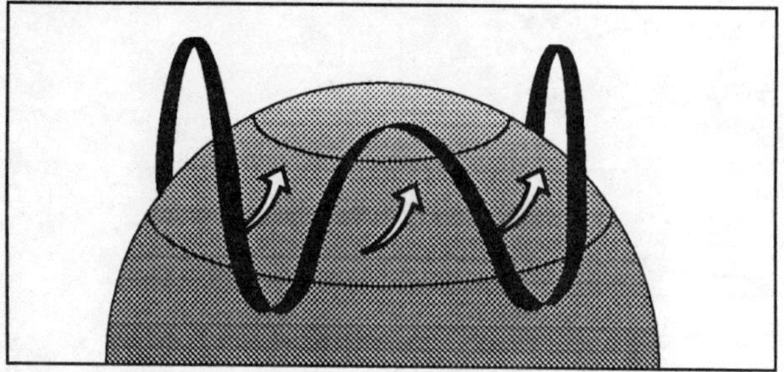

Abb. 2.7 Schema der atmosphärischen Bewegung auf der Nordhalbkugel

Die drei breitenabhängigen Gebiete sind durch unterschiedliche, nahezu eigenständige Zirkulationen gekennzeichnet. In niederen Breiten reicht die Tropopause bis etwa 15 km Höhe, die Luft zirkuliert am Boden Richtung Äquator mit einer Verlagerung nach links (Passatwinde). Am Äquator steigt die Luft auf (Intertropische Konvergenzzone) und gelangt bei etwa 30° Nord (Süd auf der Südhalbkugel) wieder zum Boden. Auch in mittleren Breiten strömt die Luft am Boden nach Süden, doch treten kompliziertere Druckgebilde, die wir in Europa zur Genüge kennen, auf. In der polaren Zone ist die Tropopausenhöhe unterhalb 10 km.

Zwei Bereiche, in denen Luftmassen von größeren Höhen (Stratosphäre) in niedrigere Höhen gelangen können, sind durch die sogenannten Tropopausenbrüche gekennzeichnet. Diese sind verbunden mit Starkwindfeldern, den Jet-Streams. Ihre Lage ist wie eine Girlande über der Halbkugel verteilt (Abb. 2.7 unten).

Ein auf der Erde erzeugtes Spurengas oder Aerosol kann sich also prinzipiell nach einer beliebig langen Zeit in der gesamten Lufthülle verteilen. Dies hat Konsequenzen für die Meßtechnik: Will man die langlebigen Schadgase messen, reichen einige Observatorien auf der Erde und eine zeitliche Meßfolge von wenigen Proben pro Jahr. Eine solche Zeitreihe existiert für das Kohlendioxid und zeigt den bekannten, dramatischen Anstieg. Für das Aerosol ist die Abbildung 2.5 ein Beispiel.

2.5 Turbulenz

Man kennt die schimmernde Wirkung eines entfernten Objekts an einem heißen Tag oder das Blinken der Sterne in der Nacht. Diese sichtbaren Effekte werden durch atmosphärische Inhomogenitäten im kleinskaligen Maßstab hervorgerufen, und sie beeinflussen auch die optische Meßtechnik. Atmosphärische Turbulenz ist der Fachausdruck. Ein Parameter dafür ist der Temperatur- Struktur-Parameter C_T^2. Er ist definiert als

$$C_T^2 = \overline{(T_1 - T_2)^2 \, r^{2/3}} \,, \tag{2.3}$$

wobei T_1 und T_2 die Temperaturen an zwei festen Punkten im Abstand r in Windrichtung sind. Der durch die Temperaturinhomogenitäten und Druckunterschiede hervorgerufene Brechungsindex-Struktur-Parameter C_n^2 ist:

$$C_n^2 = \left(\frac{79 \, p \, 10^{-6}}{T^2}\right)^2 C_T^2 \tag{2.4}$$

mit p in Hektopascal und T in Kelvin. Die Wirkung auf die Ausbreitung optischer Wellen ist in Abbildung 2.8 dargestellt.

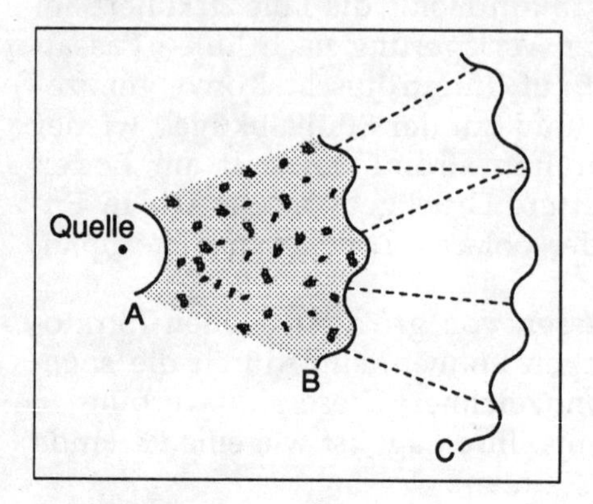

Abb. 2.8 Schematische Darstellung der Ausbreitung von Kugelwellen in einer turbulenten Atmosphäre

Die ursprünglich sphärische Wellenfront wird durch atmosphärische Inhomogenitäten (Temperatur, Druck, Feuchte) zwischen A und B gestört. Diese Störung hält auch an in dem nicht durch Inhomogenitäten beeinflußten Bereich B bis C, zum Beispiel in einem Empfängersystem. Die gestörten Phasenfronten haben Einfluß auf die Strahlrichtung und auf die Strahlintensität. Ein Maß für die Beeinflussung ist der Brechungsindex-Struktur-Parameter C_n^2. Seine Höhenverteilung ist in Abbildung 2.9 schematisch dargestellt.

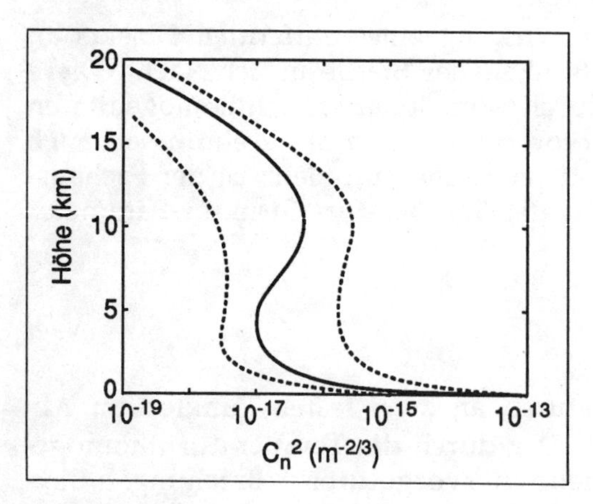

Abb. 2.9 Mittleres Profil des Brechungsindex-Struktur-Parameters C_n^2

Ist C_n^2 groß (wie in Bodennähe der Abbildung 2.9), wird die Beeinflussung, also z.B. die Strahlaufweitung, größer sein als bei Messungen in großen Höhen bei geringer Turbulenz. Besonders Verfahren, die die Phasenbeziehung in Form von Überlagerungsempfangstechniken benutzen (siehe Abschnitt 5.7) werden stark von der Turbulenz beeinflußt.

Ein weiterer Effekt der Atmosphäre basiert auf dem sich mit Druck und Temperatur ändernden Brechungsindex. Ein Stern, den wir an einem bestimmten Punkt am Firmament wahrnehmen, hat seinen wahren Ort an einer etwas anderen, benachbarten Stelle. Abbildung 2.10 zeigt das Prinzip.

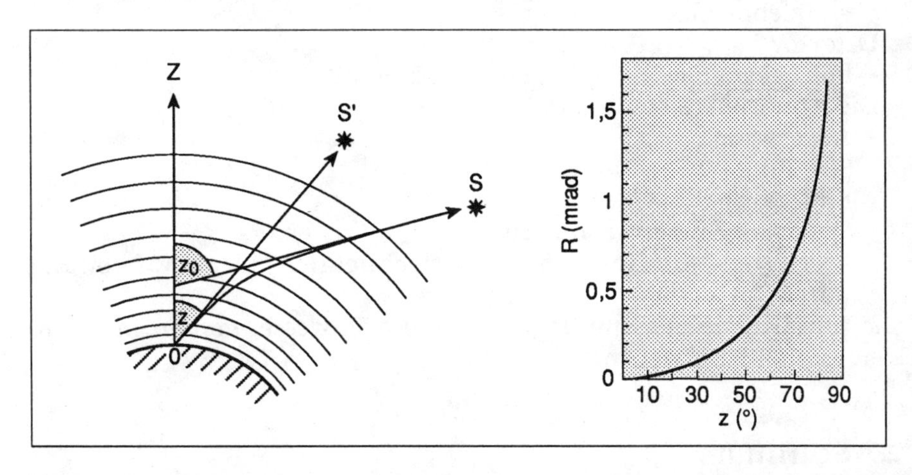

Abb. 2.10 Einfluß der Atmosphäre auf die Lichtausbreitunglinks: Prinzip, rechts: Daten für Normabweichungen

Der Einfluß wird nahe dem Zenit am geringsten sein und in Horizontnähe am größten. Ein schräg durch die Atmosphäre einfallender Lichtstrahl wird in Richtung des größeren Brechungsindex abgelenkt. Der Korrekturwert der Refraktion R ($R = z_o - z$) in mrad ist für verschiedene Zenitdistanz z in Abbildung 2.10 (rechts) dargestellt. Diese Werte gelten für die Wellenlänge von 0,7 Mikrometer. Die Horizont-Refraktion erreicht Werte bis 35 Bogenminuten. Für Laser-Fernmeßverfahren vom Weltraum aus muß dieser Effekt berücksichtigt werden.

2.6 Zusammenfassung

Für die optische Messung von Luftverunreinigungen ist der Aufbau der Atmosphäre, ihre Zusammensetzung, Schichtung und Bewegung notwendiges Grundwissen. Für eingehendere Darstellungen sei auf die einschlägige Literatur verwiesen.

Die Himmelsstrahlung, die als direkt zu messende Strahlung oder als störende Hintergrundstrahlung zum Detektor gelangt, wurde erklärt. Die räumliche Verteilung der Spurenstoffe durch die atmosphärische Bewegung muß ebenso in die Auslegung der Meßverfahren eingehen wie die störenden Einflüsse durch Brechungsindexänderungen und Turbulenz.

Für Meßverfahren in der Atmosphäre benötigt man:

Lichtquellen
- Sonne, Sterne, aktive Lichtquellen z.B. Laser oder heiße, selbststrahlende Gase

Detektor
- mit bekannter Wellenlängencharakteristik.

Die Atmosphäre bewirkt dabei:
- Absorption
- Streuung
- Emission
- Spektrale Linienverbreiterung
- Brechungsindexänderungen einschließlich Strahlaufweitung durch Turbulenz.

Die physikalischen Grundlagen für diese Prozesse werden im nächsten Kapitel beschrieben.

2.7 Schrifttum

Anderson, G. P. Clough, S. A., Kneizys, F. X., Chetwynd, J. H. and Shettle, E. P.: *AFGL Atmospheric Constituent Profiles 10 - 120 km*, AFGL-TR-86-0110 (1986)

van Andel, T. H.: *Das neue Bild eines alten Planeten.* Rasch und Röhring Verlag (1989)

Fabry, C. and Buisson H.: Journal Physique 2, 197 (1912)

Hartley, W. N.: Chem. News 42, 268 (1880)

Kent, G. S. and McCormick, P. M.: *Remote Sensing of Stratospheric Aerosol Following the Eruption of El Chichon*, Optics News 14, 11-19 (1988)

Weichel, H.: *Laser Beam Propagation in the Atmosphere*, SPIE TT 3 (1990)

3 Gasförmige Luftverschmutzungen

Das vorliegende Buch stellt optische Fernmeßverfahren vor, mit deren Hilfe gasförmige Luftverschmutzungen identifiziert und quantitativ nachgewiesen werden können. Aus diesem Grund wird in diesem Kapitel eine kurze Einführung in die Thematik dieses Begriffes gegeben und es werden Informationen über die verschiedenen Quellen und die räumliche Ausbreitung der Luftverschmutzungen gegeben.

3.1 Charakterisierung des Begriffes

Die chemische Zusammensetzung der Atmosphäre, die als Gashülle unseren Planeten umgibt, entspricht bereits seit vielen Jahren nicht mehr dem natürlichen Gleichgewicht, welches in Kapitel 2 vorgestellt wurde. Durch anthropogene Aktivitäten wurden und werden gasförmige Substanzen freigesetzt, die zum Teil verhängnisvolle Auswirkungen auf die chemische Zusammensetzung und die physikalischen Eigenschaften der Atmosphäre haben. Der Zustand der Atmosphäre wurde in der Vergangenheit ausschließlich durch natürliche Vorgänge gesteuert und resultierte aus einem ausgewogenen chemischen und physikalischen Gleichgewicht. Freisetzungen (Quellen) und chemischer Abbau (Senken) bestimmten diesen Gleichgewicht. Selbst massive atmosphärische Störungen, wie z.B. infolge größerer Vulkanausbrüche wurden durch das vorhandene Regelwerk der beteiligten Gase aufgefangen und in relativ kurzer Zeit wieder abgebaut.

Die potentielle Gefahr, die von Gasen ausgeht, die durch anthropogene Aktivitäten freigesetzt werden, besteht darin, daß sie einerseits in einer für erdgeschichtliche Maßstäbe sehr kurzen Zeit emittiert werden und andererseits chemische und physikalische Wirkungen zeigen, die durch kein natürliches Regulativ der Atmosphäre ausgeglichen werden können, da es sich bei einer Vielzahl dieser Gase um künstlich erzeugte Stoffe handelt, die in der ursprünglichen Atmosphäre nicht existierten. In gewisser Weise steht die Atmosphäre daher diesen neuzeitlichen Quellen künstlicher gasförmiger Stoffe 'hilflos' gegenüber.

Eine weitere Gefahr liegt in dem stellenweise extrem hohen chemischen bzw. physikalischen Wirkungspotential dieser Stoffe, so daß bereits Konzentrationen im Bereich von milliardstel Volumenanteilen zu deutlich meßbaren Störungen des natürlichen atmosphärischen Gleichgewichtes führen. Somit bestimmen zunehmend Spurengase mit relativ geringer absoluter Konzentration den chemischen und physikalischen Zustand der Atmosphäre.

In der folgenden Tabelle 3.1 sind die relativen Volumenanteile einiger dieser Spurenstoffe zusammengefaßt (Roedel (1992)).

Tabelle 3.1 Volumenanteile von klimarelevanten Spurengasen
(1) Mittlere Verweilzeit gegenüber Austausch mit Biosphäre und Ozean
(2) Verweilzeit gegenüber Austausch mit Ozean
(3) Abklingzeit einer impulsartigen CO_2-Injektion

Gas	Konzentration	Atmosph. Verweilzeit
CO_2	351 ppm (1989)	(1) 4 bis 5 Jahre
		(2) 7 bis 10 Jahre
		(3) 50 bis 120 Jahre
O_3	Troposphäre: ca. 0,05 ppm	variabel (Monate)
	Stratosphäre: ca. 0,5 ppm	variabel (Monate)
CH_4	Nordhemisphäre: 1,75 ppm	8 bis 11 Jahre
	Südhemisphäre: 1,65 ppm	8 bis 11 Jahre
N_2O	0,32 ppm	100 bis 200 Jahre
CCl_3F	0,27 ppb	50 bis 70 Jahre
CCl_2F_2	0,45 ppb	80 bis 150 Jahre
CO	Nordhemisphäre: 0,13 ppm	einige Monate
	Südhemisphäre: 0,07 ppm	einige Monate

Die Auswirkungen dieser Spurengase sind vielfältig und beschränken sich nicht auf die unmittelbare Umgebung ihrer Quelle. Durch ständig vorhandene Strömungen (Wind) und Turbulenzen werden sie rasch über große Gebiete verteilt. Ihre Konzentration entlang der Ausbreitungsrichtung hängt u.a. stark davon ab, welche chemischen Reaktionen mit anderen Bestandteilen der Atmosphäre zu einem Abbau ihrer Konzentration führen und somit zu einem neuen Gleichgewicht in der Zusammensetzung der Atmosphäre führen. Bei diesen Vorgängen handelt es sich um Reaktionen, die sich nicht nur auf den bodennahen Bereich beschränken, sondern teilweise erst in größeren Höhen wirksam werden, wie z.B. der Abbau des stratosphärischen Ozons durch chlorierte Kohlenwasserstoffe (Freone).

Klimarelevante Spurengase stellen trotz ihrer globalen Bedeutung lediglich einen geringen Teil der mittlerweile bedeutsamen Luftverunreinigungen dar. Für eingehende Informationen sei der interessierte Leser an dieser Stelle auf weiterführende Literatur verwiesen (z.B. Keppler (1988), Roedel (1992)).

An dieser Stelle sollen zur Verdeutlichung die im allgemeinen Sprachgebrauch benutzten Begriffe 'Luftverunreinigung' und 'Luftschadstoff' definiert werden, wobei besonders der Unterschied zwischen diesen Begriffen herausgearbeitet werden soll. Als Luftverunreinigung werden im folgenden alle gas- bzw. staubförmigen Anteile der Atmosphäre bezeichnet, deren Konzentration in einem gegebenen Höhenbereich der Atmosphäre vom natürlichen Wert stark abweichen, oder dort natürlicherweise nicht vorkommen.

Dazu zählen neben den zahlreichen anthropogenen Stoffen auch die gas- und staubförmigen Produkte, die während massiver Vulkanausbrüche in die Atmosphäre injiziert werden.

Ob diese Luftverunreinigungen auch einen Luftschadstoff darstellen, hängt davon ab, ob und in welchem Umfang sie die chemische bzw. physikalische Beschaffenheit der Atmosphäre nachhaltig verändern oder schädigend auf pflanzliches bzw. tierisches Leben einwirken.

Im Allgemeinen wird eine Luftverunreinigung zum Luftschadstoff, wenn nachweislich schädigende Auswirkungen (daher der Name) von diesem Stoff ausgehen. Wie bereits im vorigen Abschnitt angedeutet, können durch diese Auswirkungen die unbelebte wie auch belebte Natur betroffen sein.

Ein bekanntes Beispiel für die letztendlich schädigenden Auswirkungen eines Spurengases ist das Kohlendioxid (CO_2), das in zunehmendem Maße bei der Verbrennung fossiler Energieträger freigesetzt wird. Dieses Gas ist an sich ein natürlicher Bestandteil der Atmosphäre (besonders im unteren Bereich) und befand sich während der letzten Jahrtausende im Gleichgewicht mit der restlichen Atmosphäre, sowie den übrigen großen Bestandteilen der Erdoberfläche, der Hydrosphäre (Ozeane speichern riesige Mengen an CO_2) sowie der Biosphäre (heutiges pflanzliches Leben, sowie die fossilen Überreste früherer Pflanzenbestände in Form der bereits erwähnten fossilen Energieträger Kohle, Erdgas und Erdöl).

Kohlendioxid wird ständig bei Verbrennungsvorgängen freigesetzt und ist bekanntlich ein Hauptbestandteil der ausgeatmeten Atemluft. In der Hydrosphäre (Ozeane) und in der Biosphäre (Pflanzen) wird das Kohlendioxid durch Speicherung bzw. Photosynthese wieder gebunden.

Dieser Kreislauf konnte für lange Zeit nahezu ungestört ablaufen, wenn man von sporadischen Erhöhungen des atmosphärischen Kohlendioxidgehaltes aufgrund von Vulkaneruptionen absieht.

Mit Beginn des Industriezeitalters wurden durch steigenden Energiebedarf zusätzliche Mengen an Kohlendioxid in die Atmosphäre verbracht; eine Entwicklung, die bis zum heutigen Zeitpunkt ohne Unterbrechung anhält.

Im Fall des Kohlendioxids liegt die schädigende Wirkung in der Beeinflussung eines physikalischen Parameters der Atmosphäre: Aufgrund seines ausgeprägten Vermögens, infrarote (Wärme)strahlung zu absorbieren und zurückzustrahlen, nehmen die in der Atmosphäre enthaltenen Kohlendioxid-Moleküle einen Teil der von der Erdoberfläche emittierten Infrarotstrahlung auf und strahlen einen Teil davon zurück zur Erdoberfläche. Nach der Absorption der Infrarotstrahlung besitzen die Kohlendioxidmoleküle eine höhere Energie, die sie an die Moleküle der umgebenden Atmosphäre abgeben können, was sich makroskopisch als eine lokale Temperaturerhöhung im Bereich der Troposphäre äußert.

Es handelt sich bei dieser Temperaturerhöhung zwar um kleine Absolutwerte (wenige Zehntel Grad); dennoch können Variationen in dieser Größenordnung aufgrund des äußerst sensitiven Energiehaushaltes der Erdatmosphäre zu bislang noch nicht zu ermessenden Veränderungen des Weltklimas und der weiteren Temperaturverteilung der Erdatmosphäre führen. Die große Gefahr in dieser Entwicklung ist die Tatsache, daß diese Entwicklung nicht notwendigerweise reversibel ist, d.h. durch eine rasche Reduktion des atmosphärischen CO_2-Gehaltes wird sich nicht mehr der ungestörte Zustand vor der Erhöhung der CO_2-Konzentration einstellen.

Aufgrund dieser Zusammenhänge birgt die weitere Erhöhung der atmosphärischen CO_2-Konzentration bislang noch nicht absehbare Gefahren für das Weltklima und somit auch unmittelbar für den größten Teil der Bevölkerung der Erde. Diese an sich harmlos anmutende Temperaturerhöhung der Atmosphäre durch ein Spurengas kann aufgrund der potentiell auftretenden Folgeentwicklungen zu bislang noch nicht kalkulierbaren Schäden führen.

Es sei an dieser Stelle die Überlegung gestattet, welche Luftverunreinigung tatsächlich eine solche bleibt und nicht mit der Zeit zu einem Luftschadstoff wird. Sicherlich kann es sich dabei nur um Verunreinigungen handeln, die nur kurzfristig und in geringer Menge in die Atmosphäre emittiert werden. Doch bereits hier stellt sich die Frage nach der Definition von 'kurzfristig' bzw. 'gering'. Bei der Beurteilung dieses Problems kann der Begriff der Relevanz einer Luftverunreinigung weiterhelfen:

Relevanz = Schädigungspotential x Menge

Luftverunreinigungen mit hoher Relevanz bergen die Gefahr in sich, ab einer jeweils stoffspezifischen Konzentration zu einem Luftschadstoff zu werden.

Man wird in diesem Zusammenhang eine Luftverschmutzung als relevant bezeichnen, wenn sie z.B. ein geringes Schädigungspotential aufweist, jedoch in großer Menge auftritt. Das durch die weltweit stattfindende Verbrennung fossiler Energieträger emittierte CO_2 wird somit zu einer relevanten Luftverunreinigung, wo hingegen die Menge an CO_2, die durch das öffnen einer Flasche Mineralwasser freigesetzt wird, sicherlich keine erhöhte Relevanz aufweisen wird.

Im umgekehrten Fall kann die Emission eines toxischen Gases mit sehr hohem Schädigungspotential bereits bei extrem geringen Konzentrationen in der Atmosphäre zu massiven Schäden führen.

3.2 Quellen für gasförmige Luftverunreinigungen

Bereits seit Jahren sind eine Vielzahl von gasförmigen Luftverunreinigungen Gegenstand von intensiven Untersuchungen bezüglich ihrer Verteilung und ihrer chemischen Entwicklung.

Bereits frühzeitig wurde das bei der Verbrennung von schwefelhaltiger Kohle emittierte Schwefeldioxid (SO_2) als stark schädigend für den Bestand an Bäumen und Wäldern identifiziert. Die Wirkung dieses Stoffes und anderer durch den Straßenverkehr bedingter Luftverunreinigungen wie Kohlenmonoxid (CO) und die Stickoxide (NO_x) beruht auf der starken Erhöhung des Säuregehaltes des Bodens (Verringerung des pH-Wertes), der durch säurehaltige Niederschläge (saurer Regen) verursacht wird bzw. auf die direkte Wechselwirkung dieser Spurengase mit den Blättern bzw. den Nadeln der betroffenen Pflanzen. Zusätzlich können photochemische Folgeprodukte dieser Luftverunreinigungen, wie Ozon (O_3), Aldehyde oder die Gruppe der Peroxyacetylnitrate (PAN) entstehen und zusätzlich schädigend wirksam werden. In Abbildung 3.1 ist die Kette dieser Schädigungen schematisch dargestellt (Fabian (1989)).

Die Widerstandsfähigkeit der Bäume gegenüber Frost wird stark herabgesetzt, was zu Ende der 70er und zu Beginn der 80er Jahre starke Schädigungen der Baumbestände im Bereich der ostdeutschen Mittelgebirge verursachte.

Die Konzentration des SO_2 wird bereits seit mehreren Jahren durch Meßstationen in Deutschland regelmäßig überwacht. Aufgrund dieser Daten kann die räumliche und zeitliche Veränderung der atmosphärischen SO_2-Konzentration über entsprechende Zeiträume verfolgt werden. In Reinluftgebieten liegt die SO_2-Konzentration unter 1 ppb. In ländlichen Gebieten schwankt dieser Wert zwischen 5 bis 10 ppb (Sommer) und 10 bis 50 ppb (Winter). In industrienahen Ballungsräumen werden Jahresmittelwerte von etwa 15 bis 40 ppb angegeben. Bei austauscharmen Wetterlagen (winterliche Inversionslagen) werden Spitzenwerte von über 800 ppb erreicht. Bei diesen hohen Konzentrationen spielt der Transport des SO_2 in ländliche Regionen bzw. Reinluftgebiete eine zunehmende Bedeutung (KRdL (1992)).

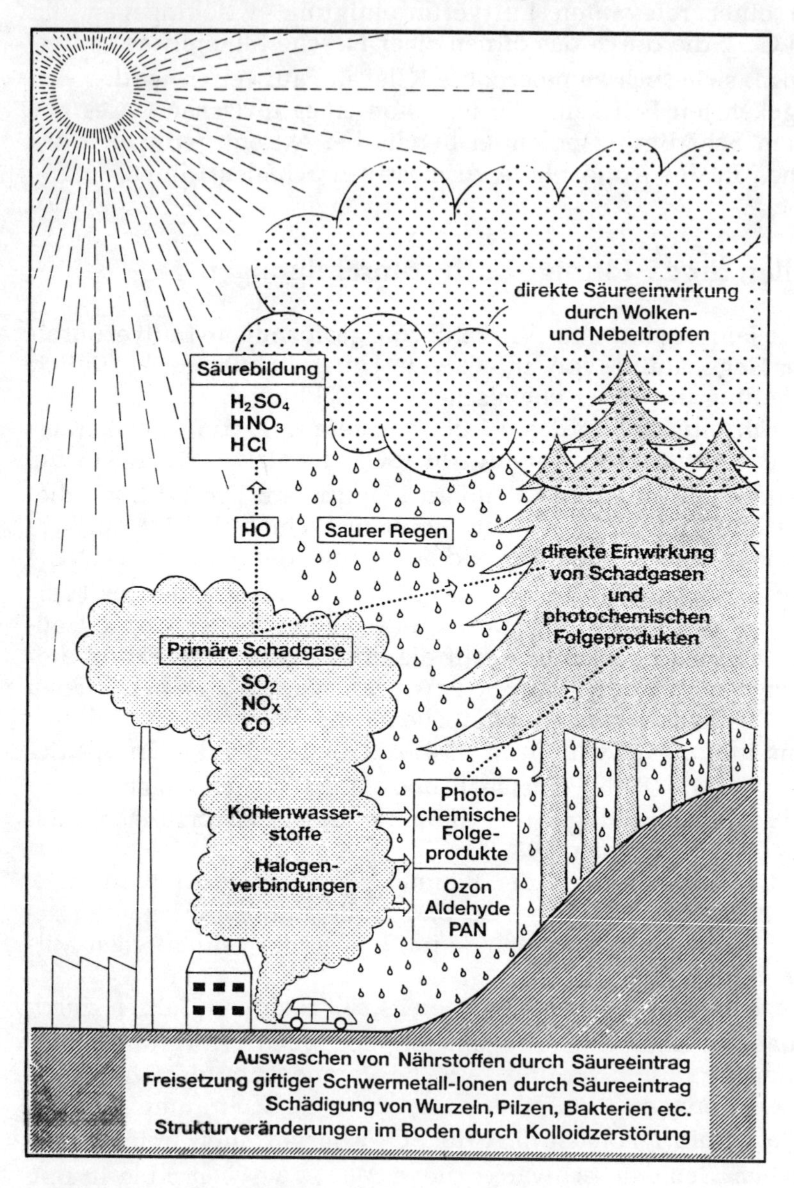

Abb. 3.1 Schematische Darstellung der Einwirkung gasförmiger Luftverunreinigungen auf pflanzliches Leben (Fabian (1989))

Neben der Registrierung des SO_2 werden auch die Konzentrationen von anderen gasförmigen Verbrenungsrückständen wie NO, NO_2, O_3 sowie verschiedene Kohlenwasserstoffe mit einem weit verzweigten Meßnetz überwacht.

Aufgrund der weiträumigen Freisetzung dieser Gase innerhalb von Ballungszentren und entlang von Linienquellen, wie z.B. stark befahrenen Straßen werden diese Stoffe als sogenannte Massenschadstoffe bezeichnet.

Während der letzten Jahre wurde erkannt, daß neben diesen Massenschadstoffen eine Vielzahl von Gasen und Dämpfen in die Atmosphäre emittiert werden, die im Laufe von technischen Produktionsverfahren eingesetzt werden. Dazu gehören z.B. Kohlenwasserstoffe, die als Lösungsmittel eine weite Verbreitung gefunden haben, sowie andere Gase dieser Gruppe, die aufgrund ihrer neutralen physikalischen Eigenschaften bevorzugt als Reinigungs- oder Kühlmedium eingesetzt werden (Freone).

Zur Charakterisierung der Ausbreitung gasförmiger Luftverunreinigungen sind folgende Informationen und Daten erforderlich:

- Geometrisch / geographische Struktur der Quelle
- Meteorologische Faktoren
- Struktur des Geländes (Orographie)
- Chemische Eigenschaften der emittierten Luftverunreinigungen

In diesem Abschnitt werden unterschiedliche Arten von Quellen vorgestellt, die maßgeblich an der Emission von gasförmigen Luftverunreinigungen beteiligt sind und deren Struktur direkten Einfluß auf die Ausbreitung der emittierten Stoffe hat.

Die Vielzahl dieser Quellen kann in die zwei grundlegende Kategorien der gerichteten Quellen und der diffusen Quellen eingeteilt werden, die dann ihrerseits weiter strukturiert werden können. Die beiden folgenden Abschnitte 3.2.1 und 3.2.2 werden diese beiden Quelltypen mit ihren charakteristischen Eigenschaften vorstellen und potentielle Auswirkungen auf die weitere Ausbreitung der emittierten Luftverunreinigungen geben.

3.2.1 Gerichtete Quellen

Dieser Begriff umschreibt Anlagen, die Luftverunreinigungen in einer definierten und kontrollierten Richtung emittieren, was zumeist durch Einsatz eines oder mehrerer Schornsteine realisiert wird. Daher sollen die charakteristischen Eigenschaften der gerichteten Quellen am Beispiel des Schornsteins erläutert werden.

Der Vorteil einer gerichteten Quelle ist die Tatsache, daß die emittierten Stoffe an einer bekannten und dem Zweck entsprechend ausgerüsteten Stelle (Schornsteinöffnung) freigesetzt werden. Die Emission erfolgt zumeist vertikal nach oben, solange keine meteorologischen Randbedingungen (Wind bzw. thermische Schichtung der unteren Luftschichten) zu einer anderen Emissionsrichtung unmittelbar an der Schornsteinöffnung führen. Es ist oft erstaunlich, welche deutlichen Auswirkungen auf die Ausbreitung der emittierten Luftverunreinigungen durch die lokalen meteorologischen Gegebenheiten verursachen können. Es ist leicht einsichtig, daß sich die emittierten Gase bei Windstille zunächst senkrecht ausbreiten können und daß mit zunehmender Windgeschwindigkeit eine entsprechende horizontale Verlagerung der emittierten Gase auftreten wird.

Die unterschiedlichen Arten der vertikalen Ausbreitung bei einer gegebenen Windgeschwindigkeit werden vor allem durch das vertikale Temperaturprofil der untersten Luftschichten sowie durch die Auswirkung des Bodenprofils auf die Luftströmung geprägt (Verwirbelung). Dies schließt größeren Bewuchs (Bäume) sowie Bebauung ein. In Abbildung 3.2 sind unterschiedliche bodennahe Temperaturprofile mit der daraus resultierenden Ausbreitung der emittierten Gase dargestellt.

Diesen Diagrammen liegen folgende drei vertikale Temperaturverteilungen (für zunehmende Höhe) zugrunde:

- Abnahme der Temperatur (Normalfall)
- Isothermie (gleichbleibende Temperatur)
- Inversion (Temperaturzunahme)

Es wird bei diesen einfachen Beispielen davon ausgegangen, daß lediglich trockene Luftverunreinigungen emittiert werden, d.h. es wird keine Kondensation von Wasserdampf eintreten, die die Komplexität dieser Vorgänge zusätzlich erhöhen würde.

In diesen Diagrammen ist mit der durchgezogenen Linie die tatsächliche vertikale Verteilung der Lufttemperatur dargestellt. Als gestrichelten Linie ist die sogenannte Trockenadiabate eingezeichnet, die den vertikalen Temperaturverlauf eines bei der Anfangstemperatur TG emittierten Gases beschreibt. Aufgrund thermodynamischer Zusammenhänge ist dieser Verlauf im Bereich der Troposphäre linear, bei einem mittleren Gradienten von -0.65 K/100 m, d.h. das aufsteigende Gas kühlt pro 100 m Höhengewinn um 0.65 K ab.

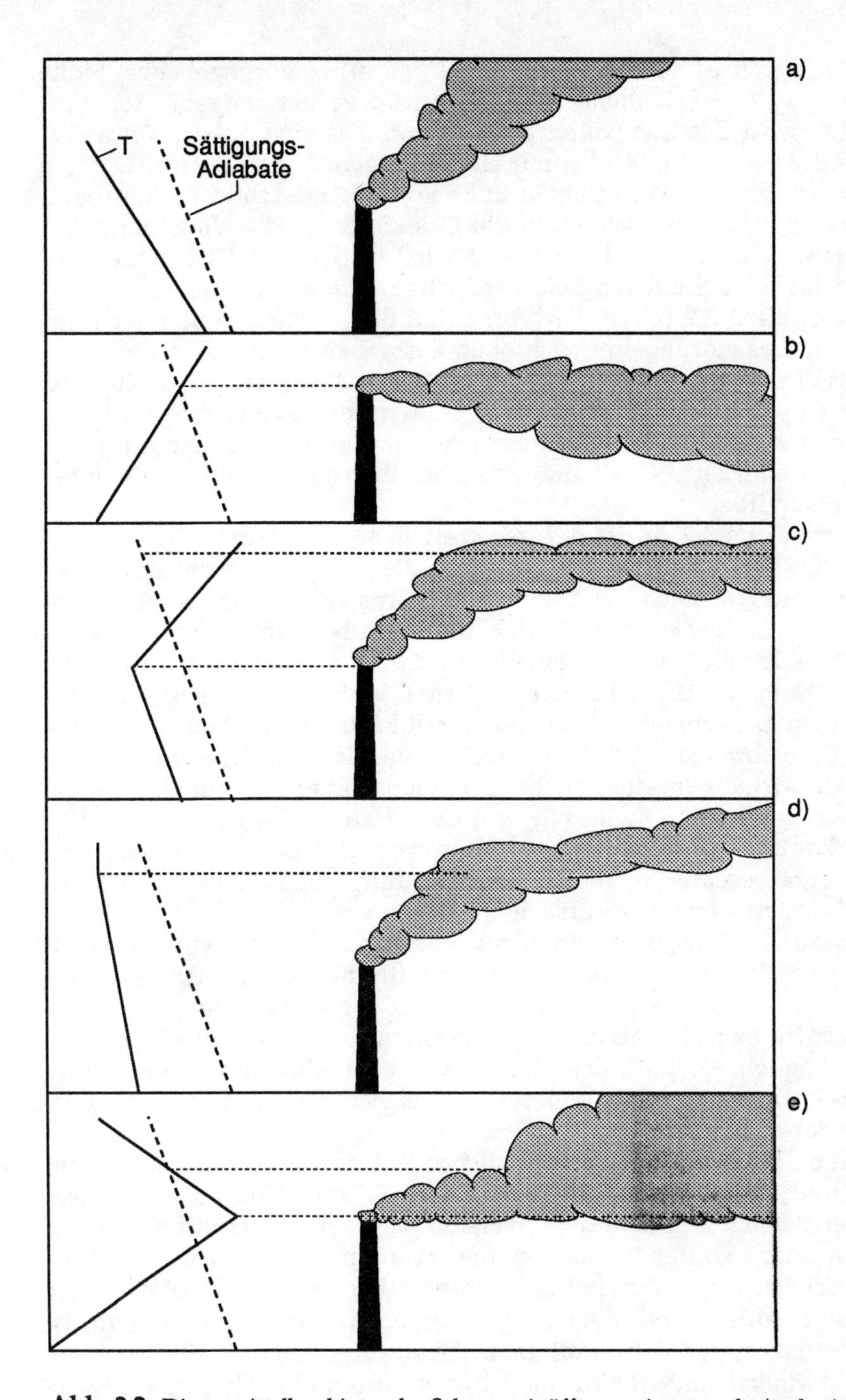

Abb. 3.2 Die unmittelbar hinter der Schornsteinöffnung einsetzende Ausbreitung der emittierten Luftverunreinigungen bei unterschiedlichen bodennahen Temperaturprofilen der Luft

Solange sich diese Trockenadiabate bei einer vorgegebenen Höhe rechts von der tatsächlichen Temperaturkurve der umgebenden Luft befindet, wird das Gas weiter aufsteigen, da es eine höhere Temperatur als die Umgebung und somit eine geringere Dichte aufweist. Wenn sich die Trockenadiabate links von der tatsächlichen Temperaturkurve befindet, ist das emittierte Gas kälter als die Umgebung, besitzt daher eine höhere Dichte und wird in tiefere Luftschichten absinken, bis wieder ein Temperaturgleichgewicht erreicht ist.

In Abbildung 3.2 (a) ist der Normalfall dargestellt, bei dem sich das emittierte Gas störungsfrei nach oben ausbreiten kann, da es stets wärmer als die umgebende Luft bleibt. Erst in größeren Höhen, spätestens an der Tropopause in etwa 10 km Höhe wird diese Aufwärtsbewegung infolge der natürlichen Temperaturerhöhung zum Stillstand kommen. Das emittierte Gas kann sich also über einen großen Höhenbereich ausbreiten.

In Abbildung 3.2 (b) ist der gegensätzliche Fall dargestellt (Inversion), indem das emittierte Gas aufgrund der Temperaturschichtung bereits unmittelbar nach Verlassen des Schornsteins kälter als die umgebende Luft ist. In diesem Fall wirkt die Luft oberhalb des Schnittpunktes der beiden Geraden wie eine Sperrschicht, die nicht durchdrungen werden kann, so daß sich das emittierte Gas mit zunehmender Entfernung vom Schornstein aufgrund der lokalen Verwirbelungen nach unten (!) ausbreiten wird. Es ist leicht vorstellbar, welche unangenehmen Auswirkungen eine solche Inversionswetterlage auf die Umgebung einer solchen Quelle hat. Ein derart ausgeprägtes Temperaturprofil kommt glücklicherweise selten vor und ist auf Herbst- und Wintertage beschränkt, die Inversionen mit Schichtdicken von mehreren hundert Metern verursachen können.

Abbildung 3.2 (c) zeigt einen realistischeren Fall mit einer Inversionsschicht, die erst oberhalb der Kaminöffnung beginnt. Das emittierte Gas kann sich zunächst ungestört nach oben ausbreiten, bis es die Sperrschicht erreicht. Ab dieser Höhe ist ein weiteres Aufsteigen nicht mehr möglich, so daß sich das Gas mit zunehmender Entfernung vom Schornstein im Höhenbereich zwischen Sperrschicht und Erdboden verteilen wird.

In Abbildung 3.2 (d) ist ein ähnlicher Fall dargestellt; allerdings mit dem Unterschied, daß sich oberhalb der Schornsteinöffnung ein isothermer Bereich an Stelle der Inversion befindet. Die emittierten Gase können somit weiter aufsteigen und werden erst in größerer Höhe beim Schnittpunkt der beiden Temperaturgradienten blockiert. Da eine Isothermie meteorologisch gesehen einen Sonderfall darstellt, ist diese Situation der Vollständigkeit halber aufgeführt.

Die abschließende Abbildung 3.2 (e) schildert eine Situation, die besonders in den kälteren Monaten auftreten kann. Eine Bodeninversion verhindert zunächst das Aufsteigen der emittierten Gase. Falls deren thermische Energie und vertikale Geschwindigkeit jedoch ausreichen, den verbleibenden Teil der Inversion zu durchdringen, können sie in der darüber liegenden adiabatisch geschichteten Luft weiter aufsteigen. Dies hat zur Folge, daß ein Teil der Gase innerhalb der Bodeninversion verbleibt und sich aufgrund bodennaher Turbulenzen nach unten ausbreiten wird, während der übrige Teil sich ungestört nach oben in größere Höhen ausbreiten und verteilen kann.

Die jeweilige Aufteilung dieser Ausbreitung nach unten bzw. nach oben wird durch die vertikale Erstreckung und den Temperaturgradienten der Bodeninversion und durch die Temperatur der emittierten Gase sowie durch deren Ausströmgeschwindigkeit bestimmt. Bei hoher Ausströmgeschwindigkeit bzw. bei hoher Temperatur wird der Anteil der sich nach oben ausbreitenden Gase entsprechend hoch sein. Ein starker Temperaturgradient der Bodeninversion wird den Anteil der sich nach unten verteilenden Gase erhöhen.

Durch technische Maßnahmen ist es möglich, die emittierten Gase bereits durch den Schornstein selbst in möglichst große Höhen zu befördern, um störenden Bodeninversionen auszuweichen bzw. um die Gase oberhalb von bodennahen Turbulenzen zu emittieren. Dies kann auf die einfachste Weise durch eine entsprechende Höhe des Schornsteines selbst erfolgen, was letztendlich lediglich durch bautechnische Parameter oder lokale baubehördliche Auflagen begrenzt wird.

Eine weitere - auch nachrüstbare - Möglichkeit ist die Verwendung eines Gebläses zu Erhöhung der Ausströmgeschwindigkeit und der Richtwirkung des Schornsteines (Abb. 3.3). In diesem Fall werden die Gase unmittelbar in eine größere Höhe und oberhalb des Bereichs bodennaher Turbulenzen verfrachtet.

Abb. 3.3 Konventioneller Schornstein und Schornstein mit vorgeschaltetem Gebläse zur Erhöhung der Abströmgeschwindigkeit

Eine gerichtete Quelle zeichnet sich also durch eine vorgegebene Richtung und einen definierten Ort der Emission (Schornsteinöffnung) aus. Dies ist ein wesentlicher Unterschied zu den nachfolgend zu besprechenden diffusen Quellen.

3.2.2 Diffuse Quellen

Mit diesem Begriff werden Quellen für Luftverunreinigungen bezeichnet, die über zahlreiche individuelle Emittenten verfügen und deren Emissionsöffnungen nicht unmittelbar erkennbar sind oder deren Emission über eine größere Fläche erfolgt.

Entsprechend ihrer Geometrie können diffuse Quellen in folgende Kategorien aufgeteilt werden, wobei die angeführten Beispiele lediglich zur Verdeutlichung des jeweiligen Quellentyps dienen sollen:

- Lokale diffuse Quellen (Industrieanlage)
- Linienquelle (Autobahn)
- Flächenhafte diffuse Quelle (Abfalldeponie)

Abbildung 3.4 zeigt die schematische Darstellung der drei Typen von diffusen Quellen.

Eine komplexe Industrieanlage als Beispiel einer lokalen diffusen Quelle kann mit ihren zahlreichen Ventilen, Abluftkanälen und Entlüftungsöffnungen lediglich als Gesamtheit dieser vielen individuellen Emittenten betrachtet werden. Die Art und Menge der emittierten Luftverunreinigungen kann nicht mehr auf einen einzelnen dieser Emittenten zurückgeführt werden. Somit sind lediglich integrale Aussagen über die gesamte Anlage möglich.

Bei einer diffusen Quelle dieser Art werden in der Regel durch die individuellen Emittenten jeweils relativ geringe Mengen an gasförmigen Luftverschmutzungen freigesetzt. Da dies ohne besondere Vorrichtungen, wie z. B. Schornsteine oder Abluftgebläse erfolgt, verbleiben diese Gase unmittelbar im Bereich der bodennahen Luftschichten und werden aufgrund der dort vorhandenen Turbulenzen rasch verteilt und breiten sich mit dem bodennahen Windfeld aus.

Es ist somit naheliegend, daß die Emissionen diffuser Quellen bereits in geringer Entfernung bemerkbar sind schädigende Auswirkungen für die dort lebende Flora und Fauna verursachen können.

Abb. 3.4 Schematische Darstellung diffuser Quellen

Eine stark befahrenen Straße (Autobahn) als Beispiel einer Linienquelle stellt eine extrem asymmetrische Quelle für Luftverunreinigungen dar. Während die Länge dieser Quelle die Größe einer relevanten Umgebung (z.B. eine nahegelegene Siedlung) bei weitem übersteigt, ist ihre Breite auf die Gesamtbreite der verfügbaren Fahrspuren beschränkt und somit vergleichsweise gering. Wie auch im vorigen Beispiel handelt es sich bei diesem Typ der diffusen Quelle um die gleichzeitig wirksam werdende Emission vieler Einzelquellen, die bereits in geringer Entfernung von dieser Linienquelle nicht mehr einzeln registriert werden können. Es kann lediglich die integrale Wirkung aller Einzelemittenten innerhalb einer definierten Streckenlänge erfaßt werden. Die Art und Menge der freigesetzten Luftverunreinigungen wird somit primär durch den jeweiligen Zustand des Verkehrs bestimmt, der wiederum das Verhalten der Einzelemittenten steuert.

Bei einer derartigen Linienquelle erfolgt die Freisetzung der Luftverunreinigungen unmittelbar in Bodennähe, so daß diese Gase durch das bodennahe Windfeld unmittelbar bei Fauna und Flora zur Wirkung kommen können. Inversionen in geringer Höhe, die eine Verteilung dieser Gase in größere Höhen verhindern, können zu einem starken Anstieg ihrer Konzentrationen führen, was bei einer größeren Anzahl dieser Linienquellen innerhalb eines vorgegebenen Gebietes zu einschneidenden verkehrspolitischen Maßnahmen führen kann (Fahrverbot bei Smog-Wetterlagen).

Eine flächenhafte diffuse Quelle stellt in geometrischer Hinsicht eine Kombination der beiden vorstehend beschriebenen Quellen dar. Die horizontale Ausdehnung dieser Quelle ähnelt der lokalen diffusen Quelle, während die Emission der Luftverunreinigungen bodennah wie bei einer Linienquelle bzw. aus dem Boden heraus erfolgt. Somit sind die Luftverunreinigungen in unmittelbarer Bodennähe vorhanden und können sich entsprechend der vertikalen Schichtung der Luft ausbreiten. Als Beispiele für flächenhafte Quellen können Deponieanlagen sowie ausgedehnte Gebiete mit verschmutztem Boden angesehen werden, der gasförmige Luftverunreinigungen emittiert (Lösungsmittel und technische Flüssigkeiten).

3.3 Ausbreitung von Luftverunreinigungen

Bei der Beurteilung von Luftverunreinigungen in einem größeren Maßstab werden meteorologische Daten und die orographischen Eigenschaften des umgebenden Geländes zu den bestimmenden Größen. Die räumliche Ausbreitung der Luftverschmutzungen wird durch diese Parameter bestimmt, die sich in folgende Größen untergliedern lassen:

- Windgeschwindgkeit und Windrichtung
- Vertikales Temperaturprofil der unteren Luftschichten
- Form und Struktur des Geländes
- Bewuchs und Bebauung des Geländes
- Einfluß größerer Wasserflächen

Durch das bodennahe Windfeld werden die emittierten Gase im Lee der Quelle transportiert und verteilt. Die dabei zu beobachtende räumliche Verteilung wird durch Inhomogenitäten des räumlichen Windfeldes verursacht, die aus dem logarithmischen Geschwindigkeitsprofil des Windes (s. Abschn. 5.7.5.4) bzw. aus der Oberflächenstruktur und Bebauung des Geländes verursacht resultiert. Zeitlich und örtlich variable Windvektoren sorgen somit für eine Dispersionswirkung der z.B. bei einer Punktquelle kleinräumig freigesetzten Spurengase.

Im idealisierten Fall kann diese Ausbreitung unter Benutzung des oben erwähnten logarithmischen Geschwindigkeitsprofils als Gauß'sches Fahnenprofil berechnet werden (Oke (1987)). Unter Berücksichtigung der eingangs erwähnten orographischen Besonderheiten des Geländes und lokaler Inhomogenitäten des bodennahen Windfeldes (Gauß-Puff-Modell) kann somit auch die Ausbreitung in einer komplexen Umgebung simuliert werden (aufm Kampe und Weber (1992)).

3.4 Schrifttum

aufm Kampe, W. und Weber, H.: *Diffusion Model for Toxic Substances Influenced by Terrain Data,* Laser in der Umweltmeßtechnik, Springer Verlag (1992)

Fabian, P.: *Atmosphäre und Umwelt,* Springer Verlag (1989)

Keppler, E.: *Die Luft in der wir leben,* Physik der Atmosphäre, Piper Verlag (1988) Wetter und Klima, Meyers Lexikonverlag Mannheim (1989)

KRdL im VDI und DIN: *Typische Konzentrationen von Spurenstoffen in der Troposphäre* (1992)

Oke, T. R.: *Boundary Layer Climate,* Methuen & Co (1987)

Roedel, W.: *Physik unserer Umwelt. Die Atmosphäre,* Springer Verlag (1992)

4 Physikalische Grundlagen

Optische Fernmeßverfahren zum Nachweis von gasförmigen Luftverunreinigungen beruhen auf der Analyse von elektromagnetischer Strahlung (Licht), die in direkte Wechselwirkung mit den Molekülen der nachzuweisenden Stoffe getreten ist und aufgrund dessen mit einer charakteristischen und stoffspezifischen Signatur versehen ist. Diese Strahlung beinhaltet somit die Information über die Art und die Konzentration der gasförmigen Luftverunreinigungen aus dem untersuchten Raumvolumen. Die Detektion und die spektrale Untersuchung dieser Strahlung erfolgt durch spezielle optische Analysegeräte (z.B. Spektrometer), die sich – da es sich um Fernmeßverfahren handelt – in größerer Distanz von dem nachzuweisenden Stoff befinden. Aufgrund dieser verfahrenspezifischen Anordnung der beteiligten Komponenten können die in diesem Buch beschriebenen Meßverfahren auch als optische Fernspektroskopie bezeichnet werden. In der nachfolgenden Abbildung 4.1 ist die prinzipielle Anordnung eines optischen Fernmeßsystems dargestellt.

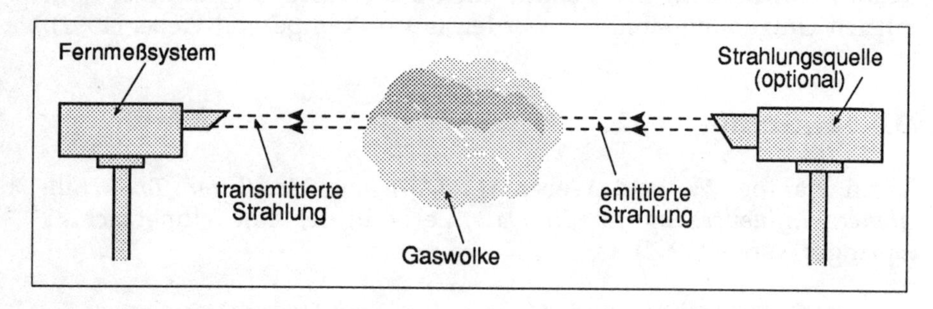

Abb. 4.1 Prinzip eines optischen Fernmeßsystems zum Nachweis von gasförmigen Luftverunreinigungen (Spurengasen)

Bei optischen Fernmeßverfahren wird ausschließlich durch die Art der oben angeführten Wechselwirkung und durch deren stoffspezifische Reaktion definiert, welche spektrale Signatur durch den Spurenstoff auf die elektromagnetische Strahlung aufgeprägt wird.

Aufgrund der atom- und molekülphysikalischen Daten der gasförmigen Luftverschmutzungen, die mit Hilfe optischer Fernmeßverfahren detektiert werden können, erstreckt sich der hierfür nutzbare Teil des elektromagnetischen Spektrums über das Gebiet der Mikrowellen, des Infraroten (IR), des Sichtbaren (VIS) und des Ultravioletten (UV). Eine Übersicht über die Wellenlänge der elektromagnetischen Strahlung innerhalb dieser Gebiete wird in Tabelle 4.1 gegeben.

Tabelle 4.1 Übersicht der Wellenlängenbereiche, die für optische Fernmeßverfahren eingesetzt werden können

Ultraviolett (UV)	100 nm - 450 nm
Sichtbarer Teil (VIS)	450 nm - 650 nm
Infrarot (IR)	650 nm - 20 μm
Ferner Infrarot (FIR)	20 μm - 100 μm
Mikrowellen	>100 μm

Der jeweils einsetzbare Wellenlängenbereich wird durch die interne Struktur der Atome bzw. Moleküle der Spurengase vorgegeben, die nachgewiesen werden sollen. Da diese Stoffe fast ausschließlich molekulare Strukturen besitzen, werden atomare Luftverschmutzungen, wie z.B. Metalldämpfe in den folgenden Abschnitten nur am Rande erwähnt.

Die nachfolgende Abbildung 4.2 zeigt eine schematische Übersicht der für optische Fernmeßverfahren einsetzbaren Wechselwirkungen. Bereits aus dieser Abbildung wird ersichtlich, welche typische Richtungscharakteristik diese Wechselwirkungen aufweisen.

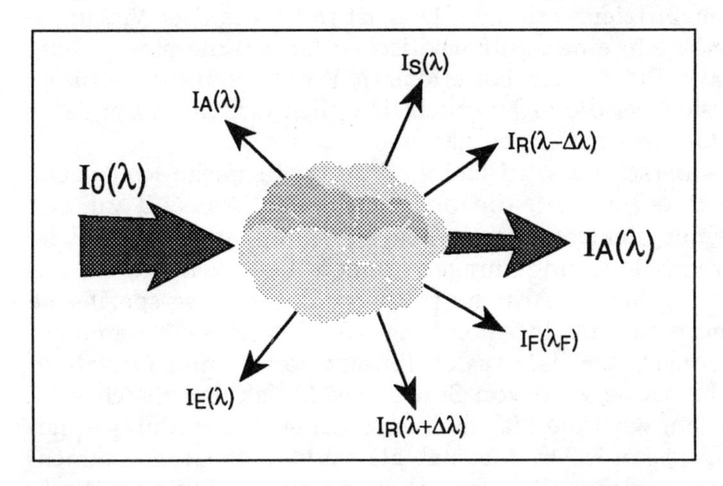

Abb. 4.2 Typische spektroskopische Wechselwirkungen für optische Fernmeßverfahren

Diese Wechselwirkungen lassen sich wie folgt zusammenfassen, wobei in der nachfolgenden Tabelle 4.2 eine qualitative Charakterisierung der jeweiligen spektroskopischen Eigenschaften gegeben wird.

Tabelle 4.2 Qualitative Charakterisierung der verschiedenen Wechselwirkungen, die für optische Fernmeßverfahren eingesetzt werden können

Wechselwirkung	Spektroskopische Eigenschaft
Absorption	Schwächung von Strahlung in stoffspezifischer spektraler Form
Emission	Aussenden von Strahlung in stoffspezifischer spektraler Form
Raman–Effekt	Aussenden von Strahlung, deren Wellenlängen um stoffspezifische Beträge von einer eingestrahlten Wellenlänge verschoben sind
Fluoreszenz	Schwächung von Strahlung und Aussenden von stoffspezifischer Strahlung mit größeren Wellenlängen
Streuung	Schwächung von Strahlung durch Erhöhung der Strahldivergenz

Ohne eine Bewertung der Anwendbarkeit der einzelnen Wechselwirkungen vorwegzunehmen, soll bereits an dieser Stelle ein Vergleich von deren Effizienz erfolgen. Dies ist mit Hilfe des Wirkungsquerschnittes möglich, einer stoffspezifischen Größe, die eine direkte Aussage über die Stärke der betreffenden Wechselwirkung ermöglicht, wobei es sich bei dieser Übersicht lediglich um einen Vergleich von typischen Größenordnungen handelt.

Als Wirkungsquerschnitt wird hierbei die hypothetische Kreisfläche um ein Molekül bezeichnet, die den minimalen Abstand zu den Lichtquanten einer elektromagnetischen Strahlung definiert, welche die jeweilige Wechselwirkung anregen können. Lichtquanten, die das Molekül in einem größeren Abstand passieren, lösen diese spezifische Wechselwirkung nicht aus. In Abbildung 4.3 wird dieser Zusammenhang verdeutlicht. Da bei dem realen Einsatz von Fernmeßverfahren jeweils eine sehr große Zahl von Spurengas–Molekülen gleichzeitig beobachtet werden, wird die hier definierte Größe des Wirkungsquerschnittes im makroskopischen Maßstab als statistische Größe betrachtet, die angibt, mit welcher Wahrscheinlichkeit eine spezifische Wechselwirkung eintritt.

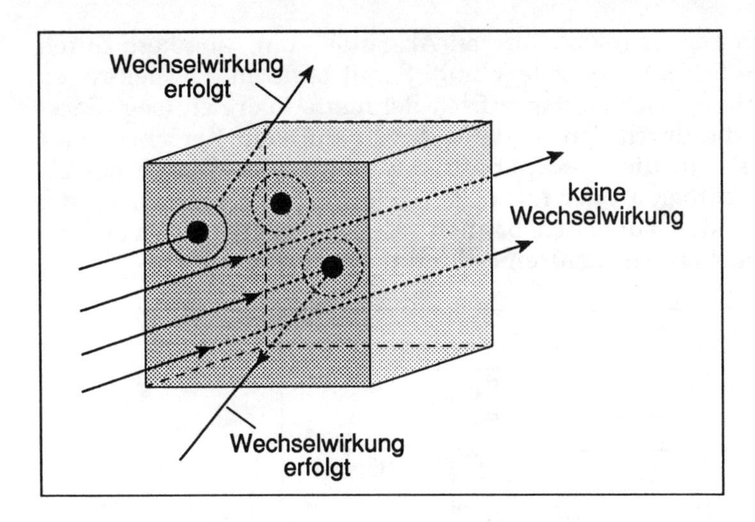

Abb. 4.3 Wirkungsquerschnitt für die Wechselwirkung zwischen elektromagnetischer Strahlung und Molekülen eines Spurengases

In den nachfolgenden Abschnitten werden diese Wechselwirkungen ausführlich diskutiert und es werden beispielhafte Anwendungen von daraus abgeleiteten Fernmeßverfahren vorgestellt.

4.1 Absorption

Wenn ein Gas von Licht durchdrungen wird, kann unter bestimmten Voraussetzungen eine Wechselwirkung zwischen dem Licht und dem Gas auftreten. Dieser Vorgang kann entsprechend dem atomphysikalischen Dualismus von Welle und Teilchen als Wechselwirkung zwischen dem Strahlungsfeld bzw. den Photonen des Lichtes und dem absorbierenden Medium beschrieben werden.

Wenn dieser Vorgang zu einem Energietransfer von den Photonen zu den Molekülen führt, handelt es sich um Absorption.

Im Folgenden wird dieser Vorgang anhand des Bohrschen Atommodells erklärt, welches eine sehr anschauliche und in der klassischen Physik auch weit verbreitete Beschreibung der Wechselwirkungen von Photonen mit Elektronen eines Atoms bzw. Moleküls ermöglicht. Da bei optischen Fernmeßverfahren zur Detektion von Spurengasen fast ausschließlich molekulare (also mehratomige) Stoffe untersucht werden, sollen bereits an dieser Stelle primär die Eigenschaften von Molekülen diskutiert werden.

Die Absorption ist primär eine Wechselwirkung der Photonen des Strahlungsfeldes mit den Elektronen in der Hülle um die Atome des Moleküls. Die Energie dieser Elektronen ist durch deren Bahn um den Atomkern gegeben, wobei deren Abstände zum Atomkern durch dessen interne Struktur festgelegt sind. Somit besitzen die Elektronen unterschiedliche, jedoch stoffspezifisch definierte Energien (sog. Energiezustände), die durch den Abstand ihrer Bahn vom Kern bestimmt sind (Abb. 4.4). Für die Absorption von Strahlung im Bereich des ultravioletten, sichtbaren oder infraroten Teil des Spektrum spielen die Elektronen auf den äußersten Bahnen um die Atome, sog. Valenzelektronen (Leuchtelektronen) eine dominierende Rolle.

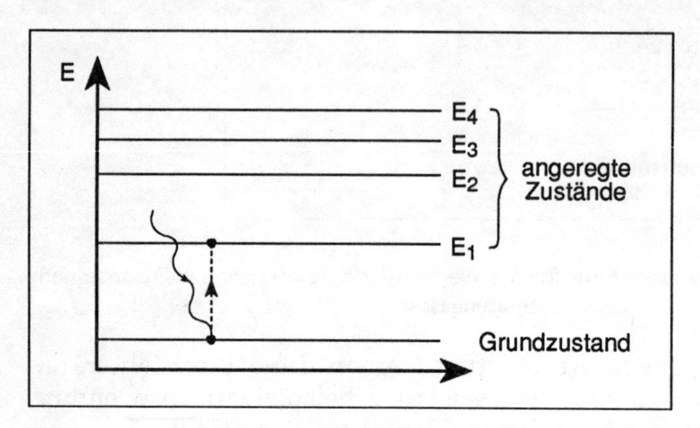

Abb. 4.4 Schematische Darstellung der Energiezustände eines Valenzelektrons

Der Zustand mit der geringsten Energie wird als Grundzustand bzw. Grundniveau des Elektrons bezeichnet, und alle mit höherer Energie versehenen Energieniveaus werden als angeregte Zustände bzw. Energieniveaus bezeichnet. Die energetische Differenz zwischen zwei Zuständen

$$\Delta E = E_1 - E_2 \qquad (4.1)$$

ist somit ebenfalls durch die oben angeführte interne Struktur des Kerns gegeben.

Entsprechend der Planckschen Beziehung $E = h\nu$ besitzt jedes Photon eine Energie E, die makroskopisch durch die Frequenz ν charakterisiert ist. Wenn ein Photon mit der Energie $h\nu$ auf ein Molekül trifft, welches Elektronen besitzt, deren Energiedifferenz ΔE zwischen zwei Zuständen genau dieser Energie E entspricht, so kann die Energie des Photons auf das Elektron übertragen werden; das Photon wird absorbiert.

Bei spektroskopischen Untersuchungen der Absorption von elektromagnetischer Strahlung durch Moleküle wird im Gegensatz zu der im vorigen Abschnitt verwandten atomphysikalischen Beschreibung bevorzugt die Wellenlänge der Strahlung betrachtet.

Über die einfache Beziehung

$$\lambda = \frac{c}{\nu} \qquad (4.2)$$

ist jeder Frequenz und somit jeder Energie eine entsprechende Wellenlänge der Strahlung zugeordnet:

$$\lambda = \frac{c \cdot h}{E} \qquad (4.3)$$

Die von molekularen Spurengasen absorbierten Photonenenergien entsprechen Teilen des elektromagnetischen Spektrums (Tabelle 4.1).
Da die Grenzen zwischen den verschiedenen Wellenlängenbereichen fließend sind, stellen die hier angegebenen Bereiche lediglich eine unverbindliche Einteilung dar.
Diesen in Tabelle 4.1 aufgeführten unterschiedlichen Wellenlängenbereichen liegen verschiedene Formen des Energietransfers zu den Elektronen des Moleküls zugrunde, die hier der Vollständigkeit halber aufgeführt, aber nicht weiter diskutiert werden sollen:

Reine Elektronenübergänge (UV, VIS, IR)
Schwingungs–Rotationsübergänge (IR)
Rotationsübergänge (FIR, Mikrowellen)

Im statistischen Mittel nehmen die Elektronen Energiezustände ein, deren Besetzungswahrscheinlichkeit N durch die Temperatur des Gases bestimmt ist und durch folgende Beziehung beschrieben wird, wobei E_k und E_m zwei Energiezustände mit $E_k > E_m$ darstellen.

$$N_k = N_m \, e^{(dE/kT)} \qquad (4.4)$$

mit

N_k = Besetzungswahrscheinlichkeit für den Zustand k
N_m = Besetzungswahrscheinlichkeit für den Zustand m
E_k = Elektronenenergie für den Zustand k
E_m = Elektronenenergie für den Zustand m
dE = Energiedifferenz zwischen diesen Zuständen
k = Boltzmann–Konstante ($1{,}38062 \cdot 10^{-23}$ JK^{-1})
T = makroskopische Temperatur des Moleküls

Die Abhängigkeit dieser Besetzungswahrscheinlichkeiten von der Temperatur T des Gases zeigt an, daß die Wahrscheinlichkeit für Elektronen in höheren Energiezuständen umgekehrt proportional zu T verläuft. Im energetischen Gleichgewicht werden also tiefere Energiezustände gegenüber Zuständen mit höherer Energie bevorzugt von Elektronen besetzt.

Durch die Absorption nehmen die Elektronen die Energie des absorbierten Photons auf und nehmen somit einen höheren Energiezustand ein. Dieser Vorgang verändert jedoch die durch die Temperatur des Gases bestimmte Verteilung der Elektronen auf die verschiedenen Energiezustände. Um wieder die 'normale' statistische Verteilung der Energiezustände zu erhalten, sind die Elektronen bestrebt, die absorbierte Energie wieder abzugeben, was durch die Emission eines Photons mit dieser Energie geschieht. Das Elektron geht bei diesem Vorgang wieder in ursprünglichen Anfangszustand zurück.

Diese Beschreibung gibt lediglich die Grundzüge des Energietransfers zwischen den Photonen und den Elektronen in den verschiedenen Energiezuständen wieder. In der Realität treten oftmals sehr komplexe Übergänge zwischen verschiedenen Energieniveaus auf, deren interne Wechselwirkung zu entsprechend strukturierten Spektren führen.

Die mittlere Lebensdauer eines angeregten Zustandes ist sehr kurz und liegt im Bereich von 10^{-8} s. Im makroskopischen Maßstab, bei dem ein Ensemble von vielen identischen Molekülen betrachtet wird, die wiederum jeweils viele Elektronen mit gleichen energetischen Eigenschaften besitzen, geben entsprechend viele Photonen ihre Energie an die Elektronen der Moleküle ab.

Bei der spektroskopischen Analyse eines Absorptionsvorganges wird der Energietransfer von Strahlung zu den Molekülen des Gases untersucht, die aus einem definierten Raumwinkel stammt. Es ist somit eine vorgegebene Richtungscharakteristik vorhanden. Die nach dem Absorptionsvorgang erfolgende Abstrahlung der aufgenommenen Energie erfolgt jedoch isotrop, d.h. gleichmäßig verteilt in alle Raumwinkel. Unter anderem wird auch in den Raumwinkel emittiert, aus dem die ursprüngliche Strahlung in das Ensemble von Molekülen eingestrahlt wurde. Da sich aber die wieder abgestrahlte Energie auf eine normalerweise erheblich größere Fläche verteilt, tritt insgesamt eine Schwächung der ursprünglichen Strahlung ein. In Abbildung 4.5 ist dieser Zusammenhang illustriert.

Die Stärke dieser Absorption hängt von mehreren Parametern des absorbierenden Gases und der Strahlung ab und wird quantitativ im folgenden Abschnitt behandelt. Dabei wird eine räumliche Verteilung der Gasmoleküle und eines Lichtstrahles angenommen, wie in Abbildung 4.6 dargestellt ist.

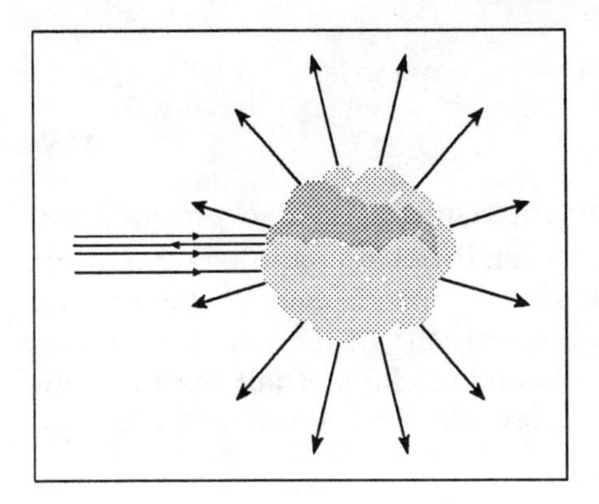

Abb. 4.5 Geometrie bei Absorption von elektromagnetischer Strahlung

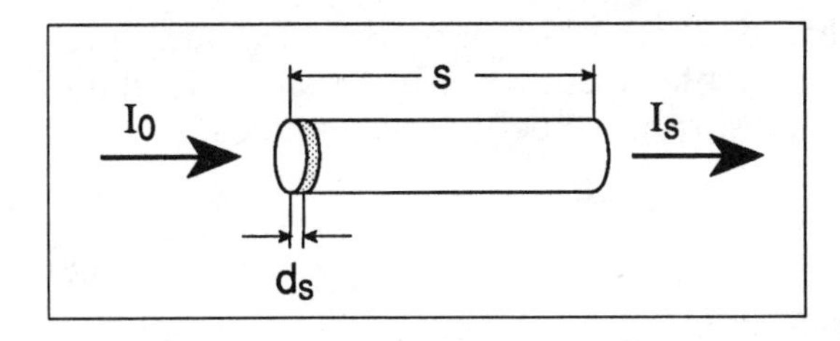

Abb. 4.6 Absorption einer elektromagnetischen Strahlung durch die Moleküle eines Spurengases

Faßt man die Parameter, die bei der Absorption eine Rolle spielen, qualitativ zusammen, so erkennt man, daß die Stärke der Absorption direkt proportional zu folgenden Größen ist:

Parameter	Dimension
Zahl der Moleküle pro Volumeneinheit (Teilchenzahldichte)	n (cm^{-3}) bzw. (m^{-3})
Absorptionsquerschnitt	σ (cm^2) bzw. (m^2)
Länge der Strecke, auf der die Absorption erfolgt	s (cm) bzw. (m)

Bezeichnet man die Intensität der einfallenden Strahlung vor der Gaswolke mit I_0, so folgt für die Intensität I(ds) hinter der ersten schmalen Schicht der Wolke mit der Dicke ds:

$$I(ds) = I_0 - dI(ds) \qquad (4.5)$$

mit

$$dI(ds) = \alpha I_0 \, ds \tag{4.6}$$

Die Schwächung der einfallenden Intensität I_0 ist also proportional zu der Schichtdicke ds. Hierbei wird der Proportionalitätsfaktor α als der Absorptionskoeffizient des Gases bezeichnet. Dieser Faktor ist eine stoffspezifische Größe und hat offensichtlich die Dimension (cm^{-1}). Durch Integration über die gesamte Schichtdicke s erhält man folgenden numerischen Zusammenhang, der als Beer–Lambertsches Absorptionsgesetz bekannt ist:

$$I_s = I_0 \, e^{-\alpha s} \tag{4.7}$$

Es wurde bereits angeführt, daß die Absorption der Strahlung proportional ist zur Teilchenzahldichte n der absorbierenden Moleküle. Zu diesem Zweck wird der Absorptionskoeffizient α aufgespalten in die Beziehung

$$\alpha = \sigma \, n \tag{4.8}$$

Auf diese Weise führt man eine Transformation des mathematischen Proportionalitätsfaktors in physikalische Observablen (reale Meßgrößen) durch. Damit folgt unmittelbar für die Schwächung der einfallenden Strahlung

$$I_s = I_0 \, e^{-\sigma n s} \tag{4.9}$$

Im Gegensatz zu der vorherigen Version enthält diese Gleichung ausschließlich physikalische Größen, die durch Messungen quantitativ erfaßt werden können und stellt somit eine geschlossene Beschreibung der Absorption von Strahlung durch durch die Moleküle eines Gases dar. Die Teilchenzahldichte n kann anhand des idealen Gasgesetzes

$$n = \frac{p}{kT} \tag{4.10}$$

mit

k = Boltzmann–Konstante $1{,}38 \cdot 10^{-23}$ JK^{-1}
T = Temperatur des Gases in Kelvin

aus dem Druck des Gases bestimmt werden, und s wird direkt als Länge der Absorptionsstrecke innerhalb der Gaswolke gemessen. Der numerische Wert für σ wird durch spektroskopische Untersuchungen bei exakt definierten Versuchsbedingungen ermittelt.

4.2 Spektrale Struktur der absorbierten Strahlung

Analysiert man die spektrale Beschaffenheit der Strahlung hinter einer Küvette mit einem absorbierenden Gas (z.B. mit Hilfe eines Spektrometers), so stellt man fest, daß diese Absorption nicht gleichmäßig erfolgt, sondern in einer häufig sehr komplexen Verteilung als Funktion der Wellenlänge. In Abbildung 4.7 ist ein derartiger Versuchsaufbau skizziert und es ist deutlich zu sehen, daß die Absorption der einfallenden Strahlung auf wenige aber sehr intensive Stellen (Absorptionslinien) innerhalb des untersuchten Spektralbereiches beschränkt ist.

In Abschnitt 4.1 wurde bereits gezeigt, daß die Absorption von Strahlung durch ein Gas nur dann möglich ist, wenn die Moleküle dieses Gases Elektronen besitzen, die Energiezustände einnehmen können, deren energetische Differenz genau der Energie $E = h\nu$ der Photonen dieser Strahlung entspricht.

Die Frequenz ν der absorbierten Strahlung läßt sich über die Beziehung $\lambda = c/\nu$ unmittelbar in eine entsprechende Wellenlänge λ umformen, die mit spektroskopischen Verfahren bestimmt werden kann. Es ist somit ein direkte Zusammenhang zwischen dem molekülphysikalischen Vorgang der Absorption von Photonen mit einer definierten Energie $h\nu$ und der im makroskopischen Maßstab beobachtbaren Absorption von Strahlung I mit der Wellenlänge λ vorhanden.

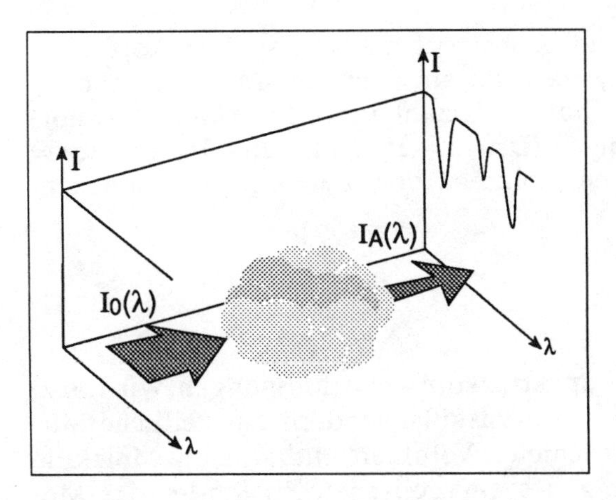

Abb. 4.7 Spektroskopische Analyse des Absorptionsverhaltens eines Gases

Spektroskopische Messungen von Absorptionsvorgängen zeigen allerdings, daß diese Absorptionslinien nicht die extrem geringe natürliche Linienbreite aufweisen, wie man es vom molekülphysikalischen Ansatz her vermuten würde, sondern daß diese Linien eine ausgeprägte Struktur (Linienform) besitzen. Diese Linienform, die durch hochauflösende spektroskopische Untersuchungsverfahren ermittelt werden kann, wird durch mehrere physikalische Vorgänge bestimmt, die in den Abschnitten 4.2.3 und 4.2.4 ausführlich vorgestellt werden. Somit reduziert sich die hier gegebene Beschreibung der Struktur der Spektrallinien auf Vorgänge, die besonders bei Absorptionsvorgängen dominieren.

4.2.1 Form der Absorptionslinien

Die im makroskopischen Maßstab beobachtbare Form einer einzelnen Absorptionslinie wird durch folgende physikalischen Effekte bestimmt

- Natürliche Linienbreite Γ
- Dopplerverbreiterung durch die Temperatur des Gases T
- Druck- bzw. Stoßverbreiterung aufgrund des Gesamtdruckes innerhalb des Gasvolumens p_{ges} (Pa)

Die jeweiligen Anteile dieser Effekte auf die makroskopisch meßbare Linienbreite ist in den folgenden Abschnitten ausführlich dargestellt.

4.2.2 Die natürliche Linienbreite

Im makroskopischen Zustand beobachtet man bei spektroskopischen Untersuchungen und Analysen nicht ein einzelnes Molekül sondern ein Gasvolumen mit einer hohen Anzahl von Molekülen. Bei normalen Umgebungsbedingungen (Druck = 1013 hPa und Temperatur = 300 K) befinden sich in einem Volumen von 1 m^3 entsprechend dem idealen Gasgesetz

$$n = \frac{p}{kT} \tag{4.11}$$

etwa $2{,}4 \cdot 10^{25}$ Moleküle. Bei spektroskopischen Messungen wird also nicht der Effekt eines einzelnen Moleküls, sondern das zeitliche Mittel aller Effekte der im beobachteten Volumen enthaltenen Moleküle registriert. Die Beschreibung des energetischen Zustandes der Moleküle reduziert sich somit zu einem statistischen Verfahren, das lediglich Wahrscheinlichkeiten für das Verhalten eines einzelnen Moleküls gestattet aber keine gezielten Aussagen über ein einzelnes Molekül mehr ermöglicht.

In den vorigen Abschnitten waren die Energiezustände eines Moleküls als fest definierte und individuell quantifizierte Größen behandelt worden, die mit Hilfe makroskopischer (spektroskopischer) Messungen ermittelt werden können.

Eine der fundamentalen Gleichungen der modernen Atomphysik, die Unschärferelation von Heisenberg besagt jedoch, daß von einem atomphysikalischen System zeitgleich entweder der energetische oder der zeitliche (räumliche) Zustand genau beobachtet werden kann. Der jeweils andere Zustand ist entsprechend undefiniert. Für den Energiezustand eines Atoms oder Moleküls bedeutet dies, daß entweder die Energie dieses Zustandes oder dessen Lebensdauer genau bekannt ist. Die jeweils andere Größe ist zeitgleich nicht genau quantifizierbar. Das Produkt beider Terme ist jedoch konstant und entspricht numerisch dem Planckschen Wirkungsquantum.

$$\Delta E \, \tau = \hbar \tag{4.12}$$

mit

ΔE = Halbwertsbreite der spektralen Energieverteilung
τ = Mittlere Lebensdauer des angeregten Energiezustandes
$\hbar$ = $h / 2\pi$ ($1{,}0546 \cdot 10^{-34}$ Js)

Die Bedeutung dieser Beziehung liegt in der Tatsache, daß sich Energiezustände mit langer Lebensdauer τ statistisch innerhalb eines kleinen Energieintervalls ΔE befinden. Bei Energiezuständen mit kurzer Lebensdauer τ sind sie statistisch innerhalb eines ausgedehnten Energieintervalles ΔE verteilt. Abbildung 4.8 veranschaulicht diesen Zusammenhang.

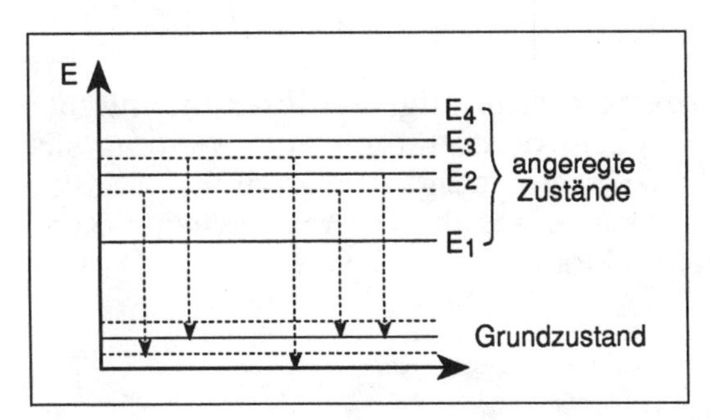

Abb. 4.8 Die statistische Verteilung der Energie von identischen Molekülen mit Energiezuständen, die eine unterschiedliche mittlere Lebensdauer τ aufweisen

Diese statistische Verteilung der Energiezustände hat entsprechende Folgen für die Struktur der elektromagnetischen Strahlung bzw. der Energie der emittierten Photonen, die von angeregten Molekülen emittiert wird. In den vorigen Abschnitten war ausgeführt worden, daß die Energie dieser Photonen jeweils der energetischen Differenz des Anfangszustandes und des Endzustandes des emittierenden Moleküls entspricht. Bei angeregten Energiezuständen mit kurzer Lebensdauer (typ. 10^{-8} s) ist deren Energie jedoch nur innerhalb eines Unschärfebereiches von typisch $1 \cdot 10^{-26}$ J definiert. Somit sind auch die Differenzenergie und somit die Energie der emittierten Photonen mit der gleichen Unschärfe behaftet, was sich spektroskopisch als statistische Verteilung der Energie um den theoretischen Wert äußert. Eine Emissionslinie ist somit nicht mehr infinitesimal schmal, wie es die vereinfachte Theorie darstellte, sondern mit einer spezifischen Breite, der sog. natürlichen Linienbreite behaftet. In der Spektroskopie wird diese Linienform als Lorentz-Profil bezeichnet.

Neben der natürlichen Linienbreite, die die untere Grenze für die spektrale Breite einer Spektrallinie darstellt, wird das reine Lorentz-Profil dieser Linie zusätzlich durch makroskopische Vorgänge beeinflußt.

Natürliche Linienbreite	—>	Lorentz–Profil
Molekülbewegung	—>	Dopplerverbreiterung
Stöße zwischen Molekülen	—>	Druckverbreiterung

Diese Mechanismen der Linienverbreiterung, die durch den makroskopischen Zustand des Gases bedingt sind, spielen bei der quantitativen spektroskopischen Analyse der Linienformen eine grundlegende Rolle und werden daher in den folgenden Abschnitten ausführlich dargestellt.

4.2.3 Dopplerverbreiterung

Die Moleküle eines Gases bewegen sich aufgrund ihrer thermischen Energie mit einer Geschwindigkeit, deren räumliche Verteilung sich mit Hilfe der Maxwellschen Geschwindigkeitsverteilung (Mayer-Kuckuk (1977)) beschreiben läßt (hier anhand der räumlichen x–Komponente des Geschwindigkeitsvektors).

$$dN(v_x) = \text{const} \cdot \exp\left(\frac{Mv_x^2}{2RT}\right) \tag{4.13}$$

mit

M = Molekulargewicht
R = Gaskonstante (8,314 J K^{-1} Mol^{-1})
T = absolute Temperatur

Moleküle, die sich in Richtung der räumlichen x–Koordinate bewegen und Strahlung aus dieser Richtung absorbieren, registrieren durch die Dopplerverschiebung eine erhöhte Frequenz gemäß der Beziehung

$$\nu(v_x) = \nu \left(1 + \frac{v_x}{c}\right) \tag{4.14}$$

mit

ν = Ursprüngliche Frequenz der Strahlung
v_x = Geschwindigkeitskomponente in x–Richtung
c = Lichtgeschwindigkeit

Bei einer entgegengesetzten Geschwindigkeitskomponente erfolgt eine entsprechende Reduzierung der Frequenz. Es entsteht somit eine Verschiebung des ungestörten Lorentz–Profiles um einen geschwindigkeitsabhängigen Betrag der ursprünglichen Strahlungsfrequenz ν.

Im makroskopischen Maßstab erscheint die Einhüllende vieler absorbierender Moleküle mit jeweils unterschiedlichen Geschwindigkeitskomponenten als Verbreiterung des Lorentz-Profiles, die besonders nahe des Linienkerns (Zentrum der Absorptionslinie) dominiert (s. Abbildung 4.9). Die daraus resultierende Linienform wird als Gauss– oder Doppler–Profil bezeichnet. Eine genaue Analyse von Doppler–verbreiterten Linien zeigt allerdings, daß deren Form immer noch das ursprüngliche Lorentz–Profil überlagert ist, und daß daher das Gauss–Profil nicht ungestört auftritt. Bei einer exakten quantitativen Analyse dieser Linienform muß daher die Überlagerung beider Profile berücksichtigt werden, was mathematisch durch eine sogenannte Faltung beider Profile erfolgt und im Bereich der Spektroskopie als Voigt–Profil bekannt ist.

Der Einfluß der Doppler–Verbreiterung ist besonders bei reduzierten Drücken bemerkbar und macht sich daher in der freien Atmosphäre erst in größeren Höhen bemerkbar. Im unteren Bereich der Atmosphäre ist die nachfolgend beschriebene Druck– bzw. Stoßverbreiterung dominierend.

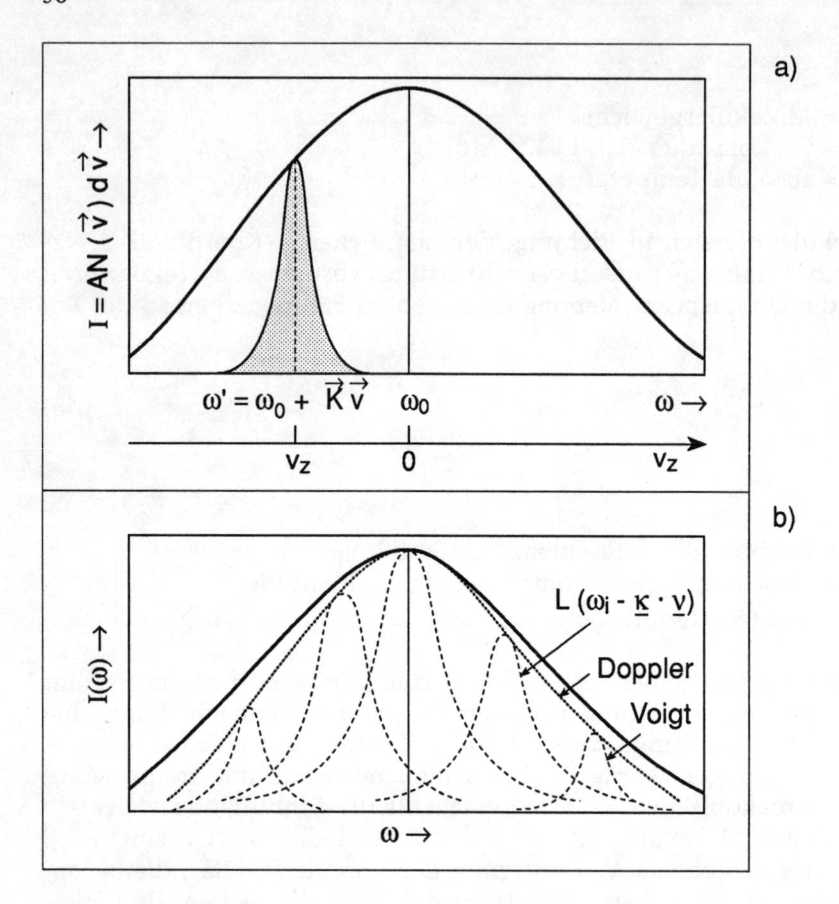

Abb. 4.9 Lorentz–Profil und Gauss–Profil als Einhüllende vieler bewegter Moleküle (Demtröder (1991))

4.2.4 Druckverbreiterung

Moleküle eines Gases bzw. eines Gasgemisches führen aufgrund ihrer Eigengeschwindigkeit und ihres relativ geringen mittleren Abstandes Stöße untereinander aus, deren Häufigkeit durch die thermische Energie (Temperatur des Gases) und den Gesamtdruck des Gases P_{ges} bestimmt wird.

Bei einer Temperatur von 300 K liegt der Schwerpunkt der Geschwindigkeitsverteilung v_{max} der Moleküle bei etwa 400 m/s. Der mittlere Abstand l zwischen den Molekülen beträgt für p_{ges} = 1 bar und T = 300 K etwa $3{,}3 \cdot 10^{-7}$ m. Daraus folgt eine mittlere Zeit zwischen zwei Stößen von $t = l/v_{max}$ von etwa $8{,}3 \cdot 10^{-10}$ s, also deutlich kürzer als die mittlere Lebensdauer eines angeregten Energieniveaus.

Wenn wie in diesem Beispiel die mittlere Zeit zwischen den Stößen der Moleküle untereinander in der Größenordnung der mittleren Lebensdauer der angeregten Energieniveaus der Elektronen liegt oder deutlich kürzer ist, kann die Abstrahlung der überschüssigen Energie nicht mehr ungestört erfolgen, sondern wird im statistischen Mittel durch die Stöße der Moleküle unterbrochen. Dies verursacht einen Phasensprung in der emittierten elektromagnetischen Welle, der sich nach einer Fourier–Transformation in der Frequenzdarstellung durch eine Verbreiterung des Frequenzbereiches äußert, in dem das Molekül Strahlung emittiert. Im makroskopischen Maßstab ist eine verbreiterte Spektrallinie erkennbar, was sich in bei diesem Effekt besonders im äußeren Bereich der Linie (Linienflügel) bemerkbar macht. Da diese Druck– bzw. Stoßverbreiterung proportional zur Dichte bzw. zum Druck des Gases verläuft, stellt sie einen dominierenden Beitrag zur Linienbreite im Bereich der unteren Atmosphäre dar.

Bei spektroskopischen Analysen im Labor läßt sich diese Druckverbreiterung durch eine Reduktion von pges im Analysevolumen entsprechend beseitigen. Bei spektroskopischen Untersuchungen im unteren Bereich der freien Atmosphäre, wie sie bei optischen Fernmeßverfahren angewandt werden, muß die Druckverbreiterung der zu untersuchenden Spektrallinien auf jeden Fall berücksichtigt werden.

In der nachfolgenden Abbildung 4.10 ist die natürliche Linienbreite zusammen mit den Verbreiterungsmechanismen der Doppler- und der Druckverbreiterung nochmals beispielhaft dargestellt.

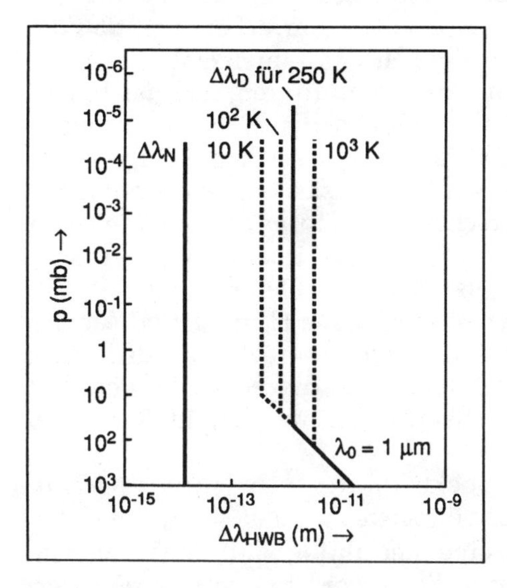

Abb. 4.10 Natürliche Linienbreite und zusätzliche Anteile durch die Doppler-Verbreiterung und die Druckverbreiterung (v. Zahn (1986))

4.2.5 Schwache und starke Linien

Bei der quantitativen Analyse von Absorptionsspektren wird deutlich, daß die Absorptionskoeffizienten für verschiedene Linien sehr unterschiedliche Werte aufweisen können. Die nachfolgende Abbildung 4.11 illustriert diese Aussage anhand eines Spektrums von gasförmigem Äthylen.

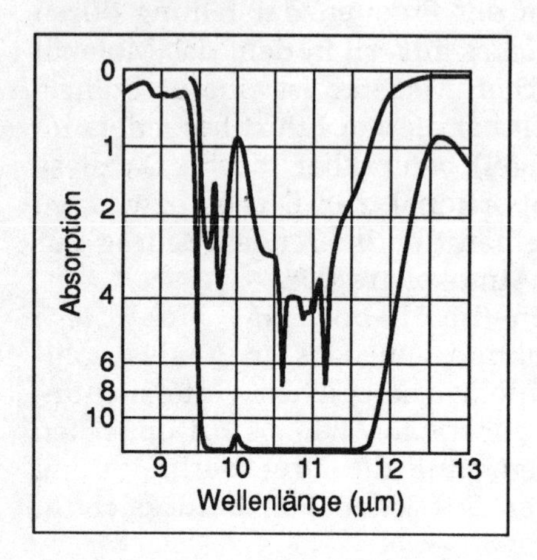

Abb. 4.11 Absorptionsspektrum von Äthylen (Pierson (1956))

Man erkennt deutlich die starken Unterschiede des Absorptionsvermögens verschiedener Linien. Es wird außerdem erkennbar, daß die Form einiger Absorptionslinien im Bereich des Linienzentrums nicht mehr beobachtbar ist. Dies ist darauf zurück zu führen, daß das besonders stark ausgeprägte Absorptionsvermögen dieser Linien in einer vollständigen Absorption der Strahlung im Bereich des Linienzentrums resultiert. Dieser Vorgang wird als gesättigte Absorption bezeichnet. Linien, die zu dieser Erscheinung führen, bezeichnet man als starke Linien, im Gegensatz zu schwachen Linien, deren Struktur auch im Bereich der Linienmitte stets erkennbar bleibt.

An dieser Stelle soll lediglich der physikalische Hintergrund für das Auftreten der gesättigten Absorption durch starke Linien diskutiert werden. Die Auswirkungen dieses Effektes auf die Einsetzbarkeit und Meßgenauigkeit optischer Fernmeßverfahren werden in Kapitel 5 eingehend diskutiert.

Das in Abbildung 4.11 gezeigte Spektrum des Äthylen veranschaulicht, daß starke Linien nicht ausschließlich zu einer gesättigten Absorption führen müssen. Durch eine Reduktion der Zahl der Moleküle des betreffenden Gases kann die Absorption soweit reduziert werden, daß auch der Kern besonders starker Linien ungestört wiedergegeben werden kann.

Dies kann durch die Reduktion des Partialdruckes des Meßgases bzw. durch eine entsprechende Verkleinerung des untersuchten Gasvolumens (Verkürzung der Absorptionsstrecke) vorgenommen werden. Es soll an dieser Stelle darauf hingewiesen werden, daß das Vermeiden einer gesättigten Absorption nicht primär durch die Reduktion des Gesamtdruckes innerhalb des Meßvolumens erfolgen sollte, sondern durch eine entsprechende Reduktion des Partialdruckes des Meßgases. Falls dies meßtechnisch nicht durchführbar ist, wie z.B. bei Messungen von Spurengaskonzentrationen in der freien Atmosphäre, müssen für verschiedene Konzentrationsbereiche unterschiedlich starke Absorptionslinien benutzt werden, um das Auftreten von störenden Sättigungseffekten zu vermeiden.

4.2.6 Wachstumskurve

Analysiert man das Verhalten einer isolierten starken Absorptionslinie bei unterschiedlichen Konzentrationen des Meßgases, so erhält man wesentliche Aussagen über das Absorptionsverhalten dieser Linie.

In den vorigen Abschnitten wurde die Absorption von Strahlung quantitativ für das Linienzentrum vorgestellt. Analysiert man jedoch das Absorptionsvermögen im Bereich der gesamten Linie, so muß zusätzlich deren Form, d.h. das Absorptionsvermögen im Bereich der Linie als Funktion der Wellenlänge analysiert und in die Quantifizierung der Absorption übernommen werden.

Die Absorption von Strahlung läßt sich durch die folgende Gleichung wiedergeben

$$I_s = I_0 \cdot \exp(-\int k_\nu \rho \, ds) \qquad (4.15)$$

mit

I_s = verbliebene Strahlungsintensität nach Durchdringung der Schichtdicke s

I_0 = Intensität vor dem absorbierenden Gases

k_ν = Absorptionskoeffizient des Gases

ρ = Massendichte des absorbierenden Gases

ν = Frequenz der Strahlung.

In entsprechender Weise kann die Transmission Ta des Gases definiert werden

$$T_\nu = \exp\left(-\int k_\nu \rho \, ds\right) \tag{4.16}$$

$$T_\nu = e^{-\tau_\nu(s)} \tag{4.17}$$

mit

$$\tau_\nu(s) = k_\nu \int \rho \, ds \tag{4.18}$$

wobei mit τ_ν die optische Schichtdicke des Gases bezeichnet wird und sich der numerische Wert für T_a im Definitionsbereich 0 bis +1 bewegt.

Der absorbierte Teil der Strahlung A_ν ist definiert durch

$$A_\nu = 1 - T_\nu \tag{4.19}$$

Solange τ_ν im Zentrum der Absorptionslinie klein ist gegen 1, spricht man von 'schwachen Absorptionslinien' und das Gas wird als optisch dünnes Medium bezeichnet. Wenn τ_ν im Linienzentrum groß ist gegen 1, handelt es sich um 'starke Linien' und das Medium ist optisch dick. Bei starken Linien wird in deren Zentrum keine Strahlung mehr transportiert; es handelt sich hierbei um einen 'scharzen Kern'. In diesem Bereich wird die gesamte eingestrahlte Energie absorbiert. Dadurch werden die äußeren Bereiche der Absorptionslinie, die Linienflügel, zum dominierenden Bereich des Strahlungstransportes. Im Bereich der Linienflügel kann der Strahlungstransport über entsprechend große Schichtdicken erfolgen. Die nachfolgende Abbildung 4.12 veranschaulicht den Einfluß einer wachsenden Schichtdicke auf das Absorptionsvermögen einer starken Linie.

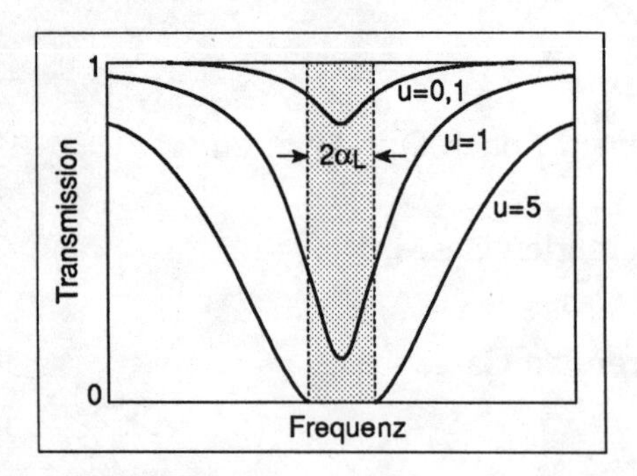

Abb. 4.12 Absorptionsverhalten einer starken Linie bei unterschiedlichen Schichtdicken u (nach Goody and Yung (1989))

Es ist deutlich erkennbar, daß die Transmission Ta im Zentrum dieser starken Linie mit zunehmender Schichtdicke u gegen den Grenzwert 0 strebt. Bei schwachen Linien wird die Transmission Ta auch bei ausgedehnten Schichtdicken groß gegen 0 bleiben.

Zur quantitativen Untersuchung des Verhaltens von starken Linien wird eine äquivalente Linienbreite W eingeführt, die im Gegensatz zu der natürlichen Linienform einen rechteckigen Verlauf hat und deren Absorptionsvermögen dem der natürlichen Linie entspricht (Abb. 4.13).

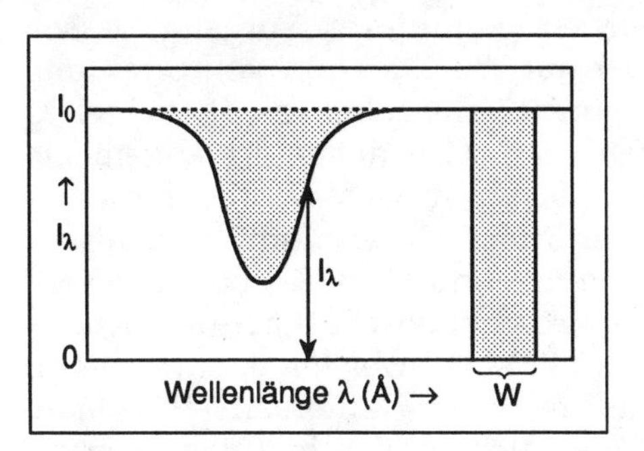

Abb. 4.13 Äquivalente Breite einer Absorptionslinie im Vergleich zu deren natürlichen Linienbreite (nach Voigt (1975))

Der numerische Zusammenhang zwischen der natürlichen Linienform und der äquivalenten Linienbreite wird durch die folgende Gleichung wiedergegeben.

$$W = \int A_\nu \, d\nu \tag{4.20}$$

$$W = \int (1 - \exp(k_\nu \, a)) d\nu \tag{4.21}$$

$$a = \int \rho \, ds \tag{4.22}$$

mit

W = äquivalente Linienbreite

A_ν = Absorption

a = Menge des absorbierenden Gases

K_ν = Linienstärke bei der Frequenz n

ρ = Massendichte des absorbierenden Gases

s = Länge der Absorptionsstrecke

Mit dieser Gleichung wird der Einfluß der Menge des Absorbermaterials auf die äquivalente Linienbreite erfaßt. Die graphische Darstellung dieser Funktion wird als 'Wachstumskurve' der betreffenden Spektrallinie bezeichnet.

4.3 Emission

Die Emission von elektromagnetischer Strahlung durch Moleküle ist aufgrund deren interner Struktur ein komplexer Vorgang, dessen physikalische Grundlagen sich aber auf die Emission von Strahlung durch ein Atom mit einem einzelnen Valenzelektron (Leuchtelektron) zurückführen lassen. Im folgenden wird daher die allgemeine Theorie der Emission vorgestellt, wie sie in den Lehrbüchern der Atomphysik beschrieben wird. Es wird hierbei der atomphysikalische Dualismus zwischen dem Wellenmodell und dem Korpuskelmodell genutzt, indem die abgestrahlte elektromagnetische Energie auch als Fluß von emittierten Photonen beschrieben werden kann. Ebenso wird der Energiezustand des Valenzelektrons einerseits im klassischen Bohrschen Orbitalmodell wie auch in der quantenmechanischen Wellendarstellung beschrieben.

Die Moleküle eines Gases besitzen aufgrund der Temperatur des Gases eine innere Energie, die sich in einer charakteristischen Verteilung der Elektronenenergie dieser Moleküle wiederspiegelt. Die Energie der Elektronen kann dabei keine beliebigen Werte annehmen, sondern ist auf diskrete molekülspezifische Werte (Energiezustände) beschränkt. Der Zustand eines Elektrons mit der geringsten Energie wird dabei als Grundzustand bezeichnet und die übrigen Energiezustände sind die angeregten Zustände. Die Energie der Elektronen eines makroskopischen Ensembles von Molekülen kann ausschließlich Werte dieser Energiezustände annehmen. Auch bei einer Änderung der Elektronenenergie kann das betreffende Elektron lediglich von einem dieser Energiezustände zu einem anderen zur Verfügung stehenden Zustand wechseln.

Diese statistische Verteilung der Elektronen auf die verschiedenen zur Verfügung stehenden angeregten Energiezustände wird durch einen Faktor (Boltzmann–Konstante) beschrieben und lautet für zwei beliebige Energiezustände E_k und E_m (mit $E_k > E_m$):

$$N_k = N_m \, e^{dE/kT} \tag{4.23}$$

mit

N_k = Besetzungswahrscheinlichkeit für den Zustand k

N_m = Besetzungswahrscheinlichkeit für den Zustand m
E_k = Elektronenenergie für den Zustand k
E_m = Elektronenenergie für den Zustand m
dE = Energiedifferenz zwischen diesen Zuständen
k = Boltzmann–Konstante ($1{,}38062 \cdot 10^{-23}$ JK^{-1})
T = makroskopische Temperatur des Moleküls

Die Abhängigkeit dieser Besetzungswahrscheinlichkeiten von der Temperatur T des Gases zeigt an, daß die Wahrscheinlichkeit für Elektronen in höheren Energiezuständen umgekehrt proportional zu T verläuft. Im energetischen Gleichgewicht werden also tiefere Energiezustände gegenüber Zuständen mit höherer Energie bevorzugt von Elektronen besetzt.

Angeregte Energiezustände von Elektronen sind allgemein sehr kurzlebig und gehen nach typischerweise 10^{-8} Sekunden wieder in einen tieferen Energiezustand über. Ausnahmen stellen die sogenannten metastabilen (optisch verbotenen) Zustände dar, deren Lebensdauer erheblich länger sind. Der Übergang zwischen dem oben angeführten Energiezustand E_k in den Zustand E_m stellt eine Abnahme der internen Energie des Atoms bzw. Moleküls dar. Aus Gründen der Energieerhaltung muß daher die Differenz zwischen der Energie des ursprünglichen angeregten Zustandes (E_k) und der Energie des Endzustandes (E_m) aus diesem System abgeführt werden, was durch Abstrahlen (Emission) eines Photons mit genau dieser Differenzenergie erfolgt.

$$\Delta E = E_k - E_m = h\nu \qquad (4.24)$$

mit

h = Planckscher Wirkungsquantum ($6{,}626 \cdot 10^{-34}$ Js)
ν = Frequenz des emittierten Photons

Im makroskopischen Maßstab kann das Photon mit der Frequenz ν durch spektroskopische Verfahren nachgewiesen werden. Aufgrund der Beziehung

$$c = \lambda\nu \qquad (4.25)$$

mit

c = $3 \cdot 10^8$ m/s (Lichtgeschwindigkeit)

ist die Frequenz ν des emittierten Photons direkt mit einer entsprechenden Wellenlänge λ verknüpft. Da spektroskopische Meßverfahren eher eine Wellenlänge als eine Frequenz analysieren, wird im Folgenden bei entsprechenden Hinweisen auf die Wellenlänge des emittierten Photons hingewiesen.

Spektroskopische Untersuchungen zeigen, daß die überschüssige Energie eines Atoms bzw. Moleküls auf diskreten Frequenzen bzw. Wellenlängen abgestrahlt wird. In der meßtechnischen Darstellung tritt die Energie der emittierten Strahlung in Form von sogenannten Spektrallinien auf. Die Darstellung der Energie als Funktion der Wellenlänge führt auf diese Weise zu einem charakteristischen und stoffspezifischen Spektrum, das in vielfältiger Weise zur Analyse und Identifizierung des Moleküls genutzt werden kann. Neben modernen spektroskopischen Untersuchungsmethoden im Labor beruhen auch wesentliche Verfahren der optischen Fernmeßverfahren auf der qualitativen und quantitativen Analyse dieser stoffspezifischen Spektren.

In Abbildung 4.14 ist als Beispiel das Emissionsspektrum von HCl dargestellt. Es handelt sich hierbei um das Ergebnis einer Fernmessung von Abgasen einer Müllverbrennungsanlage, wo HCl durch die Verbrennung von Kunststoffen freigesetzt wird.

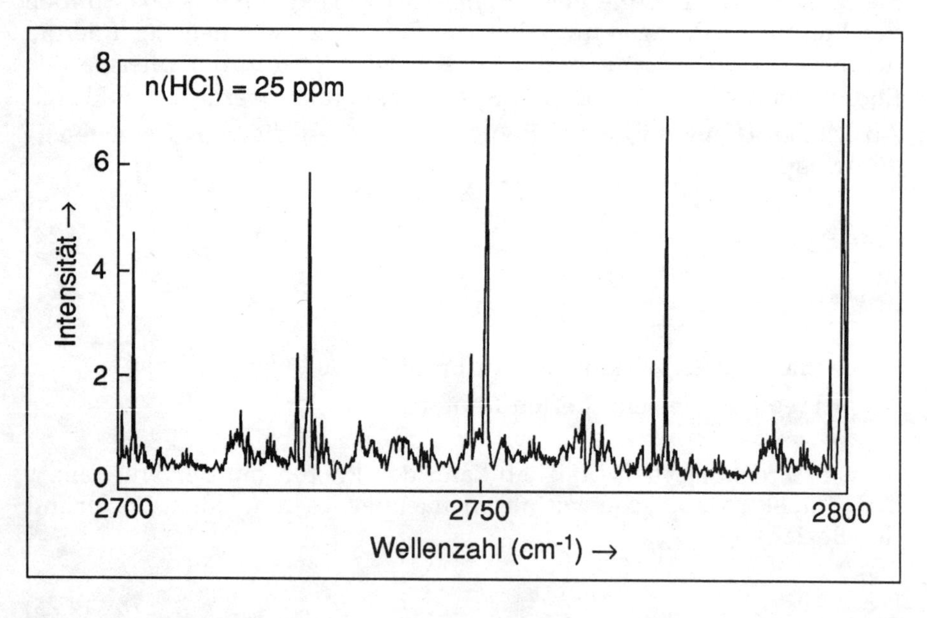

Abb. 4.14 Emissionsspektrum von HCl (Fernmessung des Abgases aus einer Müllverbrennungsanlage)

Die Form dieser Spektrallinien wird ähnlich der Absorptionslinien durch mehrere atomphysikalische und makroskopische Parameter und Gesetzmäßigkeiten bestimmt. Da die quantitative Untersuchung dieser Linienformen die Grundlage für fast alle optischen Fernmeßverfahren bildet, wird auf die Abschnitte 4.2.3 und 4.2.4 verwiesen.

4.4 Fluoreszenz

Beim Vorgang der Fluoreszenz treten ähnlich wie bei der Emission bzw. der Absorption Wechselwirkungen zwischen den Molekülen bzw. den Atomen eines Gases und den Photonen eines Strahlungsfeldes (z.B. eines Laserstrahles) auf. Da im Bereich der optischen Fernmeßverfahren neben den Molekülen von gasförmigen Luftverunreinigungen auch Substanzen in atomarer Form (wie z.B. Metalldämpfe bei Industrieanlagen) untersucht werden können, soll die folgende Beschreibung der Fluoreszenz sowohl die Wechselwirkung mit atomaren wie auch mit molekularen Stoffen umfassen.

Im Falle der Fluoreszenz eines atomaren Spurengases tritt ein Photon in Wechselwirkung mit einem Valenzelektron des Atoms und überträgt seine Energie $E(1) = h\nu(1)$ an dieses Elektron, wobei dies in ein angeregtes Energieniveau übergeht. Dieser Vorgang entspricht einer Absorption von Strahlung der Frequenz $\nu(1)$ bzw. der Wellenlänge $\lambda(1) = c/\nu(1)$. Durch einen strahlungslosen Übergang geht das Elektron zunächst in einen energetisch tiefer gelegenen Energiezustand über, von dem aus mit der Emission eines Photons mit der Wellenlänge $\lambda(2)$ der Vorgang der Fluoreszenz abgeschlossen ist. Bei dieser Wechselwirkung, die im UV, VIS und IR bis etwa 1 µm dominiert, gilt die Beziehung

$$E(1) = \Delta E + E(2) \tag{4.26}$$

mit

$E(1)$ = Energie des absorbierten Photons
ΔE = Energie des strahlungslosen Übergangs
$E(2)$ = Energie des abgestrahlten Photons

In der praktischen Anwendung dieses Prozesses wird das Licht eines Lasers im Bereich des UV oder des kurzwelligen (blauen) Teil des sichtbaren Teil des Spektrums benutzt, um den Vorgang der Fluoreszenz zu initiieren. Die Wellenlänge der anschließend emittierten Photonen liegt dabei im Bereich des sichtbaren (VIS) oder nahen infraroten (NIR) Teil des elektromagnetischen Spektrums.

Bei einem molekularen Spurengas kann das Molekül zusätzlich durch die Absorption des Photons in einen höheren Zustand seiner

Rotations–Vibrations–Energie versetzt werden, was im Bereich des Infraroten ab etwa 1 µm den primären Energietransfer darstellt.

Das Molekül geht zunächst durch einen strahlungslosen Übergang in ein tieferen Energiezustand und erst anschließend durch die Emission eines Photons mit geringerer Energie in ein angeregtes Vibrationsniveau des Grundzustandes. Auch bei diesem Energietransfer gilt der oben angeführte Zusammenhang zwischen absorbierter und reemittierter Energie.

Der energetische Verlauf (Termschema) der Fluoreszenz ist in Abb. 4.15 dargestellt.

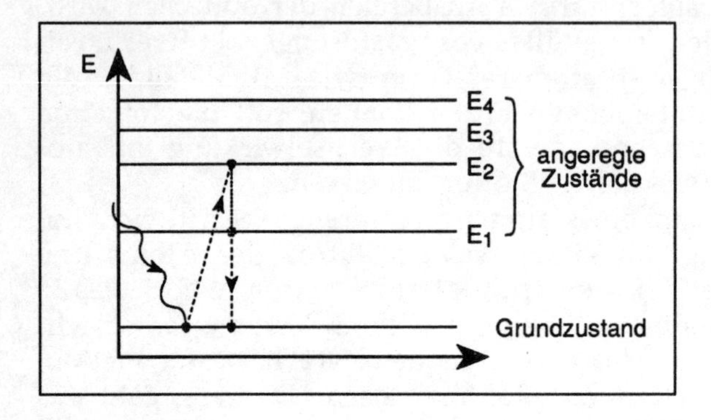

Abb. 4.15 Energetisches Termschema der Fluoreszenz

Der Vorgang der Fluoreszenz verläuft im makroskopischen Zustand isotrop und zeigt somit keine räumliche Vorzugsrichtung, wie z.B. bei der Rayleigh– oder Mie-Streuung. Aufgrund dieser Strahlungscharakteristik ergibt sich jedoch ein besonders für optische Fernmeßverfahren bedeutsamer Effekt eines geometrischen Energieverlustes.

Der Strahl eines Laser weist naturgemäß einen relativ kleinen Divergenzwinkel Ω(T) auf (typ. 0,5 bis 1 mrad nach Strahlaufweitung). Nachdem dieser Laserstrahl in einem zu untersuchenden Raumvolumen V in der Entfernung R den Vorgang der Fluoreszenz ermöglicht hat, wird die reemittierte Fluoreszenzstrahlung isotrop verteilt sein. Ein am Ort des Sendelasers angebrachtes Empfangsteleskop registriert diese Strahlung unter dem Öffnungswinkel Ω(R). Dieser geometrische Zusammenhang ist in Abb. 4.16 dargestellt.

In dieser Abbildung ist deutlich erkennbar, daß nur ein Bruchteil der emittierten Fluoreszenzstrahlung und somit der absorbierten Laserenergie empfangen werden kann.

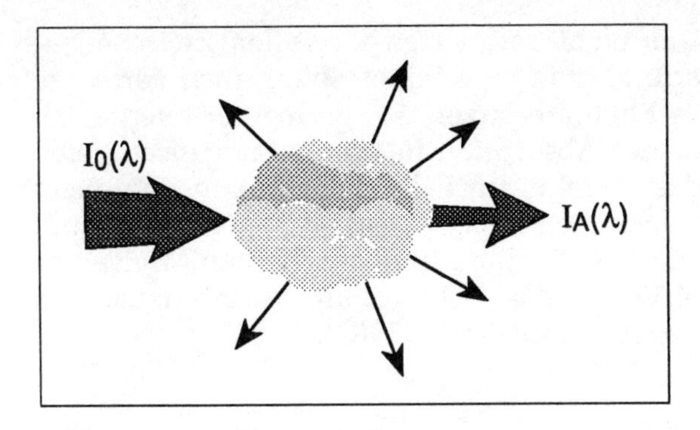

Abb. 4.16 Geometrisch bedingte Abschwächung des Fluoreszenzsignales

Im Gegensatz zu der Raman–Streuung ist der Wirkungsquerschnitt der Fluoreszenz in starkem Maße durch den Druck des Gases (z.B. der Atmosphäre) bestimmt. Mit steigendem Druck wird der Vorgang der Fluoreszenz durch die zunehmende Häufigkeit der Stöße der Moleküle untereinander gestört. Die Moleküle geben die absorbierte Energie nicht mehr bevorzugt durch die Emission von Photonen ab, sondern unmittelbar durch die Stöße untereinander (strahlungsloser Energietransfer). Dieser als 'Quenching' bekannte Einfluß des Umgebungsdruckes auf die Stärke dieser Wechselwirkung führt dazu, daß Fluoreszenz lediglich bei geringem Druck (wenige Torr) dominiert und mit steigendem Druck stark abnimmt. Somit ist die Nutzung der Fluoreszenz vorwiegend auf den Bereich der Laborspektroskopie bzw. auf große Höhen in der Erdatmosphäre beschränkt. Im letzteren Fall ermöglicht die Fluoreszenz die Beobachtung von extrem verdünnten Schichten von Alkali–Elementen (atomares Natrium bzw. Kalium) im Bereich der Mesopause (90 – 115 km) (Klein, 1986).

4.5 Raman-Streuung

Raman–Streuung, die auch als inelastische Streuung bekannt ist, unterscheidet sich in mehreren wesentlichen Eigenschaften von der elastischen Rayleigh–Streuung.

Durch Absorption von Photonen eines Strahlungsfeldes (z.B. eines energiereichen Laserstrahls) wird das betreffende Molekül in einen virtuellen Energiezustand gehoben, dessen absoluter Wert im Gegensatz zu den reellen Energiezuständen nicht definiert ist. Nach einer Relaxationszeit, die in der Größenordnung von 10^{-9} s liegt, geht das Molekül in einen energetisch tiefer gelegenen Zustand über und strahlt dabei die entsprechende Energiedifferenz in Form eines Photons ab.

Aufgrund des energetisch nicht definierten virtuellen Zwischenzustandes kann das emittierte Photon eine höhere oder auch geringere Energie als das absorbierte Photon besitzen. Bei geringerer Energie befand sich das Molekül vor der Absorption in einem energetisch tiefen Zustand, während sich das Molekül im Falle der höheren Photonenenergie bereits in einem angeregten Energiezustand befand und somit zusätzliche interne Energie bei der Emission des Photons freisetzen konnte. In Abbildung 4.17 ist das prinzipielle Termschema der Raman–Streuung wiedergegeben (Measures, 1983).

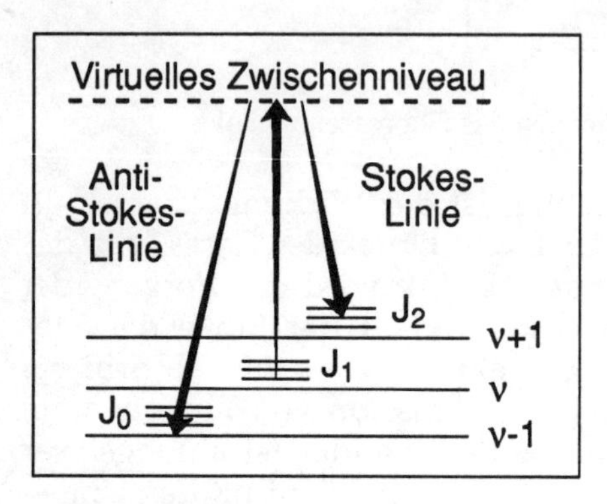

Abb. 4.17 Prinzipielles Termschema der inelastischen Raman–Streuung (nach Measures (1983))

Es ist an diesem Bild deutlich zu erkennen, daß diese Energieübergänge zu zwei Gruppen von Spektrallinien führen, die einer höheren bzw. einer geringeren Energie im Vergleich zur ursprünglichen Energie des Moleküls entsprechen. Linien, die mit einem Energieverlust des Moleküls korreliert sind, werden als Anti–Stokes–Linien bezeichnet und Linien, bei denen das Molekül durch den Streuvorgang zusätzliche Energie gewonnen hat, werden als Stokes–Linien bezeichnet.

Obwohl Raman–Spektren relativ komplex sind, resultieren sie aus quantenmechanischen Auswahlregeln, mit denen die Wirkungsquerschnitte und die spektrale Struktur dieser Liniengruppen zumindest der einfachen Moleküle in geschlossener Form berechnet werden können.

Im speziellen Fall der zweiatomigen Moleküle (z.B. N_2) werden die Moleküle ausschließlich über Rotations–Vibrationsübergänge angeregt, bei denen die Änderung der Rotationsquantenzahl (ΔJ) den Wert –2, 0 oder +2 annehmen kann. Die Änderung der Vibrationsquantenzahl ($\Delta \nu$) ist in diesen Fällen auf die Werte –1, 0, oder +1 beschränkt:

$\Delta J = -2, 0, +2$

$\Delta v = -1, 0, +1$

Unter diesen Umständen gliedert sich das Raman–Spektrum in drei Zweige, die mit O, Q und S bezeichnet werden:

'O' mit $\Delta J = -2$
'Q' mit $\Delta J = 0$
'S' mit $\Delta J = +2$

Im Spektrum ist eine zusätzliche Struktur zentrisch um die eingestrahlte Wellenlänge vorhanden, die durch reine Rotationsübergänge mit Delta $v = 0$ verursacht wird. In Abbildung 4.18 ist die theoretische Verteilung des Raman–Spektrums für N_2 dargestellt (Inaba und Kobaysi, 1972). Dieses Spektrum gilt für den Vibrationsübergang $v = 0$ nach $v = +1$ und einer Gastemperatur von 300 K, wobei die Ordinate den Wirkungsquerschnitt für diesen Übergang bezeichnet.

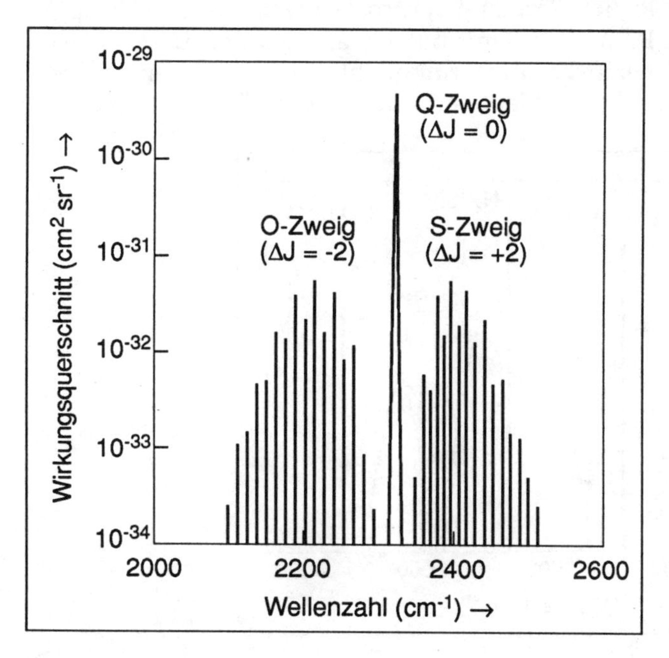

Abb. 4.18 Theoretische Verteilung der Vibrations–Rotations–Spektren von N_2 für 300 K (nach Measures (1983))

Es ist gut erkennbar, daß die Linien des Q–Zweiges ($\Delta J = 0$) aufgrund ihres geringen Abstandes nicht aufgelöst werden können; die Komponenten der O– bzw. S–Zweige sind deutlich separiert und sind daher als Einzellinien erkennbar.

Die Wirkungsquerschnitte des Q–Zweiges werden durch Temperaturänderungen nur vernachlässigbar beeinflußt, wohingegen die Wirkungsquerschnitte der O– und S–Zweige temperaturabhängig sind.

Durch die relativ weite spektrale Erstreckung der O– und S–Zweige können deren Linien in Gasgemischen die relativ schwachen Q–Zweige eines Spurengases verdecken, wodurch die Detektion dieses Stoffes erschwert oder sogar verhindert würde. In Abbildung 4.20 ist daher als Beispiel die theoretische Verteilung der verschiedenen Raman–Spektren für ein Gasgemisch (Abgas einer Ölfeuerung) dargestellt (Inaba und Kobayasi, 1972).

Die vertikalen durchgezogenen Linien markieren die Q–Zweige der verschiedenen Komponenten während die Punktlinien die Einhüllende der O– bzw. S–Zweige markieren. Die obere Abszisse bezeichnet die absolute Wellenlänge dieser Raman–Linien und die untere Abszisse markiert den relativen Abstand dieser Linien zur anregenden Laserlinie (linke Bildkante). An dieser Darstellung wird auch eine der bedeutenden Vorteile der Raman–Spektroskopie deutlich: der spektrale Abstand aller Raman–Linien von der anregenden Laserlinie ist ausschließlich stoffspezifisch und ermöglicht eine weitgehend unverfälschte Identifizierung verschiedener Anteile eines Gasgemisches.

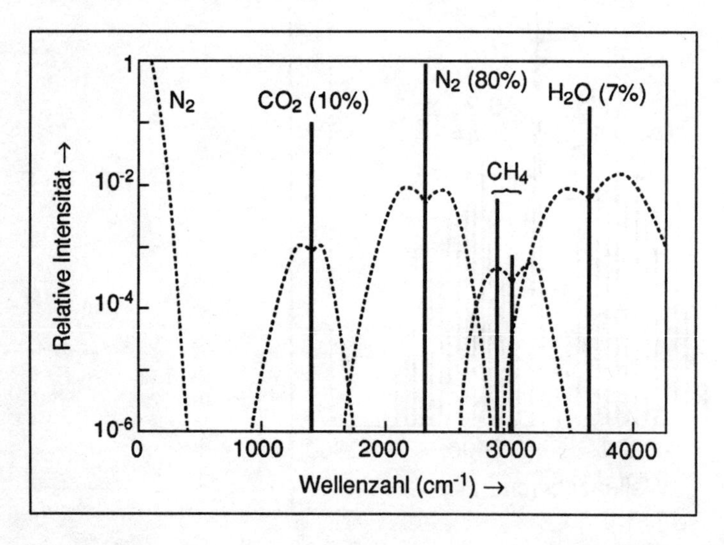

Abb. 4.19 Raman–Streuspektrum eines Gasgemisches (Abgas einer Ölfeuerung) als Funktion der Raman–verschobenen Linienfrequenzen (Measures (1983))

Die Raman–Streuung bietet somit offensichtlich erhebliche Vorteile für die spektroskopische Identifizierung von unbekannten Spurenstoffen in einem Gasgemisch, die allerdings mit Nachteilen (geringe Streuquerschnitte) erkauft werden müssen.

Da die eindeutige Quantifizierung eines oder mehrerer unbekannter Spurengase neben deren Identifizierung eine ebenso bedeutende Rolle spielt, wird dieser Aspekt nachfolgend behandelt. In einem gemessenen Raman–Spektrum, wie z.B. in Abbildung 4.19 kann die relative Intensität der verschiedenen Zweige untereinander verglichen werden. Die gemessene Intensität dereinzelnen Zweige wird durch stoffspezifische Größen (Raman–Streuquerschnitt), die Konzentration des betreffenden Gases im Gasgemisch, sowie durch geometrische und meßtechnische Parameter bestimmt. Für eine zu quantifizierende Komponente i in einem Gasgemisch läßt sich daher diese gemessene Intensität wie folgt darstellen:

$$I(i) = \eta\, k(i)\, \sigma(i) \tag{4.27}$$

mit

$I(i)$ = Streusignal für gesuchte Komponente i
$k(i)$ = Konzentration der Komponente i
η = meßtechnische und apparative Größen
$\sigma(i)$ = Raman–Streuquerschnitt der Komponente i

Für Stickstoff, den Hauptbestandteil der Luft, lautet diese Gleichung

$$I(N_2) = \eta\, k(N_2)\, \sigma(N_2) \tag{4.28}$$

mit

$I(N_2)$ = Streusignal für N_2
$k(N_2)$ = Konzentration für N_2
η = meßtechnische und apparative Größen
$\sigma(N_2)$ = Raman–Streuquerschnitt für N_2

In einem weiteren Schritt wird das Streusignal der zu quantifizierenden Komponente i über das Streuquersignal des Stickstoffes (dessen Konzentration in der Luft sehr genau ermittelbar ist) normiert.

Die Wirkungsquerschnitte $\sigma(i)$ und $\sigma(N_2)$ werden mit spektroskopischen Labormessungen bestimmt und somit folgt für die absolute Konzentration der gesuchten Komponente i:

$$k(i) = I(i) \,/\, I(N_2)\, \sigma(N_2) \,/\, \sigma(i)\, k(N_2) \tag{4.29}$$

Durch die Berechnung einer entsprechenden Anzahl von Bestimmungsgleichungen können auf diese Weise die Konzentrationen zahlreicher Komponenten eines unbekannten Gasgemisches in quantitativer Form ermittelt werden. Voraussetzung für diese Analyse ist jedoch, daß die auszuwertenden Intensitäten nicht durch optische Interferenzen (Raman–Linien fremder Moleküle) überlagert und somit gestört sind.

Ein nicht zu unterschätzender Nachteil der Raman–Spektroskopie ist der vergleichsweise geringe Wirkungsquerschnitt und die somit schwachen Intensitäten der Streusignale I(i) bzw. I(N2). Während die Wirkungsquerschnitte für Raman–Streuung größenordnungsmäßig im Bereich 10^{-30} cm^2 auftreten, sind die Wirkungsquerschnitte der gleichen Gase für Rayleigh–Streuung um über 3 Größenordnungen stärker, was sich unmittelbar in einementsprechend größeren Streusignal bemerkbar macht (Tabelle 4.3).

Tabelle 4.3 Raman– und Rayleigh–Streuquerschnitte für einige ausgesuchte Gase (Measures, 1983)

Molekül	Raman-Verschiebung	Raman-Wirkungsquerschnitt $d\sigma / d\Omega$ ($cm^2 sr^{-1}$)					
	$\omega_j / 2\pi c$ (cm^{-1})	Q-Zweig	O+S Zweige	Gesamt	Rayleigh	nur Rotation	Gesamt
N_2	2329,66	$2{,}9 \cdot 10^{-30}$	$5{,}5 \cdot 10^{-31}$	$3{,}5 \cdot 10^{-30}$	$3{,}9 \cdot 10^{-27}$	$1{,}1 \cdot 10^{-28}$	$4{,}0 \cdot 10^{-27}$
O_2	1556,26	$3{,}3 \cdot 10^{-30}$	$1{,}3 \cdot 10^{-30}$	$4{,}6 \cdot 10^{-30}$	$3{,}3 \cdot 10^{-27}$	$2{,}0 \cdot 10^{-28}$	$3{,}5 \cdot 10^{-27}$
CO_2 (ν_1)	1388,15	$3{,}4 \cdot 10^{-30}$	$7{,}3 \cdot 10^{-31}$	$4{,}2 \cdot 10^{-30}$	$9{,}0 \cdot 10^{-27}$	$8{,}3 \cdot 10^{-28}$	$9{,}9 \cdot 10^{-27}$
CH_4 (ν_1)	2914,20	$2{,}1 \cdot 10^{-29}$	0	$2{,}1 \cdot 10^{-29}$	$8{,}6 \cdot 10^{-27}$	0	$8{,}6 \cdot 10^{-27}$

Besonders im Bereich der optischen Fernmeßtechnik, wo mitunter nur sehr schwache optische Streusignale registriert werden, stellen die geringen Raman–Streuquerschnitte ein erhebliches Problem für die Nutzung der Raman–Spektroskopie dar. In Kapitel 5 wird im Rahmen der meßtechnischen Umsetzung dieser theoretischen Aspekte näher auf diese Zusammenhänge eingegangen.

Wenn die Frequenz der anregenden (Laser)–Strahlung den Bereich einer isolierte Absorptionslinie erreicht, kann der Wirkungsquerschnitt für Raman–Streuung vergleichsweise hohe Werte erreichen (resonante Raman–Streuung). In diesem Grenzfall werden Strahlungsübergänge durch atomphysikalische Auswahlregeln ermöglicht, die bei der reinen Raman–Streuung nicht vorhanden sind und nun zu einem Energietransfer führen, wie er bei der Absorption von Photonen und deren anschließenden spontanen Re–Emission auftritt. Der Wirkungsquerschnitt der inelastischen Raman–Streuung geht somit in das Produkt der Wirkungsquerschnitte für Absorption und spontane Emission über.

4.6 Streuung

4.6.1 Rayleigh- und Mie-Streuung

Warum ist der Himmel blau, wird die Erde als blauer Planet bezeichnet? Seit mehr als hundert Jahren erforschen Wissenschaftler die wechselnde Färbung des Himmels. Graig F. Bohren (1987) hat in seinem sehr unterhaltsamen Buch (Clouds in a Glass of Beer) einfache Experimente der atmosphärischen Physik beschrieben. In einem völlig staubfreien, von allen Schwebeteilchen freien Gas kann man die Rayleigh-Streuung (Lord Rayleigh 1871) $ß_{s,m}$ als eine Sekundärstrahlung voneinander unabhängiger Moleküle behandeln. Unsere Atmosphäre ist ein gutes Beispiel dafür. Sie streut bevorzugt die kurzen Wellen des Spektrums, daher erscheint der klare Himmel besonders in den Bergen tiefblau. Am Tage können wir die Sterne nicht sehen, die Sekundärstrahlung der Luftmoleküle ist stärker. Der von der Rayleighschen Streuung herrührende Streukoeffizient ist

$$\beta_{s,m}(\lambda) \cong \text{const } 1/\lambda^4 , \tag{4.30}$$

also proportional $1/\lambda^4$.

Die Luftmoleküle werden vom Sonnenlicht bestrahlt. Das Sonnenlicht enthält alle Farben des sichtbaren Spektrums. Die Wellenlänge vom roten Licht ist etwa 1,7 mal größer als die des blauen Lichts. Nach dem Rayleigh´schen Gesetz wird das blaue Licht stärker gestreut und zwar 1.7^4 fach (etwa 8 fach). Daher ist der Himmel blau. Dieses Blau ist wechselhaft, gegen den Horizont sieht der Himmel weiß aus und bei Sonnenauf- bzw. -untergang gibt es vielfarbige Himmelslichtspektakel (A. Meinel und M. Meinel (1988)).

Wichtig im Zusammenhang mit diesem Buch ist noch die Tatsache, daß die kürzesten Wellenlängen im mit dem Auge sichtbaren Sonnenspektrum violett sind.Warum erscheint die Erdatmosphäre nicht violett? Einerseits enthält das Sonnenlicht weniger violette als blaue Anteile, andererseits ist die spektrale Empfindlichkeit des Auges im grünen Bereich am besten. Hier zeigt sich deutlich die Bedeutung der spektralen Empfindlichkeit des Detektors - in diesem Falle des Auges.

Nach dieser Einleitung nun einige Gleichungen. Die atmosphärische Streuung wurde eingehend bei Middleton (1957), van de Hulst (1957) und Deirmendjian (1964) beschrieben. Man kann zunächst die Rayleigh- oder Molekülstreuung mit ihrer $1/\lambda^4$-Abhängigkeit (die Streuer sind kleiner als die Wellenlänge) von der Mie- oder Aerosolstreuung (die Streuer sind gleich oder größer als die Wellenlänge) trennen (G. Mie (1908)).

Die Rayleigh - Streuung (Lord Rayleigh (1871), ebenso G. F. Bohren (1989), und R. M. Measures (1983)) beschreibt die Wechselwirkung zwischen elektromagnetischer Strahlung und den Valenzelektronen von Molekülen. Das einfallende Strahlungsfeld induziert dabei ein Dipolfeld. Die induzierten Dipole oszillieren mit der gleichen Frequenz wie die einfallende Strahlung und emittieren elektromagnetische Strahlung mit einer räumlichen Verteilung, wie sie in Abbildung 4.20 a zu sehen ist.

Die Bewegungsgleichung eines Elektrons bei Auslenkung aus der Ruhelage ist

$$\ddot{x} + \Gamma \dot{x} + \omega_0 x = -\left(\frac{e}{m_e}\right) E \tag{4.31}$$

mit

Γ = Dämpfungskonstante
ω_o = Resonanzfrequenz des Elektrons
e = Elementarladung
ω = Frequenz der anregenden Strahlung
E = äußeres elektrisches Feld

Mit dem Ansatz einer harmonischen Lösung folgt für die Beschleunigung des Elektrons

$$\ddot{x} = \left[\frac{\omega^2}{\omega_0^2 - \omega - i\omega\Gamma}\right] \frac{e}{m_e} E \tag{4.32}$$

Daraus resultiert ein Streufeld

$$E_s = \frac{e\,\ddot{x}}{4\pi\,\varepsilon_o\,c^2\,r}\left[\widehat{x_2}\cos\theta\,\cos\phi + \widehat{x_1}\sin\phi\right] \tag{4.33}$$

mit $\widehat{x_2}\,\widehat{x_1}$ als Einheitsvektoren senkrecht zur Ausbreitungsrichtung des Streufeldes. Abbildung 4.21 zeigt die Streuvektoren.

Die abgestrahlte Leistung pro Raumwinkel ist

$$\frac{dP(\theta,\phi)}{d\Omega} = \frac{1}{2}\,\varepsilon_o\,c\,|E_s|^2\,r^2\,. \tag{4.34}$$

Mit der Definition des differentiellen Wirkungsquerschnitts σ

$$\frac{dP(\theta,\phi)}{d\Omega} = I_o \frac{d\sigma(\theta,\phi)}{d\Omega} \tag{4.35}$$

und mit der Annahme

$$\omega_o + \omega \approx 2\omega \tag{4.36}$$

erhält man

$$\frac{d\sigma(\theta,\phi,\lambda)}{d\Omega} = \frac{1}{4} r_e^2 \left[\cos^2(\phi)\cos^2(\theta) + \sin^2(\phi)\right] \frac{\omega^2}{(\omega_o - \omega)^2 + (\frac{\Gamma}{2})^2} \; . \tag{4.37}$$

Mit der Einführung des Brechungsindex n

$$n^2 = 1 + \frac{Ne^2}{\varepsilon_o m_e}\left[\frac{1}{\omega_0^2 - \omega^2 - i\Gamma\omega}\right] \tag{4.38}$$

ist der Streuquerschnitt

$$\sigma_m(\lambda) = \frac{8\pi}{3}\left[\frac{\pi^2(n^2-1)^2}{N^2\lambda^4}\right] \tag{4.39}$$

und der Streukoeffizient

$$\sigma'_{s,m}(\lambda) = \frac{8\pi}{3}\left[\frac{\pi^2(n^2-1)^2}{N\lambda^4}\right] \; . \tag{4.40}$$

Der Volumenrückstreukoeffizient $\sigma'_{s,m}(\lambda)$ (wichtig für alle Laser-Rückstreumessungen) ist

$$\beta_{s,m}(\lambda) = \frac{3}{8\pi}\sigma_{s,m}(\lambda) \; . \tag{4.41}$$

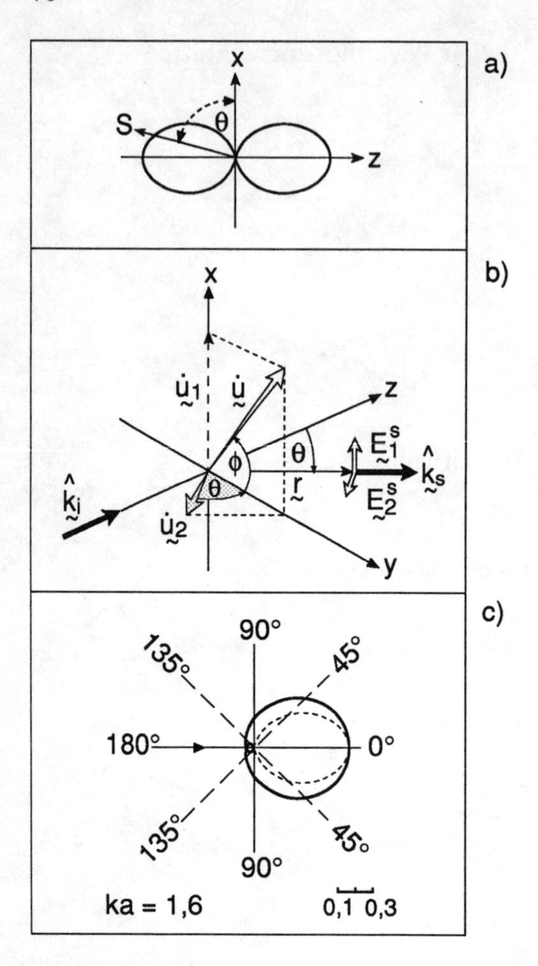

Abb. 4.20 a) Polardiagramm für die Verteilung der Rayleigh-Streuung, b) Koordinatensystem zur Erklärung der Rayleigh-Streuung, c) Polardiagramm für die Mie-Streuung (k = 1,6)

Die Mie-Theorie beschreibt die Streuung an kugelförmigen Teilchen, deren Radius a kleiner oder gleich der Wellenlänge der einfallenden Strahlung ist. Abbildung 4.21 zeigt typische Größenverteilungen von Streuern in der Atmosphäre.

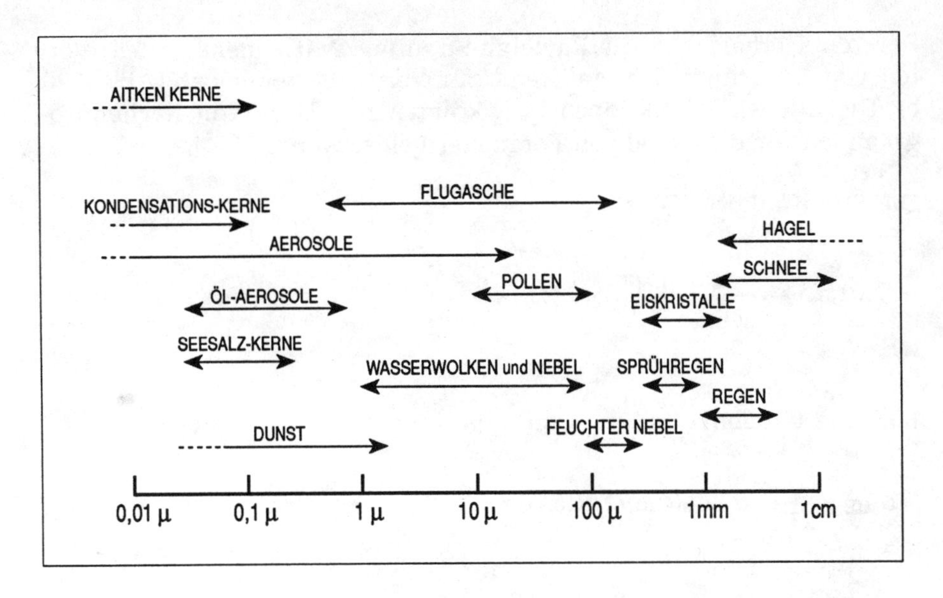

Abb. 4.21 Durchmesser von Partikeln in der Atmosphäre (H. Weichel (1990))

Die Beschreibung der Größen geschieht über den Größenparameter α

$$\alpha = ka = \frac{2\pi a}{\lambda} \tag{4.42}$$

es ist das Verhältnis von Kugelumfang zur Wellenlänge. Der differentielle Wirkungsquerschnitt ist

$$\frac{d\sigma_a(\theta,\phi)}{d\Omega} = \frac{\lambda^2}{4\pi^2}\left[i_2(\theta,\alpha,n)\cos^2(\phi) + i_1(\theta,\alpha,n)\sin^2(\phi)\right] \tag{4.43}$$

mit

n = Brechungsindex der Kugel relativ zur Umgebung
$i(\theta,\alpha,n)$ = dimensionslose Intensitätsfunktionen
i_1 = senkrechte Komponente
i_2 = parallele Komponente

Die Streufunktion im Abstand R ist dann

$$I_s(\theta,\phi) = \frac{I_o\lambda^2}{r^2\,4\pi^2}\left[i_2(\theta,\alpha,n)\cos^2(\phi) + i_1(\theta,\alpha,n)\sin^2(\phi)\right] \tag{4.44}$$

Für $\alpha = 1$ erhält man die Rayleigh-Streuung. Mit zunehmenden Werten von α zeichnet sich ein Trend zur Vorwärtsstreuung ab (Abb. 4.20 c). Die Intensitätsfunktionen i_1, i_2 können mit Hilfe von Rechenprogrammen für die jeweiligen Parameter gelöst werden.

Die Streufunktion Q_s ist

$$Q_s(\alpha,n,\lambda) = \frac{1}{\pi(k\alpha)^2} \int_0^{\pi}\int_0^{\pi}\left[i_2(\theta,\alpha,n)\cos^2(\phi) + i_1(\theta,\alpha,n)\sin^2(\phi)\right]\sin(\theta)\, d\theta\, d\phi \tag{4.45}$$

Für eine Größenverteilung von a_1 bis a_2 gilt

$$\sigma_{MIE} = \frac{\pi}{k^3}\int_{a1}^{a2} \alpha^2\, Q_s(\alpha,n,\lambda)\, N(\alpha)\, d\alpha \tag{4.46}$$

mit

$$k = \frac{2\pi}{\lambda}$$

$N(\alpha)$ Zahl der Partikel.

Daraus ergibt sich der Rückstreukoeffizient

$$\beta_{s,a}(\lambda,\theta{=}\pi,n) = \frac{1}{2k^3}\int_{a_1}^{a_2}[i_1(\pi,\alpha,n) + i_2(\pi,\alpha,n)]\, N(\alpha)\, d\alpha\ . \tag{4.47}$$

Die Größenverteilung ist in Abbildung 4.21 in ihrer Ausdehnung grob angegeben. Eine Berechnung ist für jede Aerosolmenge möglich, wenn man die Eingangsparameter genau kennt. Die Aerosole sind in der Atmosphäre verschieden, die Grundschicht enthält andere Aerosole als die Troposphäre und diese wiederum andere als die Stratosphäre (Abb. 2.4). Zur Zahl der Partikel pro Volumen in den entsprechenden Höhen muß man noch ihre Größenverteilung und ihre optischen Eigenschaften (Brechungsindex) kennen.

Für die Anwendung optischer Instrumente muß man für Absorptions- oder Transmissionsmessungen die Extinktionsverluste kennen; für Rückstreumessungen, wobei die Aerosole als Targets dienen, ist ebenso die zeitliche Variation zu berücksichtigen. Aerosole sind nicht konstant in bestimmten Höhen der Atmosphäre vorhanden, sondern bewegen sich analog zu den Wolken mit dem Wind und ändern ihre Größenverteilung zum Beispiel aufgrund des Wasserdampfdrucks.

4.6.2 Mehrfachstreuung

Optische Fernmeßverfahren sind "Schönwettermethoden". Bei Wolken und Niederschlag wird die Ausbreitung z.B. des Laserstrahls stark eingeschränkt. Die über den Streukoeffizienten gekoppelte Sichtweite ist ein Maß für die Trübung. Nach Koschmieder (1924) ist

$$V_N = 3{,}91 \, / \, \sigma \, . \tag{4.48}$$

Die Normsichtweite V_N ist bei der Wellenlänge der Maximalempfindlichkeit des Auges λ = 550 nm definiert. In der Lidar-Gleichung (Abschnitt 5.7) tritt der Extinktionsterm τ^2 auf. Welche Auswirkungen er zum Beispiel auf die Lidar-Methode (siehe dazu Abschnitt 5.7) hat, ist in Abbildung 4.22 zu sehen.

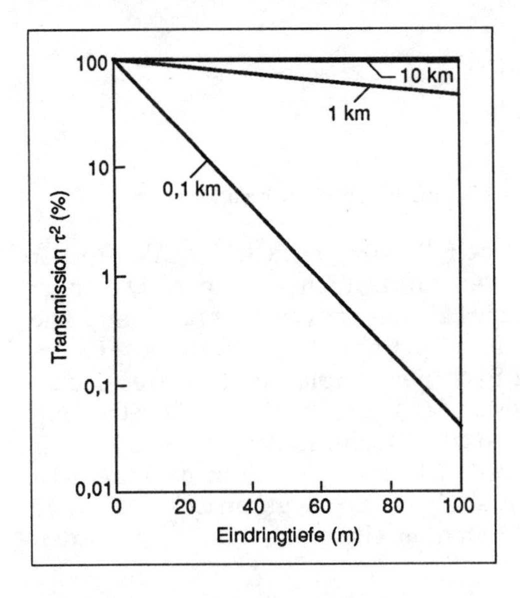

Abb. 4.22 Extinktionsverluste bei Sichtweiten von 10, 1 und 0,1 km in Abhängigkeit von der Eindringtiefe

Für verschiedene Sichtweiten (10, 1 und 0,1 km) ist der Faktor τ^2 gegen die Eindringtiefe in das Medium mit dieser Sichtweite aufgetragen. Bei Nebel ist die Reichweite eines Lidar- und Transmissionsmeßverfahren erheblich eingeschränkt. Hinzu kommt ein Effekt, der bisher bei der Behandlung der Methoden unberücksichtigt blieb. Man kennt ihn vom Autofahren im Nebel: das Licht wird mehrfach gestreut und blendet den Fahrer. Für den Fall einer Wolke im Meßvolumen gilt Abbildung 4.23 als Schema.

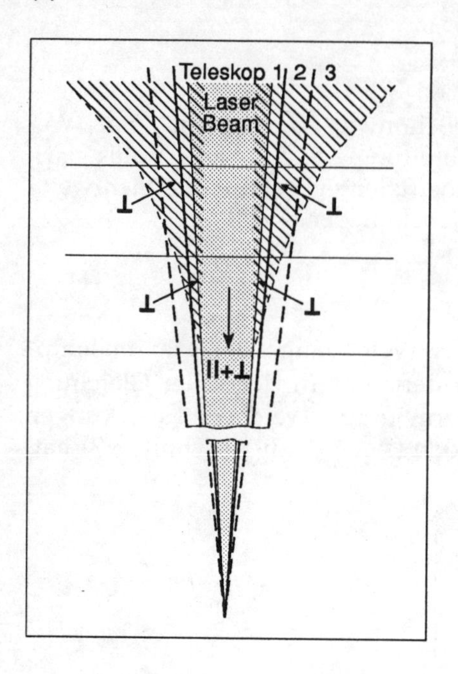

Abb. 4.23 Prinzip der Strahlaufweitung in einem optisch dichten Medium

Der Laser-Puls wird wie im Nebelfall extingiert. Gleichzeitig wird er durch die Mehrfachstreuung breiter und zeitlich verlängert. Die angegebenen Schichten in Abbildung 4.23 zeigen die Verbreiterung. Die Polarisationsordnung für einen ursprünglich polarisierten Laserstrahl wird gestört. Man erhält nach der simplen Einfachstreu-Lidar-Gleichung (Gl. 5.19) eine Signatur S(R), die von der Rückstreuung und der Extinktion abhängt. Bei starker Trübung der Atmosphäre (als Faustregel kann dies bei Sichtweiten kleiner als 300 m beginnen) ist diese einfache Beziehung aufgehoben. Erste empirische Ansätze (Kunkel und Weinman (1976)) brachten einen Korrekturterm in den Extinktionsterm:

$$S(R) \approx \beta_s \exp\left(-2\int_0^R \sigma_s(r)(1-F(r))\,dr\right) \tag{4.49}$$

mit dem Korrektorterm

$$1 - F(R),\ 0 \leq F(R) \leq 1.$$

Genauere mathematische Methoden (Oppel et al. (1989)) ergaben eine neue Lidar-Gleichung, die sich für die Einfachstreuung auf die bekannte Form reduziert. Nicht nur der Extinktionsterm wird von der Mehrfachstreuung beeinflußt, auch der Rückstreukoeffizient ist neu definiert.

Die für die Differential-Absorptions-Methode vorausgesetzte Einfachstreuung ist aufgehoben. Eine Korrektur ist zur Zeit nicht möglich. Damit ist eine Konzentrationsmessung von Gasen im Nebel ungenau. Als Beispiel kann man die Messung an Kaminen und Kraftwerken heranziehen, wo zusätzlich zum zu messenden Gas, Wasserdampfwolken ins Meßvolumen geraten.

Selbst die Rückstreumessungen von diesen Rauch- bzw. Abluftfahnen für Ausbreitungsversuche werden beeinflußt. Abbildung 4.24 zeigt ein Modell einer Rauchfahne und die Meßrichtung mit einem Rückstreu-Lidar.

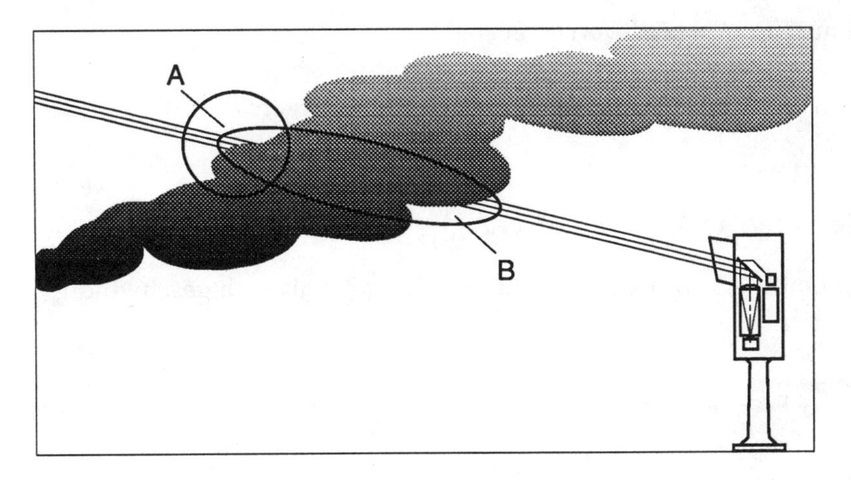

Abb. 4.24 Schema einer Ausbreitungsmessung von Rauchfahnen

Es gibt zwei Bereiche, in denen diese Messungen ungenau werden. Man kann ab einer bestimmten optischen Dicke die Dimension der Fahne nicht mehr bestimmen und wenn man dies noch kann, ist der Meßwert durch die Mehrfachstreuung unsicher. Es gelangt noch Strahlung vom Inneren der Fahne zum Detektor zu einer Zeit, wo der Laser-Puls bereits in der freien Atmosphäre angelangt ist.

Ein Verfahren, welches diese zusätzliche Information der Mehrfachstreuung ausnutzt, wird im Abschnitt 5.7.1.2 behandelt. Für die Gasmessungen sind optische Fernmeßverfahren auf Sichtweiten besser als 300 m beschränkt.

4.7 Doppler Verschiebung

Der Doppler Effekt hängt von der Bewegung des Senders oder Empfängers ab. Dabei gehört der akustische Doppler-Effekt zu den Alltagserfahrungen. Vom Motor eines vorbeifahrenden Autos hören wir bei der Annäherung erst hohe Töne und dann bei Entfernung von uns tiefe Töne. Der akustische Doppler Effekt hängt davon ab, ob sich der Sender oder der Empfänger bewegt. Die Geschwindigkeit zwischen Schallquelle und Empfänger sei u. Die Schallgeschwindigkeit ist c'. Die beobachtete Frequenzverschiebung v' ist bei ruhendem Empfänger:

$$v' = \frac{v}{1 \pm \frac{u}{c}} \tag{4.50}$$

(Minus für Abstandsverringerung)

und bei ruhender Quelle und bewegtem Empfänger:

$$v' = v\,(1 \pm \frac{u}{c'}) \tag{4.51}$$

(Minus für Abstandsvergrößerung).

In der Optik gilt für den bewegten Sender mit c als Lichtgeschwindigkeit:

$$v' = \frac{v}{1 \pm \frac{u}{c}} \tag{4.52}$$

$$v' = v\,(1 \pm \frac{u}{c} + \frac{u^2}{c^2} \pm ..)\ . \tag{4.53}$$

Für kleine Werte von u/c ist

$$v' = v\,(1 \pm \frac{u}{c})\ . \tag{4.54}$$

Auch dies bedeutet bei Abstandsverringerung eine Frequenzerhöhung. Die Frequenzänderung (v'-v) hängt von der Relativgeschwindigkeit u zwischen Sender und Empfänger ab.

Für die Ausbreitung von Schadgasen ist das dreidimensionale Windfeld gefragt. Man kann beide Methoden, die akustische und die optische, zur Bestimmung der Bewegung der Atmosphäre benutzen.

Die akustische Methode nutzt die kleinräumigen Temperaturänderungen zur Bestimmung des Windfeldes aus (siehe Gleichung 2.23). Diese akustische Radar Methode wird SODAR genannt (Sonic Radar) und ist auf die atmosphärische Grundschicht beschränkt und wird dort erfolgreich angewandt (Peters et al. (1984), Peters (1990)).

Bei den in diesem Band zu behandelnden optischen Methoden wird in der freien Atmosphäre fast ausnahmslos das Doppler-Lidar-Verfahren verwandt. Die Vorläufer für diese Verfahren wurden für die Strömungsmechanik entwickelt, das Fringe-Verfahren und das Zwei-Fokus-Verfahren (Oertel und Oertel (1989), Durst et al. (1987), Lading et al. (1978)). Um es in der freien Atmosphäre über größere Distanzen einzusetzen, benötigt man einige Voraussetzungen. Abbildung 4.25 zeigt das Doppler-Lidar-Prinzip.

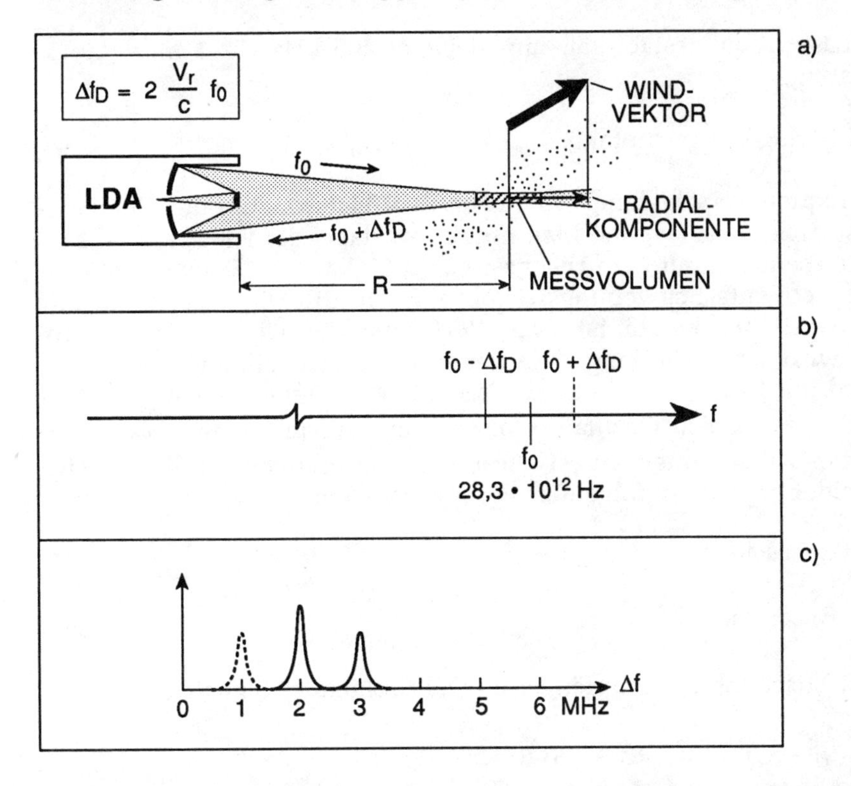

Abb. 4.25 Laser-Doppler-Prinzip: a) Prinzip, b) Frequenzscala (grob), c) Frequenzscala (fein)

Wie beim normalen Rückstreu-Lidar wird ein Laser-Puls in die Atmosphäre gesandt (oder ein Dauerstrichlaser bei Anwendungen in der atmosphärischen Grundschicht wird in einer Entfernung R fokussiert) und das von den Aerosolen zurückgestreute Licht wird empfangen. Die Frequenzänderung durch die Bewegung der Aerosolteilchen mit dem Wind in Laserausbreitungsrichtung ist

$$\Delta f_D = 2 \frac{v_{LOS}}{c} f_0 \tag{4.55}$$

v_{LOS} steht für die Geschwindigkeitskomponente in Laserrichtung (Line-of-Sight). Der Faktor 2 tritt aus, da die Aerosole sich einmal als bewegte Empfänger für das Laserlicht und zum anderen als bewegte Sender verhalten. Die Lichtfrequenz liegt in der Größenordnung von Terrahertz, die Verschiebung durch z.B. eine Windgeschwindigkeit von 1 m/s (LOS) ist für die Wellenlänge des CO_2-Lasers (λ = 10,6 µm) 189 kHz. Diese kleine Änderung soll erfaßt werden und das erfordert folgende Voraussetzungen:

1) Laserfrequenzstabilität zum Beispiel 200 kHz für 1 m/s Auflösung,

2) Überlagerungsempfang.

Die Frequenzverschiebung wird nach dem Heterodyn- oder Überlagerungsprinzip ausgewertet. Man überlagert dabei die vom Laser ausgesandte Frequenz mit dem rückgestreuten Signal. Das Ergebnis ist eine niederfrequente Schwebungsfrequenz f, die direkt proportional zur LOS-Windkomponente ist. Das Verfahren des Überlagerungsempfangs wird schon seit langem in der Rundfunktechnik angewandt.

Wird mit E_2 die Amplitude des reflektierten Signals, mit E_1 die Amplitude des lokalen Oszillators bezeichnet und mit ω_1 und ω_2 die jeweiligen Kreisfrequenzen ($\omega = 2\pi f$), f ist die Frequenz, so lassen sich die beiden Signale in folgender Form darstellen:

$$S_1 = E_1 \cos\omega_1 t \tag{4.56}$$

$$S_2 = E_2 \cos\omega_2 t \tag{4.57}$$

Durch Mischung am Empfänger entsteht folgendes Signal

$$S = (S_1 + S_2)^2 = S_1^2 + S_2^2 + 2S_1 \cdot S_2 \ . \tag{4.58}$$

Der resultierende Strom ist proportional zum Signal S. Durch Integration über einige Perioden ω_1 erhält man

$$i = \frac{E_1^2}{2} + \frac{E_2^2}{2} + 2E_1 \cdot E_2 \cos\omega_1 t \cos\omega_2 t \ . \tag{4.59}$$

Dies bedeutet einen Gleichstromanteil

$$i_{dc} = \frac{E_1^2}{2} + \frac{E_2^2}{2} \tag{4.60}$$

und einen Anteil

$$i_{ac} = 2E_1 \cdot E_2 \cos\omega_1 t \cos\omega_2 t \qquad (4.61)$$

Das Ausrechnen des Produkts ergibt

$$i_{ac} = E_1 \cdot E_2 (\cos(\omega_1 - \omega_2)t + \cos(\omega_1 + \omega_2)t) \qquad (4.62)$$

Da der Detektor den hohen Frequenzen ($\omega_1 + \omega_2$) nicht folgen kann, wird nur der Anteil ($\omega_1 - \omega_2$) als Schwebungsfrequenz meßbar.

Es folgt

$$i = i_{dc}\left(1 + \frac{2E_1}{E_2}\cos(\omega_1 - \omega_2)\,t\right) \qquad (4.63)$$

Wenn ω_2 die durch den Doppler-Effekt modifizierte Frequenz ist

$$f_2 = f_1 + f_d,\ \omega_2 = \omega_1 + \omega_d \qquad (4.64)$$

mit

$$\omega_d = 2\pi\, f_{dt}$$

folgt

$$i \approx i_{dc}\,(1 + \frac{2E_1}{E_2}\cos\omega_o t) \qquad (4.65)$$

$$\approx i_{dc}\,(1 + \frac{2E_1}{E_2}\cos\frac{4\pi f_1\, v_{LOS}}{c}\, t) \qquad (4.66)$$

Damit kommt man auf die Gleichung 4.55 zur Bestimmung der Radialkomponente.

Für den Pulsbetrieb ist ein zusätzlicher Dauerstrichlaser Bedingung für die Referenzfrequenz, er ist der lokale Oszillator. Seine Stabilität ist ausschlaggebend für die Genauigkeit der Methode. Die Frequenzachse in Abbildung 4.25 ist mit zwei Signalen versehen für die Fälle, daß der Wind vom Laser weg oder auf den Laser zu weht. Das Vorzeichen wird mit dieser Methode mitbestimmt (Huffaker et al. (1974), Huffaker (1970)).

4.8 Zusammenfassung

In den Abschnitten dieses Kapitels wurden die physikalischen Grundlagen für die Wechselwirkungen zwischen elektromagnetischer Strahlung (Licht) und Materie (Moleküle eines Spurengases) vorgestellt. Es wurde verdeutlicht, daß diese Wechselwirkungen stoffspezifische, spektroskopische Eigenschaften dieser Gase aufzeigen, die mit entsprechenden Meßverfahren analysiert und für den Nachweis dieser Gase genutzt werden können.

Die Absorption von Strahlung hat sich in der Vergangenheit besonders bei Laserverfahren und bei der Fourier-Transformspektroskopie als vielseitig einsetzbare Wechselwirkung bewährt.
Die Emission ist besonders bei monostatischen, passiven Meßverfahren zum Einsatz gekommen, da stoffspezifische Strahlung emittiert und analysiert werden kann, ohne über eine vorbereitete Meßstrecke zu verfügen.

Die Fluoreszenz wird bislang eher in den wissenschaftlich orientierten Bereichen angewandt. Aufgrund der extrem großen Wirkungsquerschnitte für Resonanzfluoreszenz bei Atomen der Alkalimetalle können durch Lasersondierungen wesentliche Informationen über die Dynamik und Energiebilanz im Bereich der mittleren Atmosphäre erzielt werden.

In den folgenden Abschnitten werden wir die meßtechnische Umsetzung und Anwendung dieser physikalischen Grundlagen kennen lernen, die die technischen Grundlagen optischer Fernmeßverfahren darstellen. Darauf aufbauend werden anschließend unterschiedliche Fernmeßsysteme vorgestellt, die unter Benutzung dieser Meßverfahren zum Nachweis von gasförmigen Luftverunreinigungen entwickelt und erfolgreich eingesetzt wurden.

4.9 Schrifttum

Bohren, C. F.: *Clouds in a Glass of Beer*, Wiley J. and Sons, New York (1987)

Bohren, C. F. Ed.: *Scattering in the Atmosphere*, SPIE MS 7, (1989)

Demtröder, W.: *Laserspektroskopie*, Springer-Verlag Berlin (1991)

Deirmenjian, D.: *Scattering and Polarization Properties of Water, Clouds and Hazes in the Visible and Infrared*, Appl. Opt. 3, 187 (1964)

Durst, F., Ernst, E. und Volklein, J.: *Laser-Doppler-Anemometer-System für lokale Windgeschwindigkeitsmessungen in Windkanälen*, Z. f. Flugwissenschaften und Weltraumforschung 11, 61 - 70, (1987)

Goody, R. M. and Yung, Y. L.: *Atmospheric Radiation*, Oxford University Press, New York (1989)

Huffaker, R. M., Jeffreys, H. B. and Weaver, E. A.: *Development of a Laser-Doppler-System*; FAA - Report (1974) (FAA - RD - 74 - 213)

Huffaker, R. M.: *Laser-Doppler-Detection-System for Gas Velocity Measurements*, Appl. Opt. 9, 1036 (1970)

van de Hulst, H. C.: *Light Scattering by Small Particles*, Wiley, J. and Sons, New York (1957)

Inaba, H. and Kobayasi, T.: *Laser Raman Radar*, Opto-electronics 4, 101-123 (1972)

Klein, V.: *Fernerkundung der mittleren Atmosphäre mittels Laser-angeregter Rayleigh-Streuung und Natrium-Resonanzfluoreszenz*, Universität Bonn (1986)

Koschmieder, H.: *Theorie der horizontalen Sichtweite*, Beiträge zur Physik der freien Atmosphäre, XII, 33 - 53 (1924)

Kunkel, K. E. and Weinman, J. A.: *Monte Carlo Analysis of Multiple Scattered Lidar Returns*, Journal Atm. Sci. 33, 1772 (1976)

Lading, L., Jensen, A. C., Fog, C. and Andersen, H.: *Time-of-Flight Laser Anemometer for Velocity Measurements in the Atmosphere*, Appl. Opt. 17, 1486-1488 (1978)

Mayer-Kuckuck, T.: *Atomphysik*, Teubner Studienbücher (1977)

Measures, R. M.: *Laser Remote Sensing*, Wiley, J. and Sons, New York (1983)

Meinel, A. B. and Meinel, M. P.: *At Sunset*, Optics News 14, 6-13 (1988)

Middleton, W. E. K.: *Vision through the Atmosphere*, Handbuch der Physik 48, Geophysik 2, Springer-Verlag, Berlin (1957)

Mie, G.: *Beiträge zur Optik trüber Medien*, Ann. Physik 25, 376-445 (1908)

Oertel, H. sen. und Oertel, H. jr.: *Optische Strömungsmeßtechnik*, Braun, G., Karlsruhe (1989)

Oppel, U. G. et al.: *A Stochastic Model of the Calculation of Multiply Scattered Lidar Returns*, DLR-Forschungsbericht 89-36 (1989)

Peters, G., Latif, M. and Müller, W. J.: *Fluctuation of the Vertical Wind as Measured by Doppler Lidar*, Meteorologische Rundschau 37, 16-19 (1984)

Peters, G.: *Anwendungsmöglichkeiten von Sodar-Verfahren*, Umwelt-Meteorologie, Kommission Reinhaltung der Luft im VDI und DIN, Band 15, 44 - 54 (1990)

Pierson, R. H., Fletcher, A. N. and Gantz, E. St. C.: *Catalog for Infrared Spectra for Qualitative Analysis of Gases*, Analytical Chemistry, 28, 1218 - 1239 (1956)

Lord Rayleigh: *On the Light from the Sky, its Polarization and Colours*, Phil. Mag. 41, 107-120 and 274-279 (1871)

Voigt, H. H.: *Abriß der Astronomie*, Bibliographisches Institut Mannheim (1991)

Weichel, H.: *Laser Beam Propagation in the Atmosphere*, SPIE TT 3 (1990).

v. Zahn, U.: *Physik der Atmosphäre II*, Universität Bonn (1986)

5 Methoden, Genauigkeit, Anwendungen

Im Laufe der Entwicklung optischer Fernmeßverfahren haben sich unterschiedliche Meßmethoden etabliert, die jeweils entsprechend dem jeweiligen Anwendungsfall eingesetzt werden können. Im folgenden Kapitel werden die verfahrensspezifischen Unterschiede dieser Methoden besprochen und anhand erfolgreich realisierter Meßsysteme in ihrer Wirkungsweise vorgestellt.

5.1 Einleitung

Optische Fernmeßverfahren zum Nachweis von gasförmigen Luftverunreinigungen basieren auf der Wechselwirkung von Licht und den Molekülen des gesuchten Spurengases. Die physikalischen Grundlagen dieser Verfahren wurden bereits in Kapitel 4 ausführlich vorgestellt, so daß sich die folgenden Abschnitte dem eigentlichen Verfahren, also der technischen Umsetzung dieser Grundlagen widmen können.

Optische Fernmeßverfahren können nach unterschiedlichen Gesichtspunkten klassifiziert bzw. zusammengefaßt werden. Während der letzten Jahre hat sich die Aufteilung in aktive bzw. passive Meßverfahren durchgesetzt, je nachdem, ob eine den Anforderungen der Messung entsprechende künstliche Strahlungsquelle (z.B. Laser) eingesetzt wird, oder ob lediglich eine spektrale Analyse der registrierten Strahlung erfolgt.

Bei passiven Meßverfahren wird keine Information über die räumliche Verteilung der Luftverunreinigungen gegeben. Diese Verfahren beschränken sich auf die integrale Konzentrationsbestimmung innerhalb der gesamten Meßstrecke. Die ermittelte Konzentration eines Spurengases ist somit eine integrale Information (Säulendichte), deren Wert für die gesamte Meßstrecke gültig ist. Entfernungsabhängige Variationen der Konzentration können mit passiven Meßverfahren somit nicht erkannt werden.

Diese Aussage gilt, solange die Messungen in horizontaler Richtung durchgeführt werden, was bei der Messung von Luftverunreinigungen fast ausschließlich der Fall ist. Bei der Bestimmung von vertikalen Konzentrationsprofilen eines gesuchten Spurengases, wie z. B. dem stratosphärischen Ozon kann über einen physikalischen Kunstgriff auch mit passiven Meßverfahren eine entfernungsmäßige Variation der Spurengaskonzentration ermittelt werden. Man nutzt in diesem wissenschaftlich genutzten Anwendungsfall die Tatsache aus, daß sich der atmosphärische Druck mit zunehmender Höhe verringert. Diese Druckabnahme wirkt sich auf die Form der Spektrallinien des gesuchten Spurengases aus (vgl. Kapitel 4.2.4), so daß über die Auswertung der unterschiedlich druckverbreiterten Linien eine vertikale Entfernungsinformation abgeleitet werden kann. Letztendlich ermöglicht dieses Verfahren die Berechnung eines vertikalen Konzentrationsprofils des gesuchten Spurengases.

Zur Bestimmung der räumlichen Verteilung von Luftverunreinigungen werden aktive Meßverfahren benutzt, wobei Laser eingesetzt werden, die im Pulsbetrieb arbeiten. Durch eine präzise Bestimmung der Laufzeit dieses Pulses zwischen dem Aussenden und dem Empfang des zurück gestreuten Signals erfolgt eine genaue Distanzmessung und somit eine entsprechende entfernungsabhängige Konzentrationsbestimmung des gesuchten Spurengases (vgl. Abschnitt 5.7). Die Bestimmung der räumlichen Spurengaskonzentration erfolgt durch das Abtasten eines entsprechenden Raumvolumens während der Messung. Tabelle 5.1 gibt einen Überblick.

Tabelle 5.1 Überblick über die optischen Fernmeßverfahren

OPTISCHE FERNMESSVERFAHREN	
Punktmessung [P], entfernungsaufgelöst [E], integrierend [I]	
Aktive Verfahren	**Physikalischer Prozess**
Lidar [E]	Streuung
Differential-Absorptions-Lidar **DIAL** [E]	Streuung + Absorption
Fluoreszenz-Lidar **LIF** [(E)]	Fluoreszenz
Abstimmbare Dioden-Laser-Spektroskopie **TDLAS** [I]	Absorption
Passive Verfahren	
Korrelations-Spektroskopie **DAS** [P,I]	Absorption
Fourier Transformations-Infrarot-Spektroskopie **FT-IR** [I]	Emission, Absorption

In den folgenden Abschnitten werden die verschiedenen passiven und aktiven Meßverfahren besprochen und es werden beispielhaft Meßsysteme als erfolgreiche Umsetzung der entsprechenden Verfahren in einsetzbare Instrumente der Fernmeßtechnik vorgestellt.

5.2 Einfache Meßverfahren

Die einfachsten, nicht entfernungsauflösenden Verfahren beruhen auf dem Transmissometerprinzip. Die Transmissometer messen üblicherweise an Flughäfen die Sichtweite. Es gibt zwei Ausführungsformen je nachdem ob der Empfänger vom Sender getrennt ist (Einwegtransmission) oder ob über einen Reflektor der Empfänger neben dem Sender plaziert werden kann. Abbildung 5.1 zeigt das Meßprinzip.

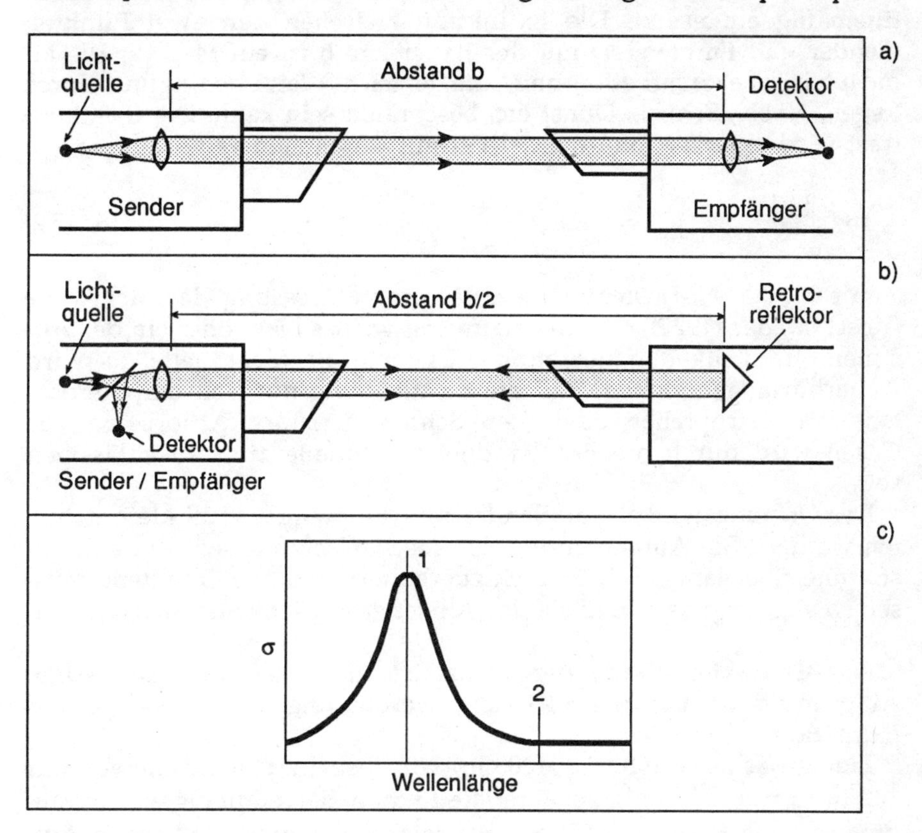

Abb. 5.1 Transmissometeraufbauten: a) Transmissometer, b) mit Reflektor, c) Schema der Absorptionsmessung

Die Messung basiert darauf, daß eine Lichtleistung P_o (kontinuierlich, Pulsfolge oder als Einzelpuls) vom Sender über eine Optik ausgesandt wird und vom Empfänger eine Lichtleistung P_r detekriert wird. Die Verluste auf dem Weg zwischen Sender und Empfänger, auf dem Wege der Basislänge b sind

$$P_r = P_0 \, e^{-\sigma b} \tag{5.1}$$

wobei σ als Extinktionskoeffizient mit der Einheit m^{-1} definiert ist. Für ein Transmissometer mit Reflektor (Abb. 5.1 b) gilt die obige Beziehung (Gl. 5.1), da der Weg doppelt durchlaufen wird.

5.2.1 Sichtweitenmessung

Transmissometer werden zur Sichtweitenmessung an Flughäfen routinemäßig eingesetzt. Die Extinktion zwischen den zwei Punkten (Sender und Empfänger) mit der Basislänge b ist ein Maß für die atmosphärische Sichtbedingung, die je nach Wetterbedingung durch Regen, Nebel, Schnee, Dunst etc. beschränkt sein kann. Der Sichtkontrast wird reduziert und man erhält mit Koschmieders Beziehung

$$V_N = \frac{3.912}{\sigma} \tag{5.2}$$

mit V_N als Normsichtweite eine direkte Messung der Sichtweite (Koschmieder (1925)). Voraussetzung ist weißes Licht oder ein der Augenempfindlichkeit nahekommendes Licht als Lichtquelle. Es wird weiterhin angenommen, daß die Sichttrübung nur von den Aerosolen, Wassertröpfchen oder dem Schnee herrührt. Absorption von Gasen wird durch die breitbandige Lichtquelle zu vernachlässigen sein.

Der Öffnungswinkel von Sender und Empfänger muß klein gehalten werden. Die Aufbauten müssen mechanisch fest sein um eine Justierung über lange Zeit aufrechtzuerhalten, und alle Optikteile müssen so ausgelegt sein, daß sie der Allwettertauglichkeitsforderung entsprechen.

Das Charakteristikum der Transmissometer ist ihre Auflösung. Aufgrund der Gleichung 5.1 ist eine Verbindung von Basislänge und Extinktion hergestellt.

Eine große Strecke b (z.B. 1000 m) wird bei einer Sichtweite von nur 100 m (σ = 0.0391 m^{-1}) zu einer Reduktion der empfangenen Strahlung um den Faktor e^{-39} führen, was sicher nur unter äußerstem Aufwand zu detektieren ist. Ebenso können kurze Strecken b (z.B. 10 m) bei Sichtweiten um 1000 m (σ = 0.0039 m^{-1}) zu einer nicht mehr genau meßbaren Verminderung (0.039) der Transmission führen. Um die für Flughäfen wichtigen Sichtbedingungen zwischen 50 m und 2000 m zu erfassen, sind Doppelbasistransmissometer erforderlich (Impulsphysik (1981)). Man erhält eine typische Fehlerkurve vom Transmissometer, wie sie in Abbildung 5.2 zu sehen ist.

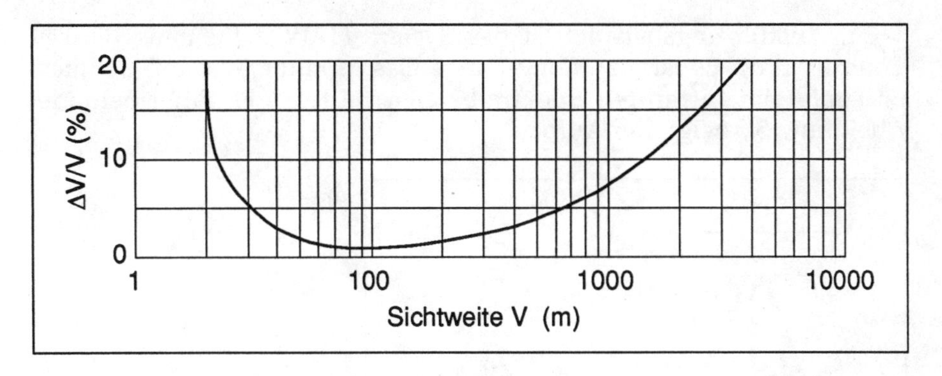

Abb. 5.2 Typischer Fehler $\Delta V/V$ für die Sichtweite V bei fester Basis b in Abhängigkeit von der Sichtweite

Die Transmissometer können nicht zur Bestimmung von Bodensichtweiten (RVR) eingesetzt werden, die kleiner sind als die Basislänge b.

5.2.2 Gaskonzentrationsmessungen

Für die Anwendung des Verfahrens auf Gaskonzentrationsmessungen wird die für die Sichtweitenmessung gemachte Annahme der Unabhängigkeit von der Absorption nicht mehr gültig. Die Extinktion σ setzt sich zusammen aus der Summe der Extinktionskoeffizienten aus der Streuung an Aerosolen und Nebelteilchen σ_s und der Gas absorption $\sigma_{a\,i}$.

$$\sigma = \sigma_s + \sigma_{a1} + \sigma_{a2} + \ldots \tag{5.3}$$

Bei einer schmalbandigen Lichtquelle, die auf einer Gasabsorptionslinie (Abb. 5.1 c) liegt und einer Lichtquelle, die benachbart nicht absorbiert wird, kann man im Vergleich beider Transmissionsmessungen die Absorption des zu untersuchenden Gases bestimmen. Ebenso kann man mit einer breitbandigen Lichtquelle und zwei Schmalbandfiltern am Empfänger die Trennung ermöglichen. Wie bei der Sichtweitenmessung muß diese Gaskonzentrationsmessung angepaßt werden an die Basislänge. Zusätzlich treten Verluste durch die Trübung der Atmosphäre auf, die erheblich sein können. Im Idealfall kann mit dem Empfangskanal, der nicht durch das Gas beeinflußt wird (Kanal 2 in Abbildung 5.1 c), der Trübungseinfluß bestimmt werden (σ_s in Gleichung 5.3). Die Querempfindlichkeit zu anderen Gasen (σ_{ai} in Gleichung 5.3) ist ein weiteres Problem.

Ein Ausführungsbeispiel ist das System HAWK (Siemens Plessey Controls Ltd). Es ist als "Long-Range Gas Monitor System" definiert und mißt im infraroten Spektralbereich mittels der Filtermethode. Abbildung 5.3 zeigt den Aufbau.

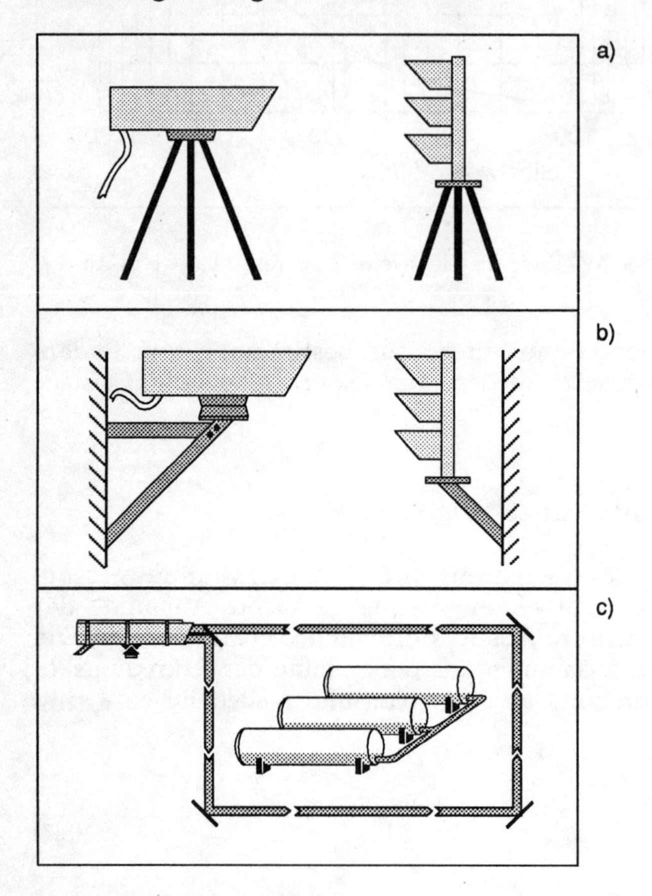

Abb. 5.3 Aufbau des HAWK - Systems a) transportabel, b) fest installiert, c) an einem Tanklager

Die Basislänge kann je nach zu messendem Gas zwischen 10 m und 600 m betragen. Es kann z.B. auf die Gase Propan, Methan, Äthan, Butan, Schwefeldioxid, Benzol, Äthanol, Propen, Xylen, N-Hexan, Toluol u.a. einzeln eingestellt werden. Durch die Verstimmung des Filters (Verkippen gegen die Einfallsrichtung des Lichts) erreicht man nacheinander die Messung in den Bereichen 1 und 2 der Abbildung 5.1 c. Der Einfluß der anderen Gase auf das auf ein bestimmtes Gas abgestimmte Gerät, zum Beispiel die Propanmessung bei Anwesenheit von Methan und des in der Umgebungsluft vorhandenen Wasserdampfes, ist in Abbildung 5.4 zu sehen.

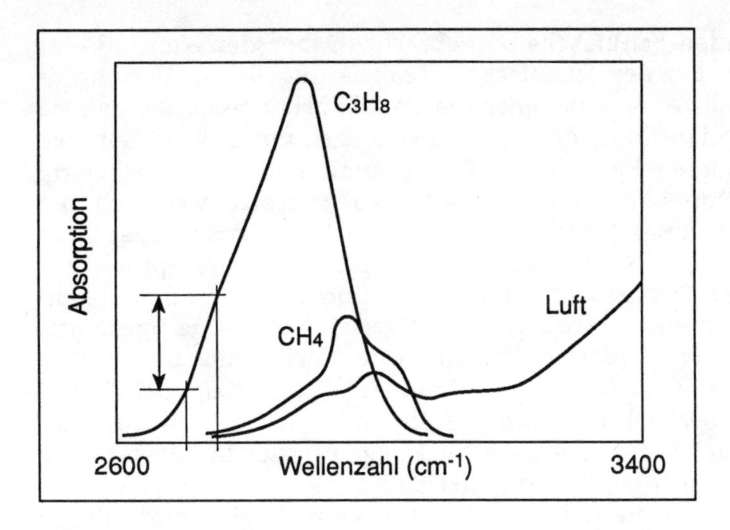

Abb. 5.4 Meßkurven des HAWK- Systems bei Messung von Propan

Man kann Propan in einem Wellenlängenbereich messen, der nicht von Methan oder Wasserdampf beeinflußt wird. Für schwierigere Fälle muß auf ein Expertensystem zurückgegriffen werden.

Die Anwendungen des Systems sind zu sehen in der Überwachung chemischer Fabrikanlagen einschließlich der Raffinerien, in Risikobereichen für die Feuerwarnung bei Verbrennungsprozessen (Kohlenmonoxid) und in Lagerbereichen von Fabriken (Lecksuche).

5.3 Korrelationsspektroskopie

Die Korrelationsspektroskopie ist ein passives Meßverfahren, bei dem die vom Meßgerät empfangene Strahlung (z.B. gestreutes Sonnenlicht) durch ein spezielles optomechanisches Analyseverfahren spektral untersucht wird. Somit kann mit diesem Verfahren lediglich eine Aussage über die integrale Spurengaskonzentration in Blickrichtung des Meßgerätes erfolgen (s. Abschnitt 5.6). Eine entfernungsaufgelöste Messung kann mit diesem Verfahren nicht durchgeführt werden. Die kanadische Firma Barringer Research Inc. hat ein kompaktes Korrelationsspektrometer (COSPEC) entwickelt, das international in vielfältiger Weise zum Nachweis von Spurengasen eingesetzt wird.

Bei der Korrelationsspektroskopie wird das Spektrum des nachzuweisenden Spurengases im Gerät anhand einer speziell für dieses Gas angefertigten rotierenden Schlitzscheibe abgetastet. Die Orientierung der kreisförmig angebrachten Schlitze ist hierbei ein unmittelbares Abbild der spektralen Verteilung der Absorptionslinien des betreffenden Gases. Das Spektrum dieses Gases wird somit in Korrelation mit der selektierenden Schlitzscheibe gebracht. Daher der Name dieses Meßverfahrens. Bei der technischen Realisierung dieses Verfahrens wurden die Schlitze verschiedener Masken derart angeordnet, daß sie mit den Absorptionslinien des Spurengases bzw. mit den Lücken zwischen diesen Linien korrelieren. Es ist somit möglich, gleichzeitig mehrere Absorptionslinien gleichzeitig zu erfassen, wodurch die Empfindlichkeit dieses Verfahrens erhöht wird. Aus technischer Sicht bieten sich für die Korrelationsspektroskopie besonders Spurengase mit periodischen Spektren an, deren Absorptionslinien in äquidistanter spektraler Verteilung vorliegen. Erfolgreich gemessene Spurengase sind SO_2 und NO_2, deren vertikale Säulendichte mit diesem Verfahren in mehreren Meßreihen bestimmt wurde (Millan (1978)). Ein ausführlicher Überblick über die mit diesem Meßverfahren durchgeführten Untersuchungen, die auch Messungen in der Bundesrepublik umfassen, findet sich bei Weber et al. (1990).

Eine weitere Variante der Korrelationsspektroskopie wurde durch die Gasfilter-Korrelationsspektrometer realisiert. Diese Meßsysteme sind ebenfalls passiv wirkende Geräte, die gestreute Sonnenstrahlung oder auch die gerichtete Strahlung einer künstlichen Lichtquelle analysieren. Somit ist das Meßsignal wiederum ein Maß für die integrale Konzentration des gesuchten Spurengases in Blickrichtung des Meßsystems (Säulendichte, siehe auch Abschnitt 5.6).

Das technische Prinzip der Gasfilter-Korrelationsspektrometer basiert auf der Tatsache, das eine Küvette, die eine kleine Menge des nachzuweisenden Spurengases enthält, als schmalbandiges Filter genutzt werden kann. Das empfangene Licht wird in diesen Geräten in zwei symmetrische Teilstrahlen aufgespalten, die jeweils durch eine kleine Glasküvette geleitet werden. Während die Küvette des Signalzweiges eine genau bekannte Menge des Spurengases enthält, ist die Küvette des Referenzzweiges evakuiert oder mit einem spektral inertem Puffergas gefüllt. Beide Teilstrahlen werden durch jeweils einen eigenen Detektor analysiert. Die Auswertung des Meßsignals basiert auf der Analyse des Differenzsignals dieser beiden Detektoren.

Falls die empfangene Strahlung keinen Anteil des gesuchten Spurengases enthält, werden die beiden Detektoren ein gleiches Signal abgeben, wodurch deren Differenz ein Nullsignal ergibt. Wenn sich jedoch das Spurengas innerhalb der Meßstrecke befindet, wird ein Teil der Strahlung des Signalzweiges innerhalb der gasgefüllten Küvette absorbiert, während es von der im Referenzzweig enthaltenen Küvette durchgelassen wird. Das Differenzsignal der beiden Detektoren ist somit eine Meßgröße, aus der sich unmittelbar die Säulendichte des gesuchten Spurengases innerhalb der Meßstrecke ableiten läßt. Die Firma Barringer Research Inc. hat eine kommerzielle Version dieses Meßgerätes entwickelt (GASPEC) das zur Bestimmung einer Vielzahl von anorganischen und organischen Spurengasen eingesetzt werden kann. Für jedes Gas wird eine entsprechende stoffspezifische Absorptionsküvette in das Gerät eingesetzt. Die folgende Tabelle 5.2 enthält Herstellerangaben über die Nachweisgrenzen des GASPEC Gerätes.

Tabelle 5.2 Nachweisgrenzen des GASPEC Gerätes für ausgesuchte Spurengase (Barringer Research Inc.)

Spurengas	Wellenlänge (µm)	Nachweisgrenze (ppm·m) bei 300 K
CO	4.6	10
CH_4	7.66	100
	3.31	1000
C_2H_6	12.0	200
	3.4	400
SO_2	8.6	50
	7.3	25
	4.0	3000
NO	5.3	50
N_2O	17.0	200
	7.78	20
NH_3	11.0	10
	6.15	100
HCl	3.64	50
CCl_3F	11.9	5

Eine Übersicht der Anwendungen dieses Gerätes und anderer Gasfilter-Korrelationsspektrometer ist bei Weber et al. (1990) gegeben.

5.4 FTIR Spektroskopie

Die Fourier–Transform–Spektroskopie im Infraroten (FTIR) wurde in den letzten Jahren mit bemerkenswertem Erfolg von einem etablierten Labor–Analyseverfahren zu einem vielseitig einsetzbaren Fernmeßverfahren für umweltrelevante Sondierungen weiterentwickelt.

Basierend auf dem klassischen Prinzip des Michelson–Interferometers haben Fourier-Transform Spektrometer (FTS) in verschiedenen Ausführungsformen eine weite Verbreitung als leistungsfähiges optisches Analyseinstrument erhalten (Michelson (1902), Harihavan (1985), Griffiths und de Haseth (1986), Guelachvili et al. (1988)).

Einer der grundlegenden Vorteile dieses optischen Prinzips ist die Tatsache, daß gegenüber dispersiv wirkenden Spektrometern während der Analyse stets die gesamte zur Verfügung stehende Infrarotstrahlung dem Detektor des Gerätes zugeführt und somit untersucht wird. Bei Prismen– oder Gitterspektrometern kann zu einem gegebenen Zeitpunkt aufgrund des dispersiven Verfahrens jeweils nur ein sehr kleiner Teil der zur Verfügung stehenden Strahlung vom Detektor in ein Meßsignal umgewandelt werden.

Zur Veranschaulichung der Funktionsweise moderner FTS sei zunächst das Prinzip des ursprünglichen Michelson–Interferometers in Abbildung 5.5 schematisch dargestellt.

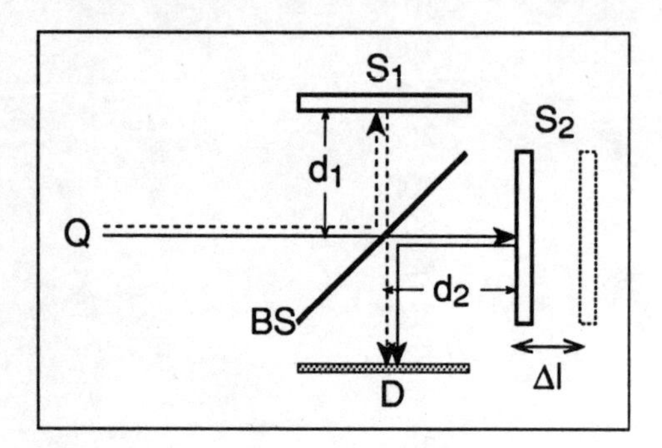

Abb. 5.5 Schematische Darstellung der Funktionsweise des klassischen Michelson–Interferometers

Die von einer Infrarotquelle Q emittierte Strahlung gelangt im Inneren des FTS auf einen unter einem Winkel von 45 Grad angebrachten Strahlteiler BS, der das einfallende Signal in zwei senkrecht aufeinander stehende gleichstarke Teilstrahlen aufspaltet. Diese beiden Teilstrahlen werden durch zwei Planspiegel S1, S2 in sich selbst reflektiert und werden nach erneuter Reflexion am Strahlteiler rekombiniert und vom Detektor D in ein elektrisches Signal umgewandelt.

Die Funktion des FTS basiert auf der Tasache, daß der Abstand des Planspiegels S1 relativ zum Strahlteiler konstant ist, während der Spiegel S2 während der spektralen Analyse der einfallenden Strahlung linear bewegt wird. Der Abstand von S2 zu BS variiert somit um den Betrag Δl. Auf dem Detektor D entsteht somit ein zeitlich veränderliches Überlagerungs- bzw. Interferenzsignal, das für die weitere Auswertung des Detektorsignals mit einem eindeutigen Wert für den optischen Gangunterschied Δl korreliert wird. Das elektrische Detektorsignal wird elektronisch verarbeitet, digitalisiert und als Interferogramm in einem Rechner gespeichert.

Um die letztendlich wesentlichen Informationen (Strahlungsintensität als Funktion der Wellenlänge bzw. der Frequenz) analysieren zu können, wird dieses Interferogramm mittels eines speziellen mathematischen Verfahrens (numerische Fourier–Transformation) in die spektrale Darstellung der untersuchten Strahlung umgewandelt.

In mathematischer Darstellung kann die Theorie des FTS folgendermaßen beschrieben werden (nach Faires (1986)):

Bei einer monochromatischen Strahlungsquelle und einer zeitlich linearen Änderung von Δl entsteht am Detektor ein monotoner cosinusförmiger Intensitätsverlauf

$$I(\Delta l) = B(\nu)\,(1 + \cos(2\,\pi\,\nu\,\Delta\,l)) \tag{5.4}$$

mit

$I(\Delta l)$ = Intensität am Detektor in Abhängigkeit vom wirksamen optischen Gangunterschied Δl

B = Intensität der Infrarot-Quelle

ν = Frequenz der Strahlung in Wellenzahlen (cm^{-1})

Bei einer polychromatischen Strahlungsquelle, wie es bei einer breitbandigen Infrarotquelle der Fall ist, stellt der am Detektor registrierte Intensitätsverlauf die Überlagerung der Interferogramme aller beteiligten Frequenzen dar.

$$I(\Delta l) = \int_{-\infty}^{+\infty} B(\nu)\, d\nu + \int_{-\infty}^{+\infty} B(\nu) \cos(2\,\pi\,\nu\,\Delta l)\, d\nu \tag{5.5}$$

$$= \text{const.} + \int_{-\infty}^{+\infty} B(\nu) \cos(2\,\pi\,\nu\,\Delta l)\, d\nu \tag{5.6}$$

Der erste Term stellt die totale Energie der Infrarot-Quelle dar und ist bei konstanter Intensität ebenfalls zeitlich konstant.

Durch die Fourier-Transformation wird nun der Übergang geschaffen von der physikalischen Dimension der optischen Wegdifferenz zu der spektroskopischen Dimension der Frequenz ν in Wellenzahlen (cm^{-1}).

Bei einem realen FTS tritt aufgrund der endlichen Symmetrie der Strahlengänge zusätzliche sinusförmige Anteile im Interferogramm auf, so daß Gleichung 5.7 und Gleichung 5.8 nun in komplexer Darstellung lauten:

$$I(\Delta l) = \int_{-\infty}^{+\infty} B(\nu)\, e^{\,i\,(2\,\pi\,\nu\,\Delta l)}\, d\nu \tag{5.7}$$

bzw.

$$B(\nu) = \int_{-\infty}^{+\infty} I(\Delta l)\, e^{-i\,(2\,\pi\,\nu\,\Delta l)}\, d(\Delta l) \tag{5.8}$$

Diese Konvertierung in die spektrale Darstellung wird durch leistungsfähige Rechner durchgeführt, wobei aufgabenspezifisch optimierte Algorithmen zum Einsatz kommen.

Das nun vorliegende Spektrum enthält bereits alle im erfaßten Spektralbereich vorhandenen Strukturen, sofern sie aufgrund des endlichen Auflösungsvermögens des jeweiligen FTS als unterschiedliche spektrale Intensitäten erkennbar sind.

Mit Hilfe der Fourierspektroskopie, die klassisch den infraroten Spektralbereich zwischen 400 cm^{-1} und 4000 cm^{-1} mit einer spektralen Auflösung von 1 cm^{-1} bis 0,001 cm^{-1} erfaßt, sind über eine Auswertung der gasspezifischen spektralen Signaturen gleichzeitige quantitative Analysen einer Vielzahl von Gasen mit einem einzelnen Gerät möglich (Multikomponentenanalyse).

Dieses Verfahren hat sich im Bereich der Laboranalytik als zuverlässiges Werkzeug mit hoher Leistungsfähigkeit bewährt und ist aus dem heutigen Laboralltag nicht mehr wegzudenken.

In Kombination mit einer Teleskop–Optik zur effektiven Bündelung der zu untersuchenden IR–Strahlung können FTIR–Geräte für die Fernmessung von spektralen Emissions– bzw. Absorptionsvorgängen eingesetzt werden. Nicht nur die sog. Massenschadstoffe sondern auch die Konzentrationen organischer Luftverunreinigungen sind quantitativ erfaßbar (Grant et al. (1992)), wobei die Eignung des FTS für Fernerkundungsmessungen und eine Vielzahl von Anwendungen bereits in der Vergangenheit erfolgreich demonstriert wurde (Sheperd et al. (1981)).

Bei Fernmessungen von Spurengasen werden zwei verfahrensmäßig unterschiedliche Meßprinzipien eingesetzt. Bei der Untersuchung heißer Gase (z.B. geführte Schornstein–Emissionen) wird die spektrale Signatur der thermischen Eigenstrahlung dieser Gase analysiert. In diesem Fall wird eine offene Meßstrecke genutzt.

Bei der Erfassung diffuser Emissionen oder bei der Bestimmung der weiträumigen Verteilung von Luftverunreinigungen (Immissionsmessung) wird die stoffspezifische Absorption der Strahlung einer Infrarotquelle durch die in der Atmosphäre enthaltenen Luftverunreinigungen analysiert. In diesen Fällen wird eine geschlossene Meßstrecke eingesetzt.

In der folgenden Abbildung 5.6 ist als Beispiel eines FTIR–Fernmeßsystems die schematische Darstellung des Doppelpendelinterferometers K300 der Firma Kayser–Threde abgebildet, das Anfang der 80er Jahre speziell für Fernmessungen von Spurengasen entwickelt wurde.

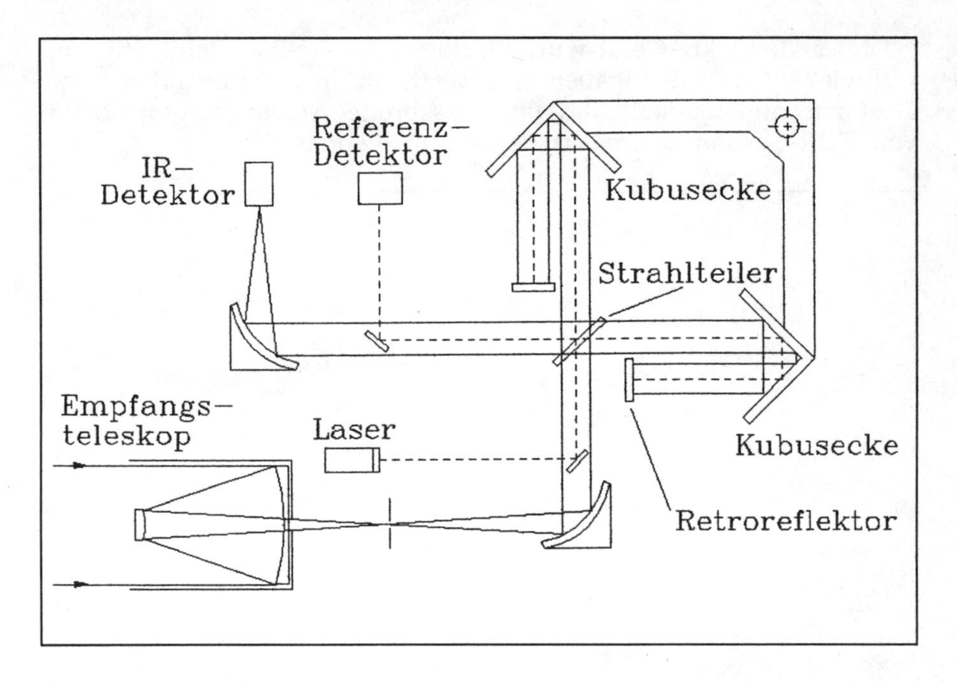

Abb. 5.6 Strahlengang des Fourier–Transform–Spektrometers K300 (Doppelpendelprinzip)

Die IR–Strahlung tritt über das Empfangsteleskop in das Spektrometer ein und wird durch den Strahlteiler in die beiden Teilstrahlen aufgespalten. Die Kubusecken leiten die Teilstrahlen auf die fest angebrachten Planspiegel und wieder zurück auf den Strahlteiler, wo der rekombinierte Strahl zur Erzeugung des Interferenzmusters auf den Detektor abgebildet wird. Der Laser in Verbindung mit dem Referenzdetektor ermöglicht die exakte Bestimmung der Pendelposition in Relation zum gemessenen Interferogramm.

Die konstruktive Besonderheit dieses Gerätes liegt in der Tatsache, daß die Variation des optischen Gangunterschiedes nicht mehr durch die Linearbewegung eines der beiden Planspiegel erfolgt, sondern durch Kubusecken, die an einer gemeinsamen, in einem Drehpunkt gelagerten Struktur (Doppelpendel) angebracht sind. Durch diese Faltung des Strahlenganges wird bei Drehung dieses Doppelpendels eine achtfache Verlängerung des optischen Gangunterschiedes erreicht, ohne die geometrischen Dimensionen des Gerätes zu vergrößern. Dadurch ergibt sich ein robuster mechanischer Aufbau, was besonders bei Feldmessungen von Bedeutung ist (Rippel und Jaacks (1988)). Im Rahmen eines durch das Bundesministerium für Forschung und Technologie (BMFT) geförderten Projektes wurde ein Meßfahrzeug mit diesem Gerät und weiteren Sensoren ausgerüstet, um optische Fernmessungen von Luftverunreinigungen durchzuführen.

Dieses kompakte Gerät wurde mittlerweile in einer Reihe von umweltrelevanten Meßaufgaben eingesetzt, die in der folgenden Übersicht zusammengefaßt sind und das breite Anwendungsspektrum von FTIR–Systemen für Fernmessungen demonstrieren:

Abb. 5.7 Beispiele von Meßzielen für ein FTS zum Nachweis von gasförmigen Luftverunreinigungen:
- Geführte Emission eines Schornsteines (offene Meßstrecke)
- Geführte Emission eines Triebwerkes (offene Meßstrecke)
- Diffuse Emission in einer Deponie (geschlossene Meßstrecke)
- Diffuse Emission im Straßenverkehr (geschlossene Meßstrecke)

Bereits diese kurze Aufzählung umreißt eine weite Palette verschiedener Szenarien in denen FTS mit Erfolg zur quantitativen Bestimmung von Luftverunreinigungen eingesetzt wurden. Die folgenden Beispiele sollen daher lediglich einen ersten Eindruck über die Einsatzmöglichkeiten dieser Meßtechnik geben. Weiterführende Informationen sind u.a. in der angegebenen Literatur enthalten.

- Geführte Emissionen von Schornsteinabgasen

  Bei dieser Meßkonfiguration - das FTS ist typischerweise einige hundert Meter vom Schornstein entfernt vom Boden aufgestellt - wird die spektrale Signatur der thermischen Emission der emittierten Abgase analysiert. Bei diesem Meßprinzip ist darauf zu achten, daß der Einfluß der thermischen Emission der Atmosphäre hinter der Abgasfahne und die Absorption der emittierten Strahlung durch die

Atmosphäre vor der Abgasfahne numerisch erfaßt wird, was z.B. durch die Anwendung von atmosphärischen Simulationsrechnungen erfolgen kann.
Die Nachweisgrenze für Schadstoffe wie CO, HCl, NO_x, SO_2 und HF liegt hier im ppm-Bereich. Vergleichsmessungen mit zugelassenen in-situ Meßsystemen ergaben eine gute Übereinstimmung (Sheperd und Herget (1982), Mosebach et al. (1992))

- Emissionsmessungen von Abgasen aus Flugzeugturbinen
  Hier eröffnet sich ein interessantes Gebiet für die Optimierung von Flugzeugturbinen bzw. für Kontrollmessungen auf Flughäfen in unmittelbarer Nähe der Emissionsquelle. Unter Berücksichtigung von Daten meteorologischer Sensoren (Wind, Temperatur) lassen sich Aussagen über die Verfrachtung dieser Luftverunreinigungen ableiten.

Tabelle 5.3 zeigt die Konzentrationen verschiedener Spurengase im direkten Abgasstrahl eines Flugzeugtriebwerkes (General Electric CF 700-2D-2, Bittner et al. (1992))

Tabelle 5.3 Abgaswerte eines CF 700–2D–2–Triebwerkes (Meßentfernung: 15 m)

Drehzahl (%)	CO (ppm)	CO_2 (%)	HC (ppm)	H_2O (%)	HCHO (ppm)
45	1500	2.8	33	2.4	30
60	1170	2.5	22	2.1	18
80	620	2.4	<7	2.2	<6

Es ist deutlich zu erkennen, daß eine Erhöhung der Triebwerksdrehzahl zu einer Verminderung der Konzentration von CO, HC und HCHO führt.

- Bestimmung von diffusen Emissionen
  Die folgende Tabelle 5.4 zeigt am Beispiel von Messungen an einer Mülldeponie, welchen Einfluß der jeweilige Zustand der Deponie auf die diffuse Emission von Methan hat. Methan wird als eines der wesentlichen Deponiegase angesehen und entsteht durch die Vermoderungsprozesse im Inneren der Deponie. Es wurden während dieser Untersuchungen innerhalb des Deponiegeländes zahlreiche Meßstrecken in Höhen von 0,5 m und 1 m Höhe über dem Boden eingerichtet und unter Berücksichtigung der jeweils aktuellen meteorologischen Daten (Windstärke und –richtung) vermessen. Auf

diese Weise konnte gezeigt werden, daß Deponieabschnitte mit frisch eingebrachtem Hausmüll eine geringere Methan–Emission aufweisen als bereits verfüllte bzw. rekultivierte Abschnitte einer Deponie. Die maximale Methan–Emission wird erreicht, wenn die Verfüllung des betreffenden Deponieabschnittes abgeschlossen ist und der Boden verdichtet wurde. Zum Zeitpunkt der Rekultivierung (Auftragen von Erdreich und Bepflanzung) ist die Methan –Emission wieder abgeklungen (s. Tabelle 5.4).

Tabelle 5.4 Bodennahe Konzentrationen der diffusen Methan–Emission in verschiedenen Verfüllabschnitten einer Mülldeponie (Eisenmann (1992))

Methankonzentration (ppb)	Zustand des Verfüllabschnittes
3,0	frischer Hausmüll
4,5	frischer Hausmüll
20,3	verfüllt und verdichtet
18,3	verfüllt und verdichtet
15,4	verfüllt und verdichtet
16,0	verfüllt und verdichtet
18,9	verfüllt und verdichtet
9,5	rekultiviert
12,1	rekultiviert
9,3	rekultiviert
9,9	rekultiviert

In den USA wurden in Zusammenarbeit zwischen Herstellern von FTIR-Systemen und der Environmental Protection Agency (EPA) eine Vielzahl von Feldmeßkampagnen durchgeführt, in denen die Ergebnisse der FTIR-Systeme in Vergleichsmessungen untereinander und auch mit konventionellen in-situ Meßgeräten verglichen wurden. (Hudson et al. (1990) Simpson et al. (1990), Russwurm et al. (1990), Russwurm et al. (1991)).

Im folgenden wird das Beispiel einer Meßreihe vorgestellt, in deren Verlauf ein DOAS-System (s. Abschnitt 5.5) und ein FTIR-System (Nicolet Modell 740) in Vergleichsmessungen erprobt wurden (Spellicy et al. (1992)). Diese Untersuchungen fanden im Frühjahr 1991 auf dem Gelände der Exxon Chemical Americas in Baytown, Texas statt, wobei die Meßstrecken als optischer Zaun zwischen der petrochemischen Anlage und der umliegenden benachbarten Wohngegend errichtet wurden. Durch die vorherrschende Windrichtung wurde vorwiegend Luft aus dem Gelände dieser Anlage in Richtung der Wohngegend verfrachtet, so daß die Messungen den Transport von gasförmigen

Luftverunreinigungen in ein relevantes Zielgebiet charakterisierten. Beide Meßsysteme wurden automatisiert betrieben und führten Messungen in regelmäßigen Zeitintervallen von 5 Minuten aus. Die Strecke des FTIR-Systems hatte eine geometrische Länge von 250 m und war mit einem Retroreflektor abgeschlossen, so daß sich eine effektive Meßstrecke von 500 m Länge ergab.

Während der dreimonatigen Meßzeit wurden verschiedene Spurengase aus dem Bereich dieser petrochemischen Anlage detektiert, deren Nachweisgrenzen in Tabelle 5.5 aufgeführt sind.

Tabelle 5.5 Nachweisgrenzen für das FTIR-System

Spurengas	Nachweisgrenze (ppb bei 500 m Meßstrecke)
NH_3	5
C_2H_4	4
C_3H_6	10
H_2CO	8
CH_3OH	5
C_6H_6	25
C_7H_8	75
M-Xylol	20
HCl	3
NO_2	5
SO_2	15
Isobutylen	5
1,3 Butadien	8
CH_3C	10
O_3	5

In Abbildung 5.8 ist der zeitliche Verlauf einer NH_3-Sondierung dargestellt, und es ist deutlich erkennbar, daß in der Luft kurzzeitige Erhöhungen der NH_3-Konzentration mit Werten über 70 ppb vorhanden waren. Die Auswertung der Daten ergab den interessanten Zusammenhang, daß diese Ereignisse immer zur gleichen Tageszeit auftraten; somit also mit hoher Wahrscheinlichkeit durch die Steuerung einer der zahlreichen chemischen Anlagen verursacht wurden.

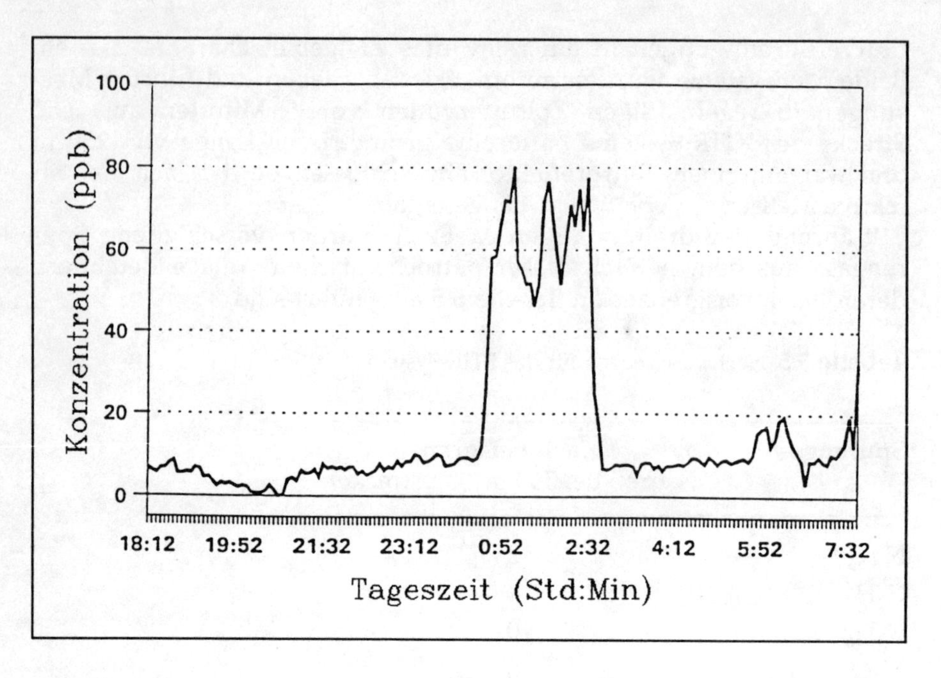

Abb. 5.8 Zeitlicher Verlauf einer NH_3-Sondierung (Spellicy et al. (1992))

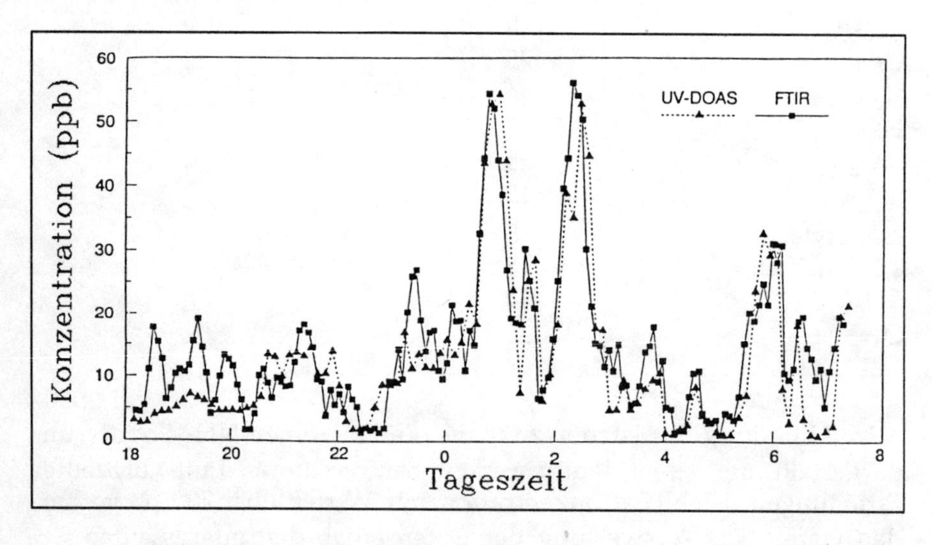

Abb. 5.9 Vergleich von DOAS- und FTIR-Meßdaten für das Spurengas SO_2 (Spellicy et al. (1992))

In Abbildung 5.9 ist ein Vergleich der Meßdaten der beiden optischen Meßverfahren (DOAS und FTIR) für das Spurengas SO_2 dargestellt. Es ist eine gute Übereinstimmung der Meßwerte erkennbar. Abweichungen sind zum Teil dadurch zu begründen, daß die Meßstrecke des DOAS-Systems etwa 250 m über die Meßstrecke des FTIR-Systems hinausragte und somit Luftmassen analysierte, die mit dem FTIR-System nicht erfaßt wurden.

FTIR-Systeme werden auch im Rahmen von Forschungskampagnen eingesetzt, um die Konzentration von Luftverunreinigungen bzw. klimarelevanter Spurengase in größeren Höhen zu ermitteln. In diesem Zusammenhang soll auf das Instrument MIPAS (Michelson Interferometer for Passive Atmospheric Sounding) hingewiesen werden, das in verschiedenen technischen Ausführungen bei bodengebundenen, ballongetragenen und flugzeuggetragenen Meßkampagnen erfolgreich eingesetzt wurde (Fischer et al. (1990)).

Mit diesem Gerät wurden Spurengase wie O_3, CO_2, H_2O, HNO_3 sowie die Fluorverbindungen F11 und F12 nachgewiesen. Erste Resultate aus einer Höhe über 30 km ergaben für HNO_3 eine Konzentration von 1,3 ppb, während für O_3 ein Wert von 7,3 ppb ermittelt wurde (v. Clarmann et al. (1991)).

Eine weitere interessante Entwicklung auf dem Gebiet der FTIR–Technologie ist das MIROR–Instrument (Michelson Interferometer mit rotierenden Retroreflektoren), das im Institut für Optoelektronik der DLR realisiert wurde (Haschberger und Tank (1991)). Dieses Projekt wurde in Zusammenarbeit mit dem Lehrstuhl für Elektrische Meßtechnik der TU München realisiert und setzt an Stelle der translatorischen Planspiegel eines klassischen Michelson Interferometers zwei rotierende Retroreflektoren (Kubusecken) ein, wodurch ein kompakter Aufbau des Gerätes erreicht wird. Ein besonderer Vorteil dieser Konstruktion ist die Tatsache, daß bei der stetigen Rotation der Kubusecken keine Linearbeschleunigungen auftreten. Zur Zeit wird eine erste Laborversion dieses FTIR–Instrumentes entwickelt, an der eingehende Untersuchungen der spektroskopischen Leistungsfähigkeit durchgeführt werden. Die Einsatzbereiche erstrecken sich von der Analyse von geführten Emissionen (Schornsteine) bis zur Untersuchung von Flugzeugabgasen vom Boden aus bzw. während des Reisefluges.

Zusammenfassend kann festgestellt werden, daß mit dem FTIR-Meßverfahren eine Technologie zur Verfügung steht, die aufgrund ihrer spektroskopischen Leistungsfähigkeit besonders für die Fernmessung von gasförmigen Luftverunreinigungen (Multikomponentenanalyse) geeignet ist.

5.5 DOAS

Das DOAS-Meßverfahren (Differentielle Optische Absorptions-Spektroskopie) wurde Ende der 70er Jahre maßgeblich durch die Arbeiten von U. Platt und D. Perner geprägt und hat sich mittlerweile als ein zuverlässig arbeitendes optisches Fernmeßverfahren etabliert (z.B. U. Platt und D. Perner (1980)). In mehreren Meßkampagnen wurde eine breite Palette atmosphärischer Spurengase detektiert, wodurch die Nachweisgrenzen durch Nutzung von besonders langen Meßstrecken (10 km) im Bereich von ppt (parts per trillion) lagen, was relativen Volumenanteilen im Bereich von 10^{-12} entspricht (U. Platt und D. Perner (1983)).

Die DOAS-Technik basiert auf der Absorption von UV-Strahlung einer spektral breitbandigen Lichtquelle (Xenon- oder Halogenlampe) durch das nachzuweisende Spurengas. Diese Lampe emittiert einen gebündelten Lichtstrahl (Meßstrecke), der von der Empfangsoptik des DOAS-Systems registriert wird. Die Länge dieser Meßstrecke beträgt je nach Anwendung 200 m bis zu mehreren Kilometern.

Speziell für die Überwachung umweltrelevanter Spurengase und anderer gasförmiger Luftverunreinigungen wurde von der schwedischen Firma OPSIS ein kompaktes Meßgerät entwickelt, das sich in mehreren unterschiedlichen Applikationen bewährt hat (H. Hallstadius et al. (1991)).

Dieses Meßsystem besteht aus zwei optischen Komponenten (Lichtquelle mit Sendeoptik, sowie Empfangsoptik), die entweder einander gegenüber angeordnet werden, und somit die Meßstrecke bilden (bistatisches Prinzip) oder unmittelbar benachbart in paralleler Anordnung betrieben werden (monostatisches Prinzip). In diesem Fall wird die Meßstrecke (Länge zwischen 300 m und 600 m) durch einen Retroreflektor begrenzt, der den kollimierten Lichtstrahl zum optischen Empfänger zurück reflektiert. Eine Meßanordnung der ersten Art wird als bistatisches Prinzip bezeichnet, während die zweite Anordnung als monostatisch bezeichnet wird. Die Länge der Meßstrecke kann den jeweils zu erwartenden Konzentrationen der gesuchten Spurengase angepaßt werden. Aufgrund der stetig strahlenden Lichtquelle (Wellenlängenbereich etwa 200 nm bis 1800 nm) kann mit diesem System lediglich die integrale Dichte (Säulendichte) des Spurengases bestimmt werden. Eine Aussage über die räumliche Verteilung innerhalb der Meßstrecke ist nicht möglich, wodurch sich dieses System besonders für die Ermittlung von Immissionsdaten anbietet.

Die von der Empfangsoptik registrierte Strahlung wird bei innerhalb der Meßstrecke vorhandenen Spurengasen stoffspezifische Absorptionsmerkmale aufweisen. Diese spektralen Signaturen sind eindeutige Merkmale des betreffenden Spurengases und werden im Rechner des OPSIS-Systems durch Filteralgorithmen ausgewertet. Das von der Empfangsoptik registrierte optische Signal wird über ein Glasfaserbündel einem optischen Multiplexer zugeführt, der die Signale mehrerer solcher Faserbündel in zyklischer Reihenfolge einem Spektrometer (Czerny-Turner) zuführt. Auf diese Weise kann die zentrale Rechnereinheit eines OPSIS-Systems die optischen Signale mehrerer unterschiedlicher Meßstrecken in quasi-simultanem Betrieb analysieren.

Das vom Spektrometer aufgefächerte Licht wird über eine rotierende Schlitzblende abgetastet und einem Photomultiplier (PMT) zugeführt. Auf diese Weise werden störende Einflüsse wie atmosphärische Turbulenzen weitgehend reduziert, da ein vollständiges Spektrum in weniger als 10 ms aufgenommen wird.

Das vom PMT registrierte Signal wird durch einen ADC konvertiert und anschließend gespeichert (H. Hallstadius et al. (1991)). Der Rechner des Gerätes paßt dem aufgenommenen Spektrum ein Polynom 5. Grades an, wodurch atmosphärische Störungen, wie breitbandige Extinktion eliminiert werden. Das nunmehr ungestörte Absorptionsspektrum der Spurengase wird simulierten Absorptionsspektren angepaßt, die im Arbeitsspeicher des Rechners gespeichert sind, um somit die integrale Konzentration dieser Spurenstoffe zu bestimmen.

In Abbildung 5.10 ist der Tagesgang der Konzentration verschiedener gasförmiger Luftverunreinigungen (Toluol, Stickstoffdioxid und Ozon) wiedergegeben, die mit einem OPSIS-Gerät im April 1990 im Zentrum einer größeren Stadt registriert wurden. Die Tatsache, daß die Konzentration des Toluols sich dem Verlauf der Konzentration des Stickstoffdioxids anpaßt, deutet auf einen hohen Anteil an Kfz-Emissionen hin. Es ist weiterhin deutlich zu erkennen, daß das Ozon einen gegenphasigen Verlauf aufzeigt, was durch die photochemische Umsetzung dieses Gases bedingt ist.

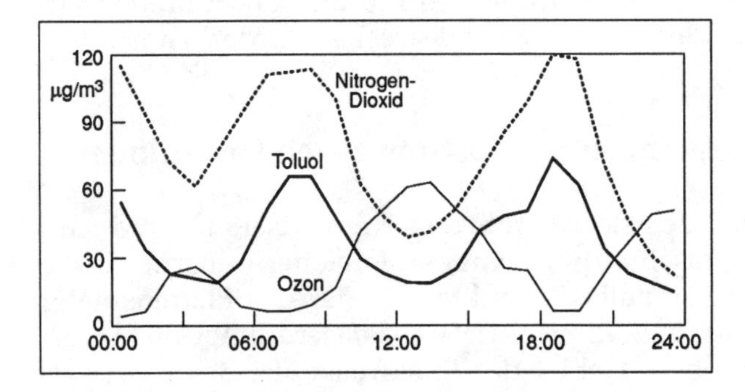

Abb. 5.10 Tagesgang der Konzentrationen verschiedener Luftverunreinigungen (Toluol, Stickstoffdioxid und Ozon), gemessen mit einem OPSIS-Gerät (April, Zentrum einer größeren Stadt). Die Länge der Meßstrecke betrug 1400 m bei einer Höhe über Grund von 20 m. Der gegenphasige Verlauf des Ozon-Profiles ist durch photochemische Reaktionen bedingt (H. Hallstadius et al. (1991)).

5.6 Langweg-Absorptionsmessungen mit Lasersystemen

Aufbauend auf die im vorigen Kapitel besprochene DOAS-Technik, bei der breitbandige Lichtquellen zur Detektion der Spurengase eingesetzt wurden, werden in den folgenden Abschnitten Meßverfahren vorgestellt, die auf dem Einsatz von Laserdioden bzw. abstimmbaren gepulsten Lasern beruhen. Es soll an dieser Stelle erwähnt werden, daß der Übergang von den herkömmlichen DOAS-Verfahren zu den Absorptionsmeßverfahren mit abstimmbaren Lasern fließend ist, und sich hauptsächlich auf die Tatsache beschränkt, daß bei DOAS-Verfahren spektral breitbandige und kontinuierlich strahlende Strahlungsquellen eingesetzt werden, während bei den anschließend vorgestellten Absorptionsmeßverfahren gepulste oder modulierte Laserquellen zu Einsatz kommen. In diesem Zusammenhang wird in der Literatur bereits oft der Begriff LIDAR (LIght Detection And Ranging) benutzt, was jedoch angesichts der fehlenden Entfernungsauflösung der Langweg-Meßverfahren unkorrekt ist. Der Begriff LIDAR sollte sinnvollerweise nur für Verfahren eingesetzt werden, die auch dem letzten Buchstaben dieses Wortes gerecht werden; und dieses 'R' steht letztendlich für 'Ranging', also für die Bestimmung einer räumlichen Entfernung.

Bei Langweg-Absorptionsmeßverfahren stellt der ermittelte Spurengasanteil immer einen integralen Wert (Säulendichte) dar, der für die gesamte Meßstrecke gilt. Aus diesem Grund wird die Nachweisgrenze von Langweg-Absorptionsmeßgeräten in ppb·m bzw. ppm·m angegeben. Eine Nachweisgrenze von z.B. 50 ppb·m kann für eine räumliche Konzentration von 5 ppb und eine Meßstrecke von 10 m Länge gelten, aber auch für eine Konzentration von 1 ppb und eine Meßstrecke von 50 m. Es wird somit deutlich, daß bei Langweg-Absorptionsmeßverfahren zur Ermittlung des räumlichen Spurengasanteils jeweils die Angabe der Länge der Meßstrecke erforderlich ist.

5.6.1 Absorptionsmessungen mit abstimmbaren Laserdioden

Laserdioden stellen die kleinste Ausführung eines Lasers da und sind ein Produkt einer sich rasch entwickelnden Halbleiterindustrie. Ohne Laserdioden sind kommerzielle Produkte wie der CD-Plattenspieler oder die optische Kommunikation mittels Glasfaserbündel nicht vorstellbar. Aber auch auf dem Gebiet der Spektroskopie, das gewissermaßen die technologische Grundlage aller optischen Fernmeßverfahren darstellt, sind Laserdioden zu einem etablierten Instrument geworden.

Eines der dominierenden Meßverfahren, bei dem Laserdioden eingesetzt werden, ist die Derivativspektroskopie. Hierbei durchstrahlt die Laserdiode das zu untersuchende Luftvolumen in Form einer optischen Meßstrecke (Abb. 5.11). Die von der Laserdiode emittierte Strahlung wird am Ende der Meßstrecke durch einen Retroreflektor zum Meßsystem zurück reflektiert, dort registriert und analysiert. Beim Vorhandensein des gesuchten Spurengases innerhalb der Meßstrecke wird die empfangene Strahlungsleistung durch Absorption in stoffspezifischer Weise geschwächt ('optische Fingerabdrücke'), wodurch sich die integrale Konzentration dieses Stoffes innerhalb der Meßstrecke (Säulendichte) bestimmen läßt.

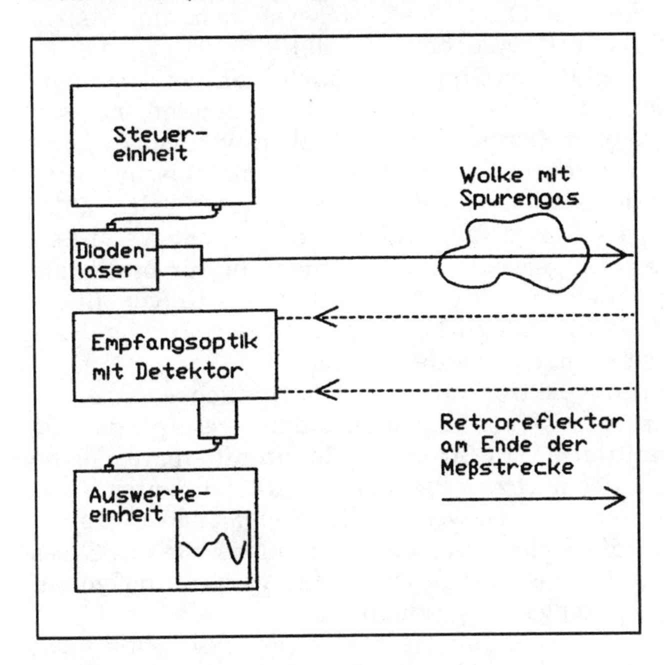

Abb. 5.11 Schematischer Aufbau einer Meßstrecke mit Laserdioden

Bei der Derivativspektroskopie werden zumeist Laserdioden eingesetzt, deren Substrate aus Bleisalzkristallen gezogen wurden und die im Wellenlängenbereich von etwa 3 µm bis 30 µm eingesetzt werden können. Diese Laserdioden emittieren ihre Strahlung in einem jeweils extrem schmalen Wellenlängenbereich (Linienbreite:$<10^{-4}$ cm^{-1}), im infraroten Teil des Spektrums (Schmidtke et al. (1984)). Die exakte Wellenlänge, auf der diese Laserdioden emittieren, wird durch die Legierung des Substratkristalles, durch die Betriebstemperatur und durch den Betriebsstrom definiert. Durch die spezifische chemische Zusammensetzung des Substrates wird dabei die Wellenlänge der Strahlung vorgegeben (Grobeinstellung der Wellenlänge). Durch Variation der Betriebstemperatur bzw. des Betriebsstromes kann diese Wellenlänge in einem kleinen spektralen Bereich durchgestimmt werden (Feineinstellung der Wellenlänge), wobei der gesamte Abstimmbereich eine spektrale Ausdehnung von etwa 50 - 300 Wellenzahlen (cm^{-1}) hat. Es handelt sich somit um eine Strahlungsquelle, die Untersuchungen mit hoher spektraler Auflösung ermöglicht. Im englischen Sprachgebrauch wird dieses Meßverfahren mit TDLAS (Tunable Diode-Laser Absorption-Spectroscopy) bezeichnet. Die emittierte Leistung dieser Laserdioden ist jedoch relativ gering und liegt im Singlemode-Betrieb zwischen 10 μW und 10 mW bzw. im Multimode-Betrieb zwischen 100 μW und einigen mW. Aus diesem Grund ist die Länge der Meßstrecke von Diodenlaser-Meßsystemen auf wenige Hundert Meter beschränkt (K. Weber et al. (1990)).

Um Störungen der emittierten Strahlung durch thermisch bedingte Vibrationen der Atome im Kristallverbund zu vermeiden, müssen diese Dioden bei kryogenen Temperaturen betrieben werden. Anfangs waren diese Anforderungen mit einem hohen technologischen Aufwand verbunden, da die Dioden bis auf wenige Grade über dem absoluten Nullpunkt (3 bis 4 Kelvin) abgekühlt werden mußten. Mittlerweile sind jedoch Legierungen entwickelt worden, die für bestimmte Typen von Laserdioden einen Betrieb bei der Temperatur von flüssigem Stickstoff (77 Kelvin) ermöglichen, wodurch der Aufwand für die Kühlung erheblich reduziert werden konnte.

Im Falle der Derivativspektroskopie mit Laserdioden wird durch entsprechende Dotierung des Substratmaterials dafür gesorgt, daß die Wellenlänge der emittierten IR-Strahlung in unmittelbarer Nähe einer Absorptionslinie des nachzuweisenden Gases liegt. Durch exaktes Einregeln des Betriebsstromes werden die Wellenlänge der emittierten Strahlung und die Wellenlänge der Absorptionslinie des Gases zur Deckung gebracht. Die Laserdiode wird somit gewissermaßen auf das nachzuweisende Spurengas 'abgestimmt'.

In Abb. 5.12 ist zu erkennen, daß die gemessene Absorption nicht ausschließlich durch das nachzuweisende Gas verursacht wird. Es ist möglich, daß die umgebende Luft ebenfalls einen Teil dieser Strahlung absorbiert und somit potentiell das Meßsignal verfälscht. Es ist nun Aufgabe der Derivativspektroskopie, denjenigen Anteil aus dem Empfangssignal zu extrahieren, der durch das gesuchte Spurengas verursacht wird. Zu diesem Zweck wird dem Betriebsstrom der Laserdiode (Gleichstrom) eine Wechselstromkomponente aufgeprägt, deren zeitlicher Verlauf sinusförmige, rampenartige oder auch dreieckförmige zeitliche Struktur aufweisen kann. Andere Verfahren setzen eine pulsförmige Modulation der Laserdiode ein. Durch diese zeitliche Variation des Betriebsstromes wird die Wellenlänge der emittierten Strahlung in entsprechender Weise spektral moduliert. Auf diese Weise ist es möglich, die Struktur einer Spektrallinie einschließlich ihrer unmittelbaren Umgebung in sehr kurzer Zeit und mit einer hohen Wiederholfrequenz ν (kHz) abzutasten.

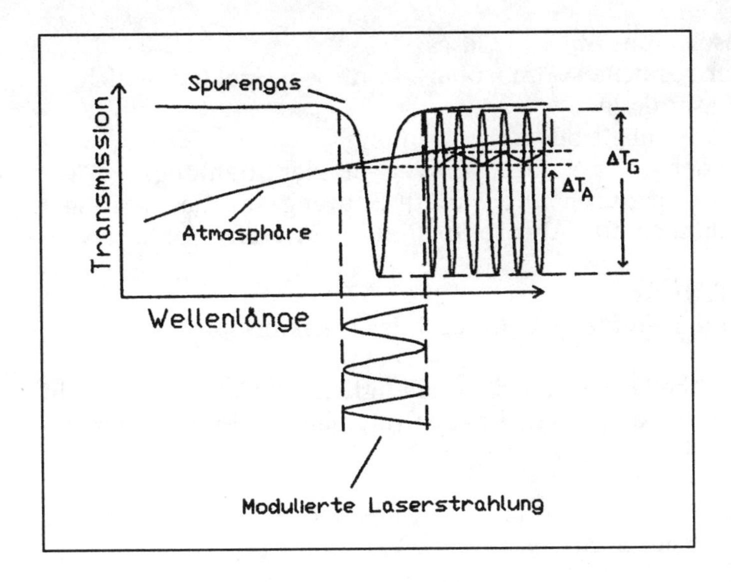

Abb. 5.12 Derivativspektroskopie an einer Absorptionslinie (nach Klein et al. (1990))

Es ist zu erkennen, daß lediglich das nachzuweisende Spurengas innerhalb des Modulationsbereiches der Laserdiode eine Absorptionslinie aufweist. Die Absorption der restlichen Atmosphäre zeigt in diesem Spektralbereich eine relativ geringe Struktur. Diese Tatsache spielt bei der Auswertung der Empfangssignale eine dominierende Rolle und stellt die verfahrensspezische Grundlage der Derivativspektroskopie dar. Solange das gesuchte Gas innerhalb der Meßstrecke noch nicht vorhanden ist, wird das Meßsystem lediglich das schwach modulierte Hintergrundsignal der atmosphärischen Absorption registrieren. Dieses Signal variiert mit der Frequenz ν der Modulation des Betriebsstromes der Laserdiode. Sobald jedoch das gesuchte Spurengas in der Meßstrecke vorhanden ist, erscheint im Empfangssignals eine weitere Komponente mit der doppelten Modulationsfrequenz (2ν). Dieses Frequenzverhalten basiert auf der Tatsache, daß lediglich das gesuchte Spurengas im Modulationsbereich ein Maximum seiner Absorption (Linie) aufweist; nicht jedoch die umgebende Restatmosphäre. Durch Anwendung geeigneter elektronischer Filtertechniken ist es nun möglich, dieses zusätzliche und ausschließlich durch das gesuchte Gas verursachte Signal mit der Frequenz 2ν aus dem Empfangssignal zu isolieren und in ein quantitatives Resultat zu überführen.

Meßsysteme mit Laserdioden lassen sich zum Nachweis einer breiten Palette von Gasen einsetzen. Die theoretische Nachweisgrenze der Spurengase wird dabei hauptsächlich durch folgende Größen bestimmt:

- Stärke der Absorptionslinie des Gases
- Absorption der restlichen Atmosphäre in diesem Spektralbereich
- Leistung der Laserdiode
- Spektrale Beschaffenheit der Laserstrahlung
- Optische Güte der Laserstrahlung (Divergenz der Strahlung)
- Potentielle Störung durch unbekannte Spurengase, die in diesem Spektralbereich ebenfalls Absorptionslinien aufweisen (optische Interferenz)
- Länge der Meßstrecke
- Wirkungsgrad der Empfangsoptik und des Detektors

Die folgende Tabelle 5.6 gibt daher lediglich eine kleine Auswahl von Spurengasen wieder, deren Konzentrationen mit Laserdioden bestimmt werden können (Klein et al. (1990)).

Tabelle 5.6 Auswahl von Spurengasen, deren Konzentration in der Luft mit Laserdioden bestimmt werden kann.

Gasart	Meßfrequenz cm^{-1}	Nachweisgrenze ppb	Meßstrecke m
CO	2128	5	610
SO_2	1370	3	200
CH_4	1352	1	32
HNO_3	867	18	100
NH_3	1084	10	200

Die folgende Realisierung eines Meßsystems an der Humboldt-Universität Berlin zur Bestimmung des Spurengases CO (Kohlenmonoxid) und NO (Stickstoffmonoxid) in den Straßen von Berlin ist ein Beispiel für ein Meßsystem mit den oben erwähnten Bleisalzlaserdioden (Bobey et al. (1992)). Beide Gase sind in starkem Maße durch die Abgase von Kraftfahrzeugen bedingt, wobei NO in der freien Atmosphäre durch O_3 rasch zu NO_2 oxidiert wird. Umgekehrt wird NO_2 durch photolytische Prozesse wieder zu NO reduziert.

Bei dem System DIM (Diodenlaser-Immissions-Meßsystem) wird eine PbSSe- Laserdiode mit kurzen Stromimpulsen betrieben, deren thermische Umsetzung im Substrat der Diode zu einem geringfügigen Durchstimmen der emittierten Strahlung führt. Auf diese Weise wird die Umgebung einer Absorptionsline eines Spurengases präzise abgetastet. Mit einer genauen Temperaturregelung wird der zur Messung vorgesehene Wellenlängenbereich eingestellt. Als Wellenlängen für die CO- und NO-Messungen wurden 4.75 μm bzw. 5.3 μm ausgewählt. In Abbildung 5.13 ist der schematische Aufbau dieses Meßsystems wiedergegeben.

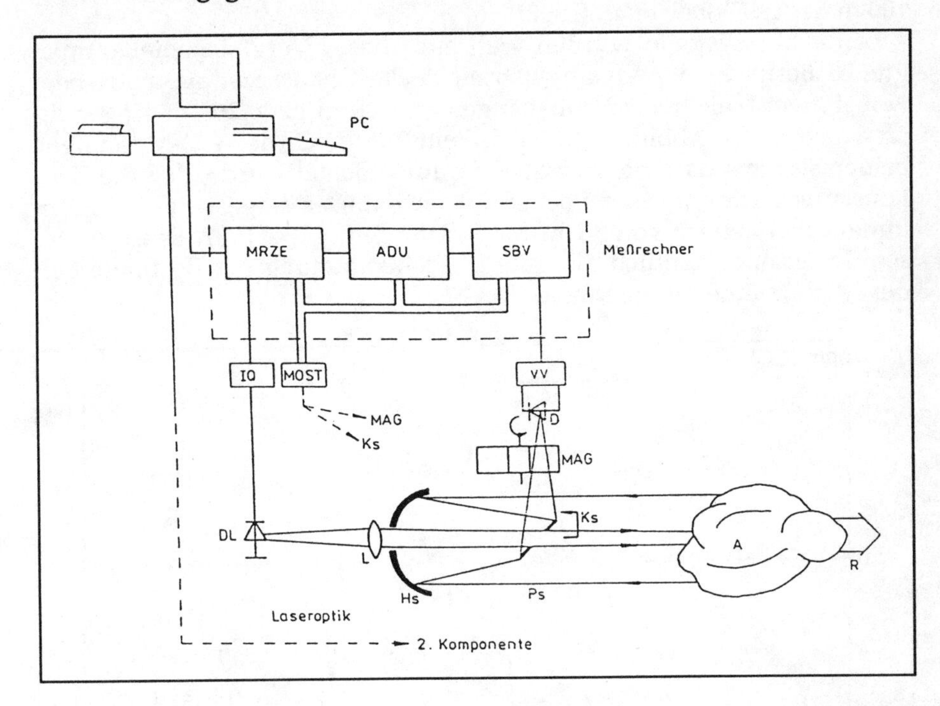

Abb. 5.13 Schematischer Aufbau des Diodenlaser-Systems DIM (K. Bobey et al. (1992))

L	Linse	ADU	Analog-Digital-Umsetzer
Hs	Hohlspiegel	SBV	Breitbandverstärker
Ps	Planspiegel	IQ	Impulsstromquelle
Ks	Kurzschlußspiegel	MOST	Steuerbaugruppe für Küvettenmagazin
R	Retroreflektor	MAG	Küvettenmagazin
A	umgebende Atmosphäre	VV	Vorverstärker
PC	Systemrechner	DL	Diodenlaser
MRZE	Mehrrechnerzentraleinheit	D	Detektor

Die Abmessungen dieses kompakten Systems betragen lediglich 18 x 37 x 60 cm^3 für das Diodenlaser-Modul und 11 x 2 x 21 cm^3 für das Rechner-Modul.

Dieses Meßsystem wurde 1991 im Rahmen eines durch das BMFT geförderten Projektes in einer Vergleichsmeßkampagne zusammen mit dem CO-Monitor COMO des Battelle-Instituts Frankfurt erprobt. Das System COMO ist ebenfalls ein Fernmeßsystem, mit einem PbSSe-Diodenlaser ausgerüstet und operiert im Wellenlängenbereich von 4.4 µm bis 4.8 µm. Im Gegensatz zu DIM verwendet COMO die Derivativspektroskopie, bei der die Wellenlänge der ständig emittierenden Laserdiode moduliert wird. Für das COMO-System wird eine

Nachweisgrenze von 40 ppb·100 m angegeben, während die Nachweisgrenzen bei DIM für CO bei 13 ppb·100 m und für NO bei 22 ppb·100 m liegen (Bobey et al. (1992)).

Beide Meßsysteme wurden während dieser Vergleichsmeßkampagne in Berlin in der Invalidenstraße, Ecke Chausseestraße betrieben, wobei zwei Meßstrecken mit Längen von 60 m bzw. 260 m eingerichtet wurden. In Abbildung 5.14 ist ein Vergleich der CO-Messungen beider Systeme dargestellt, wobei darauf geachtet wurde, daß die Zeitkonstanten beider Systeme bei ca. 10 s lagen. Der dargestellte Zeitraum umfaßt den Bereich von 9 Uhr bis 18 Uhr des 24. 04. 1991. Es ist in diesem Diagramm deutlich die gute Übereinstimmung der Resultate beider Meßsysteme zu erkennen.

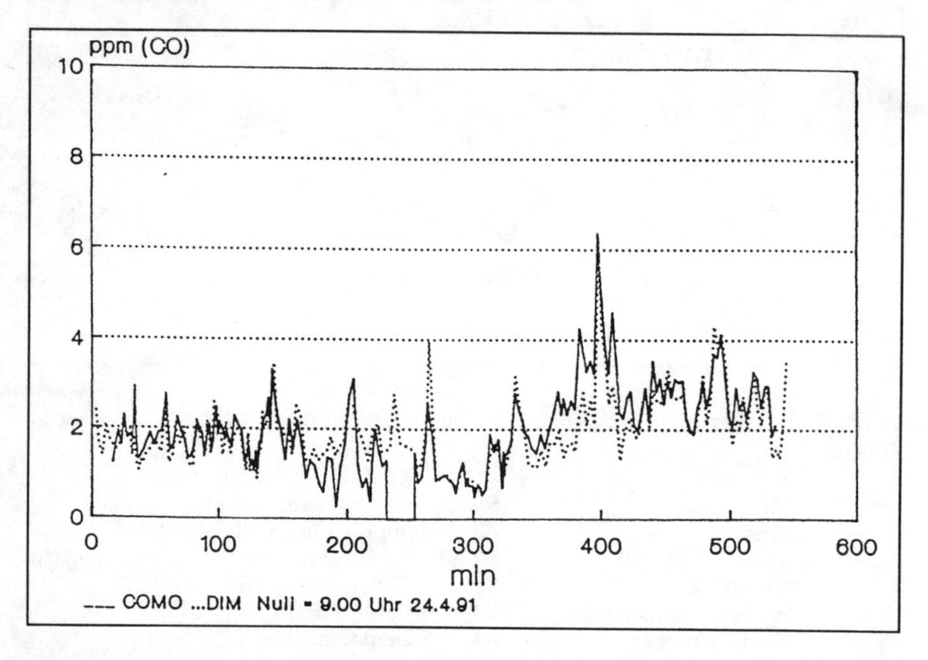

Abb. 5.14 CO-Messung am 24. April 91 mit den Laserdiodensystemen DIM (·····) und COMO(——) (Bobey et al. (1992))

Ein weiteres interessantes Meßbeispiel des Meßsystems DIM ist in Abbildung 5.15 gegeben. Diese Diagramme ermöglichen den Vergleich zwischen den Ergebnissen des Diodenmeßsystems und den gemittelten Ergebnissen des Insitu Meßgerätes des Berliner BLUME-Meßnetzes, das zur ständigen Kontrolle der Luftqualität in Berlin eingesetzt wird. Bei beiden Diagrammen ist der 24-Stundengang der CO-Konzentration dargestellt, wobei sich das Ergebnis von DIM auf den Ort Invalidenstraße Ecke Chausseestraße bezieht, während das Ergebnis von BLUME MS-120 die Mittelwerte der Jahre 1984 bis 1986 zusammenfaßt. Trotz der unterschiedlichen Zeitskalen und Standorte ist die qualitative Übereinstimmung beider Meßreihen überraschend gut. In beiden Diagrammen sind deutliche Maxima der CO-Konzentration gegen 8 Uhr morgens und gegen 17 Uhr am Nachmittag zu erkennen, die eindeutig auf den jeweiligen Berufsverkehr zurückzuführen sind. Auch der übrige Verlauf der beiden Diagramme zwischen diesen Spitzenwerten zeigt einen hohen Grad an Übereinstimmung der Meßwerte, obwohl sie mit völlig unterschiedlichen meßtechnischen Verfahren ermittelt wurden.

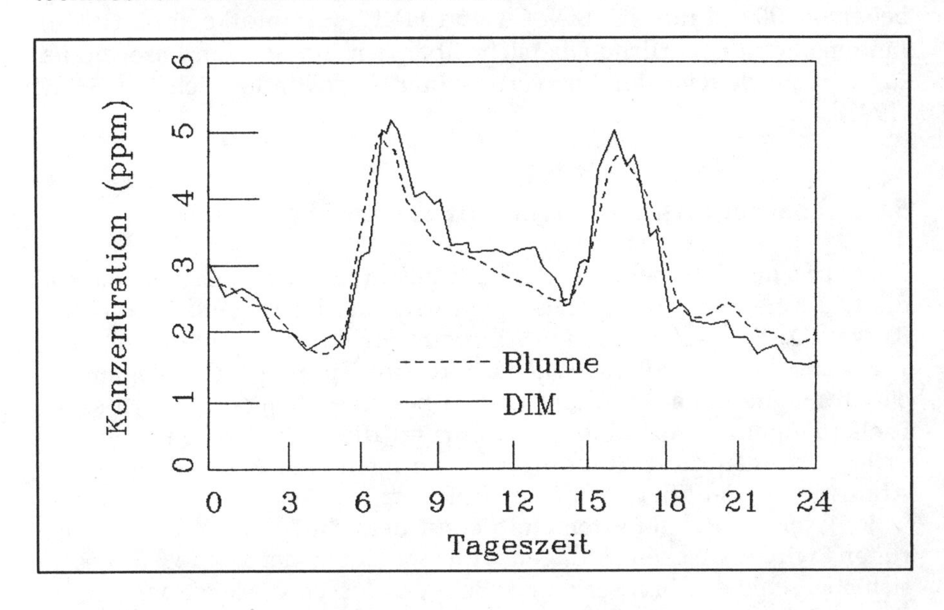

Abb. 5.15 Vergleich der Messungen des 24-Stundenganges von CO, gemessen mit dem Diodenlaser-System DIM und der Meßstation BLUME MS-120 (Bobey et al. (1992))

Am Beispiel des Diodenmeßsystems DIM wurde erfolgreich demonstriert, daß optische Fernmeßsysteme durch die Anwendung der Laserdioden- Spektroskopie in Form von kompakten und mobilen Anlagen realisiert werden können. Weitere Anwendungen sind somit denkbar im Bereich der Analyse von Kfz-Abgasen oder klimarelevanten Spurengasen wie N_2O oder CO_2.

Das Fraunhofer-Institut für Physikalische Meßtechnik hat in den 80er Jahren mehrere Systeme mit Laserdioden entwickelt, um troposphärische Spurengase zu detektieren. Im Zeitraum von Dezember 1987 bis März 1988 wurde ein automatisiertes System in der meteorologischen Station auf dem Schauinsland bei Freiburg betrieben, um NO_2, NO, SO_2, O_3 und HNO_3 nachzuweisen. Dieses Instrument war mit vier Laserdioden ausgerüstet, die gemeinsam betrieben wurden. Bei dieser optischen Anordnung war besonders darauf zu achten, daß keine optischen Interferenzen mit anderen atmosphärischen Spurengasen auftraten. Bei diesem Gerät handelte es sich zwar nicht um ein Fernmeßsystem, da die zu analysierende Umgebungsluft in einer Vielfachreflexionszelle mit einer effektiven Meßstrecke von 100 m analysiert wurde, die konstruktive Auslegung hinsichtlich einem ausgedehnten wartungsfreien Betrieb und der simultanen Erfassung mehrerer Spurengase zeigt jedoch deutlich die Möglichkeiten, die die Verwendung von Laserdioden in der Umweltanalytik ermöglicht. Die ermittelten Nachweisgrenzen lagen bei 50 ppt für Stickstoffdioxid und bei etwa 300 ppt für NO, SO_2, O_3 und HNO_3 (Schmidtke et al. (1989)). Eine neuere ausführliche Übersicht über den Einsatz von Laserdioden für den Nachweis von Luftverunreinigungen findet sich bei Schiff (1991).

5.6.2 Absorptionsmessungen mit abstimmbaren Lasern

Im Laufe der Entwicklung der lasergestützten Fernmeßsysteme hat die Differentielle Absorptions-Spektroskopie, im folgenden mit dem Kürzel 'DAS' bezeichnet, eine führende Stellung eingenommen.

Bei der DAS wird die Eigenschaft von Spurengasen ausgenutzt, elektromagnetische Strahlung (Licht) bei speziellen, stoffspezifischen Wellenlängen zu absorbieren. Aufgrund dieser 'optischen Fingerabdrücke' können diese Stoffe in sehr geringen Konzentrationen in der Atmosphäre identifiziert und quantifiziert werden.

Bei lasergestützten Systemen, die auf dem Meßprinzip der DAS beruhen, wird zwischen Anlagen unterschieden, deren Meßstrecke in sich abgeschlossen bzw. offen ist. Bei geschlossenen Meßstrecken wird die vom Laser emittierte Strahlung von einem gerichteten bzw. diffusen Reflektor (tropographisches Ziel) zur Empfangsoptik des Meßsystems reflektiert. Es können bei abgeschlossenen Meßstrecken kontinuierlich strahlende Laser oder gepulste Laser eingesetzt werden. Bei diesen Anlagen ist keine entfernungsaufgelöste Messung möglich; die ermittelte Konzentration eines Spurengases ist vielmehr der über die Länge der Meßstrecke integrierte Wert. Daher werden die gemessenen Konzentrationen in der Dimension ppm·m bzw. ppb·m angegeben, d.h. der gemessene Anteil des Spurengases bezieht sich auf einen Meter der Meßstrecke (s. Abschnitt 5.6). Diese Einbuße der Entfernungsauflösung wird jedoch durch eine erheblich geringere Nachweisgrenze dieser Meßsysteme kompensiert. Bei offenen Meßstrecken erfolgt eine Streuung des emittierten Laserpulses an kleinsten Partikeln (Aerosolen), die in der Luft enthalten sind (Mie-Streuung) bzw. an den Molekülen der atmosphärischen Hauptkonstituenten selbst (Rayleighstreuung). Mit diesem Meßprinzip können bei Verwendung von gepulsten Laserquellen räumlich aufgelöste Messungen von

Spurengaskonzentrationen durchgeführt werden. In Abbildung 5.16 ist der Unterschied dieser beiden Meßkonfigurationen schematisch dargestellt.

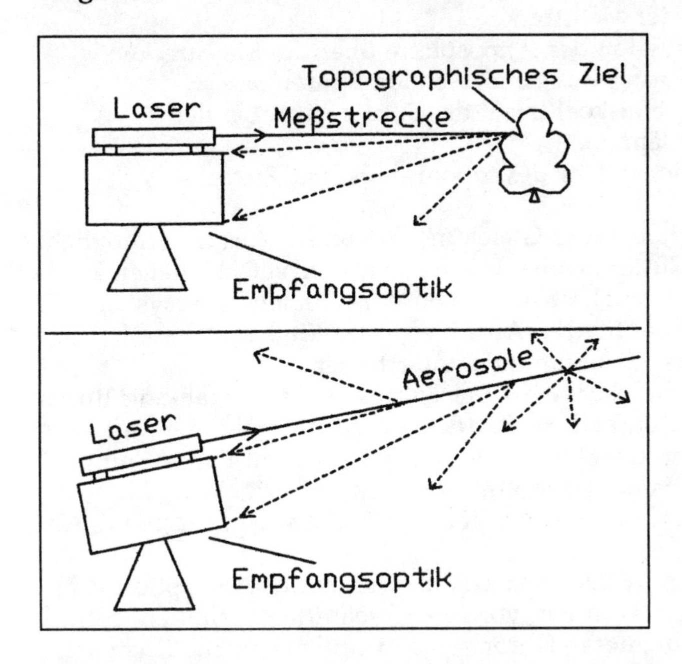

Abb. 5.16 Schematische Darstellung der Meßkonfiguration bei geschlossener bzw. offener Meßstrecke

Die folgende Gleichung beschreibt, welche Faktoren einen emittierten Laserpuls modifizieren und mit welchem analytischen Ansatz bei der DAS die gesuchte Spurengaskonzentration ermittelt werden kann. Hierbei wird die Verwendung eines gepulsten Lasers vorausgesetzt.

Nach der Emission eines Laserpulses mit der Intensität $I_0(\lambda)$ wird das diffus reflektierte Signal mit einer Intensität $I(\lambda)$ empfangen, die durch folgende physikalische und apparative Parameter definiert ist:

$$I(\lambda) = I_0(\lambda) \cdot \eta \cdot (A/s^2) \cdot T^2(\lambda, s) \cdot e^{-2(s\, p\, \alpha(\lambda))} \cdot r \tag{5.9}$$

mit

$I(\lambda)$ = empfangene Intensität
$I_0(\lambda)$ = emittierte Intensität
λ = Wellenlänge der emittierten Laserpulse

η = optischer und elektrischer Wirkungsgrad des Lasersystems
A = wirksame Fläche des Empfangsteleskops
s = Länge der Meßstrecke
$T^2(\lambda, s)$ = Transmission der Atmosphäre über die Meßstrecke s
p = Partialdruck des zu messenden Spurengases
$\alpha(\lambda)$ = Absorptionskoeffizient des Spurengases bei der Wellenlänge λ
r = Reflexionsfaktor des topographischen Zieles

Dieser als integrale Lidar-Gleichung bekannte Ansatz ermöglicht den analytischen Zusammenhang zwischen den verschiedenen Parametern und den physikalischen Größen eines realen Lasersystems zu untersuchen und quantitative Aussagen über Meßergebnisse bei unterschiedlichen Einsatzbedingungen zu erhalten.

Bei offenen Meßstrecken wird die emittierte Laserstrahlung durch in der Atmosphäre enthaltene Partikel (Aerosole bzw. die Moleküle der atmosphärischen Gase) zurückgestreut. In diesem Fall ist mit dem Einsatz gepulster Sendelaser eine entfernungsaufgelöste Messung möglich, allerdings auf Kosten höherer Nachweisgrenzen (s. Abschnitt 5.7).

Das physikalische Rüstzeug zum Verständnis der Absorptionsspektroskopie wurde bereits in den vorigen Abschnitten vermittelt, so daß wir uns im Rahmen dieser Betrachtungen auf die methodischen Eigenheiten dieses Verfahrens und die Beschreibung der technischen Realisierung von DAS-Systemen beschränken können.

Die DAS beruht auf der Anwendung des bekannten Beer-Lambertschen Absorptionsgesetzes

$$I(\lambda,s) = I_0(\lambda) \cdot e^{-2s\, p\, \alpha(\lambda)} \qquad (5.10)$$

mit

$I(\lambda,s)$ = Intensität nach Durchdringung der Schicht s innerhalb der Gaswolke
$I_0(\lambda)$ = vom Laser emittierte Intensität
s = Länge der absorbierenden Schicht (Gaswolke)
p = Partialdruck des absorbierenden Spurengases
$\alpha(\lambda)$ = Absorptionskoeffizient des Spurengases bei der Wellenlänge λ

Durch diese einfache Gleichung ist es bereits im Prinzip möglich, den gesuchten Partialdruck p des Spurengases analytisch zu bestimmen:

$$p = \frac{\ln\left\{\frac{I_0(\lambda)}{I(\lambda,s)}\right\}}{2\,s\,\alpha(\lambda)} \tag{5.11}$$

Die Größen s und $\alpha(\lambda)$ lassen sich durch geometrische Messung bzw. durch spektroskopische Laboruntersuchen mit genügender Genauigkeit bestimmen. Die beiden Meßgrößen $I_0(\lambda)$ und $I(\lambda, s)$ können bei entsprechendem instrumentellem Aufwand ebenfalls mit der notwendigen Genauigkeit ermittelt werden. Der Faktor 2 ist durch die Tatsache bedingt, daß der Laserpuls die Meßstrecke 2-fach durchstrahlt (vom Laser zum Reflektor und zurück zum Empfangsteleskop des DAS-Systems).

Es wird anhand von Gleichung 5.11 deutlich, daß die Nachweisgrenze bei Messungen nach dem DAS-Prinzip von zwei Faktoren abhängen, die bei der Konzeption des Meßsystems und bei der Vorbereitung der Messungen selbst berücksichtigt werden müssen:

(i) Die Nachweisgrenze ist umgekehrt proportional zur Länge der Meßstrecke, d.h. bei einer Verdopplung der Meßstrecke kann die Nachweisgrenze halbiert werden. Allerdings hat dieser Zusammenhang bei sehr langen Meßstrecken seine Grenze, wo atmosphärische Einflüsse wie Turbulenzen etc. zusätzliche Fehler in den Meßvorgang einbringen.

(ii) Ein wesentlicher Punkt ist die Selektion von Absorptionslinien, die für den Nachweis des gesuchten Spurengases eingesetzt werden sollen. Prinzipiell sollte das Gas eine möglichst starke Absorption zeigen, um eine geringe Nachweisgrenze zu ermöglichen. Allerdings muß in diesem Zusammenhang darauf geachtet werden, daß es bei hoher Spurengaskonzentration und einer starken Absorptionslinie zu Sättigungseffekten kommen kann, die ebenfalls zusätzliche Fehler in die Messung einbringen und die Nachweisgrenze erhöhen (s. Abschn. 4.2.5 und 4.2.6).

Bei einer Messung nach dem vorstehend geschilderten Verfahren kann jedoch nicht ausgeschlossen werden, daß die empfangene Intensität $I(\lambda,s)$ neben dem gesuchten Spurengas auch durch andere in der Atmosphäre vorkommende Gase beeinflußt wird. Zu diesen störenden Gasen zählen je nach Spektralbereich die atmosphärischen Spurengase wie H_2O, CO_2, O_3, oder zusätzliche noch unbekannte Gase. Man spricht in diesen Fällen, wenn die Quantifizierung eines einzelnen gesuchten Spurengases durch andere Stoffe erschwert oder sogar verhindert wird, von 'Interferenzgasen' da sich analog zur klassischen Interferenz die optischen Eigenschaften mehrerer Beobachtungsgrößen - in diesem Fall die Absorptionseigenschaften der Spurengase - störend überlagern.

Diese Störungen von Absorptionsmessungen können jedoch auch ohne die Anwesenheit von interferierenden Spurengasen durch die natürliche Extinktion der Atmosphäre auftreten.

Mit diesem Begriff wird der Verlust von eingestrahlter Energie längs eines definierten Weges innerhalb der Atmosphäre bezeichnet, wobei dieser Energieverlust durch Streuprozesse (Rayleigh- bzw. Miestreuung) oder breitbandige Absorption (z.B. durch das Absorptionskontinuum des atmosphärischen H_2O) verursacht werden kann.

Bei einer Absorptionsmessung, die lediglich bei einer einzelnen Wellenlänge durchgeführt wird, überlagern sich somit die Effekte der linienhaften Absorption des gesuchten Spurengases mit der nicht quantifizierten Extinktion der umgebenden Atmosphäre.

Dieser verfahrensbedingte Nachteil läßt sich jedoch relativ einfach umgehen, indem die Absorptionsmessungen zur Konzentrationsbestimmung eines Spurengases zusätzlich bei einer zweiten Wellenlänge durchgeführt werden.

Während die erste Wellenlänge λ_{on} derart gewählt wird, daß das nachzuweisende Spurengas maximal absorbiert (Abstimmung des Lasers auf die Mitte einer Absorptionslinie), wird die zweite Messung bei einer Wellenlänge λ_{off} durchgeführt, bei der das nachzuweisende Spurengas möglichst nicht oder vernachlässigbar gering absorbiert (z.B. im Spektralbereich zwischen zwei Absorptionslinien); s. Abbildung 5.17.

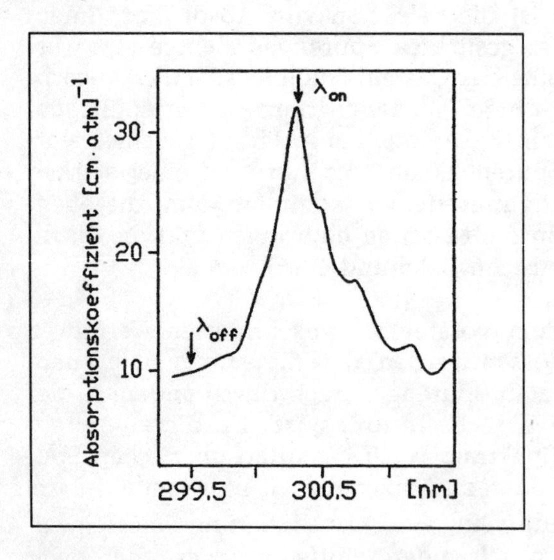

Abb. 5.17 Auswahl der beiden Wellenlängen λ_{on} bzw. λ_{off} am Beispiel einer Absorptionslinie von Schwefeldioxid (nach Zanzottera (1990))

Bei der Wahl von λ_{on} bzw. λ_{off} wird darauf geachtet, daß die Separation beider Wellenlängen minimal ist.

Da die atmosphärische Extinktion gewöhnlich einen sehr flachen spektralen Verlauf aufweist, tritt dieser Effekt bei beiden Messungen in fast gleicher Stärke auf. Durch eine direkte Korrelation der gemessenen Intensitäten I (λ_{on},s) bzw. $I(\lambda_{off},s)$ auf beiden Wellenlängen kann auf diese Weise der störende Einfluß der umgebenden Atmosphäre eliminiert werden. In Abbildung 5.18 ist dieser Zusammenhang anhand eines auf zwei Wellenlängen emittierenden Lasers und einer absorbierenden Spurengaswolke schematisch dargestellt.

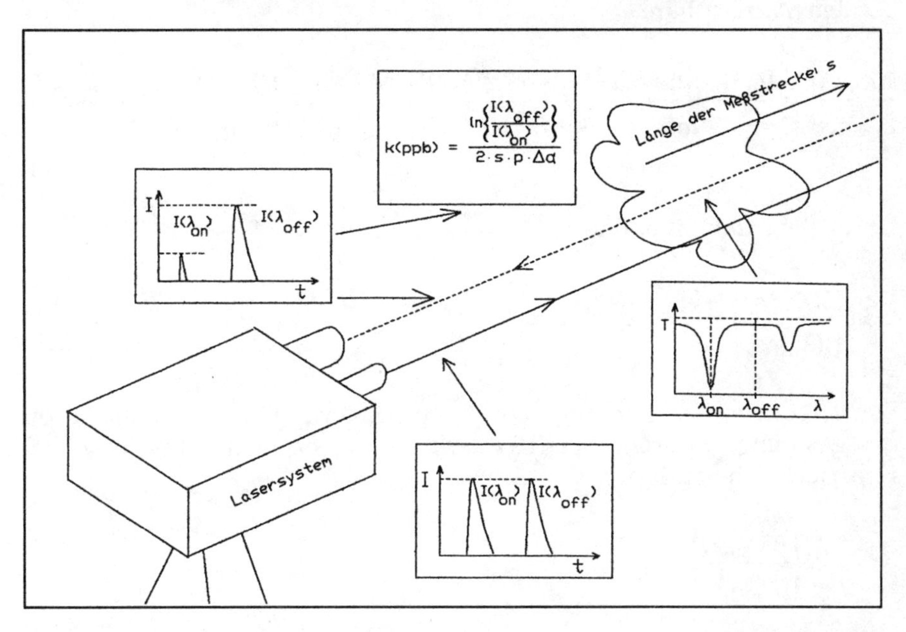

Abb. 5.18 Schematische Darstellung der Differentiellen Absorptions-Spektroskopie (DAS) bei einer geschlossenen Meßstrecke

In den folgenden beiden Gleichungen wird dieser formale Zusammenhang anhand der modifizierten integralen Lidar-Gleichung (Gl. 5.12) für die beiden Wellenlängen λ_{on} und λ_{off} dargestellt.

$$I(\lambda_{on},s) = I_0(\lambda_{on}) \cdot \eta \cdot (A/s^2) \cdot e^{-(2\,s\,p\,\alpha(\lambda_{on}))} \cdot e^{-(2\,\varepsilon\,s)} \cdot r \qquad (5.12)$$

mit

λ_{on} = Wellenlänge des Lasers für die Mitte der Absorptionslinie
ε = atmosphärischer Extinktionskoeffizient

bzw.

$$I\left(\lambda_{off},s\right) = I_0\left(\lambda_{off}\right) \cdot \eta \cdot \left(A/s^2\right) \cdot e^{-(2\,s\,p\,\alpha(\lambda_{off}))} \cdot e^{-(2\,\varepsilon\,s)} \cdot r \tag{5.13}$$

mit

λ_{off} = Wellenlänge für Messung neben der Absorptionslinie

Das Ratio der gemessenen Intensitäten $I(\lambda_{on},s)$ und $I(\lambda_{off},s)$ führt unmittelbar zu einer Kompensation der störenden Extinktion der umgebenden Atmosphäre.

$$\frac{I(\lambda_{on},s)}{I(\lambda_{off},s)} = \frac{I_0(\lambda_{on}) \cdot \eta \cdot (A/s^2) \cdot e^{-2(s\,p\,\alpha(\lambda_{on}))} \cdot e^{-(2\,\varepsilon\,s)} \cdot r}{I_0(\lambda_{off}) \cdot \eta \cdot (A/s^2) \cdot e^{-(2\,\varepsilon\,s)} \cdot r} = \frac{I(\lambda_{on},s)}{I(\lambda_{off},s)}\, e^{-2(s\,p\,\alpha(\lambda_{on}))} \tag{5.14}$$

Unter der Annahme, daß $I_0(\lambda_{on}) = I_0(\lambda_{off})$, gilt

$$\ln\left\{\frac{I(\lambda_{on},s)}{I(\lambda_{off},s)}\right\} = -2\,s\,p\,\alpha(\lambda_{on}) \tag{5.15}$$

Die Bestimmungsgleichung zur Quantifizierung der Konzentration des gesuchten Spurengases (Partialdruck des gesuchten Spurengases) reduziert sich somit auf

$$p = \frac{\ln\left\{\frac{I(\lambda_{on},s)}{I(\lambda_{off},s)}\right\}}{2\,s\,\alpha(\lambda_{on})} \tag{5.16}$$

An dieser Stelle wird auch der technologische Vorteil des DAS-Verfahrens deutlich: Alle Variablen und systemspezifischen Parameter, deren Größe nur unwesentlich zwischen λ_{on} und λ_{off} variiert, kürzen sich bei dieser Bestimmungsgleichung heraus. Das gleiche gilt für die schwer erfaßbare atmosphärische Extinktion, deren natürliche Fluktuation zu erheblichen Störungen der Messung führen würde. Über die Beziehung

$$k = \frac{p}{p_{atm}}$$

kann der Partialdruck des Spurengases unmittelbar in eine Konzentration umgerechnet werden (p_{atm} = atmosphärischer Druck). Hierbei gelten die Konventionen 10^{-6} = ppm, 10^{-9} = ppb, 10^{-12} = ppt.

Auf diese Weise wird durch das DAS-Verfahren der unbekannte Einfluß atmosphärischer Extinktion eliminiert und die berechnete Konzentration des Spurengases hängt in erster Näherung von den in der Bestimmungsgleichung enthaltenen Variablen ab. Bei Meßbedingungen, die mit hoher Wahrscheinlichkeit durch die Anwesenheit mehrerer unbekannter Gase gestört werden, kann es erforderlich sein, daß diese Sondierungen bei mehr als zwei Wellenlängen durchgeführt werden müssen, um das gesuchte Spurengas eindeutig zu quantifizieren. In solchen Fällen werden mehrere Paare von Wellenlängen (λ_{on} und λ_{off}) selektiert, die weitgehend frei von störenden Interferenzen sein müssen. Die Korrelation der Ergebnisse aller Messungen mit den spektralen Daten des gesuchten Gases ergeben hierbei die zu bestimmende Konzentration des gesuchten Spurengases.

Bei Messungen nach dem DAS-Verfahren müssen mehrere zusätzliche zeitliche und geometrische Randbedingungen erfüllt werden; andernfalls wird die Messung durch systematische Fehler verfälscht.

Das Aussenden der Laserpulse auf den verschiedenen Wellenlängen muß zeitlich in einer Weise erfolgen, daß die Atmosphäre und die nachzuweisende Gaswolke von beiden Pulsen eines Pulspaares (λ_{on} und λ_{off}) im gleichen Zustand durchstrahlt werden. In der Praxis wird dies durch eine sehr kurze Zeit zwischen der Emission dieser beiden Laserpulse realisiert. Typische Werte liegen zwischen wenigen Mikrosekunden und etwa 5 Millisekunden (Menyuk und Killinger (1981)). Innerhalb dieser Zeitspanne kann die Atmosphäre als quasi 'eingefroren' bezeichnet werden. Somit ist sichergestellt, daß durch atmosphärische Turbulenzen oder durch die interne Struktur der Gaswolke oder durch den Wind keine unterschiedlichen Verhältnisse bei den Messungen bei λ_{on} und λ_{off} auftreten. Generell kann jedoch bemerkt werden, daß fest eingestellte Zeiten im Bereich weniger Mikrosekunden stets unkritisch sind. Diese Bedingung kann durch zwei technologisch unterschiedliche Varianten realisiert werden.

(i) Zwei Sendelaser mit relativ geringer Pulswiederholfrequenz, deren Lichtpulse im zeitlichen Abstand von wenigen Mikrosekunden emittiert werden (Abbildung 5.19).

(ii) Ein einzelner Sendelaser mit hoher Pulswiederholfrequenz, der mit einer spektralen Abstimmeinheit zur Erzeugung von Laserpulsen unterschiedlicher Wellenlänge ausgerüstet ist. Diese Variante ermöglicht die Emission von Laserpulsen im Abstand von wenigen Millisekunden, (Abb. 5.20).

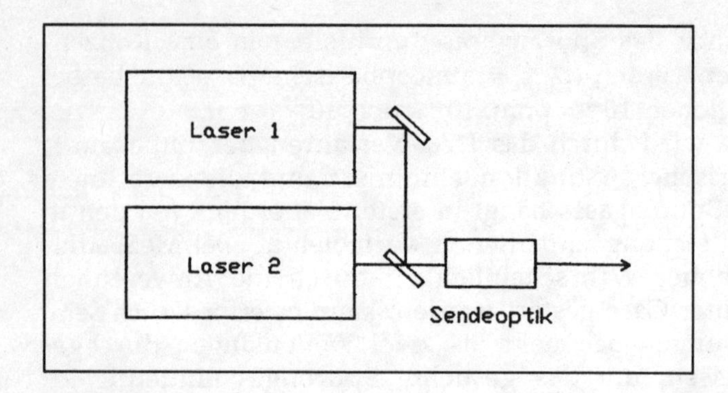

Abb. 5.19 Lasersystem für DAS-Messungen mit zwei unabhängigen Sendelasern

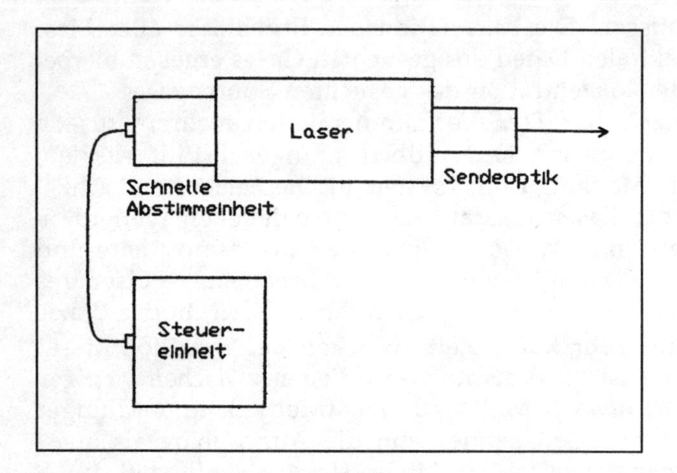

Abb. 5.20 Lasersystem für DAS-Messungen mit einem einzelnen Sendelaser und einer speziellen schnellen Abstimmeinheit

Das Verfahren (i) hat den Vorteil relativ geringer Entwicklungsrisiken und -kosten, da das kritische Kriterium der kurzen Zeit zwischen den Pulsen eines Pulspaares durch die Installation mehrerer unabhängig abstimmbarer Laser umgangen wird. Der Nachteil dieses Verfahrens liegt in den relativ hohen Beschaffungskosten für die Sendelaser und deren Infrastruktur (Kühlung, Stromversorgung), sowie in der höheren optischen Komplexität dieser Systeme, da die Strahlen aller Sendelaser stets kolinear ausgerichtet sein müssen.

Das Verfahren (ii) bietet dagegen den Vorteil eines kompakten Aufbaus sowie relativ geringer Beschaffungskosten, birgt aber den Nachteil eines erhöhten Entwicklungsrisikos in sich, da die zeitkritische spektrale Abstimmeinheit speziell für dieses Meßsystem entwickelt werden muß.

Bei beiden Verfahren muß zusätzlich sichergestellt sein, daß die Sondierung bei λ_{on} bzw. λ_{off} im gleichen Raumvolumen stattfinden, d.h. die Laserpulse müssen in exakt gleicher Richtung emittiert werden. Andernfalls werden Messungen aus unterschiedlichen Raumvolumen (unterschiedliche Luftmassen) in Korrelation gebracht, was zu Fehlern in der Bestimmung der Spurengaskonzentrationen führt.

In den folgenden Abschnitten wird ein derartiges Lasersystem vorgestellt, das für die Detektion toxischer Spurengase entwickelt wird und mit einem einzelnen CO_2-TEA-Sendelaser ausgerüstet ist (Klein (1988)).

Dieses Lasersystem ist mit einer spektralen Abstimmeinheit ausgerüstet, die den Resonator des Sendelasers in zwei unabhängige Zweige aufspaltet, die getrennt voneinander auf unterschiedliche Wellenlängen eingestellt werden können.

Aufgrund dieser Konzeption ist es möglich, im Bereich von 9 µm bis 11 µm Kombinationen von Laserpulsen mit beliebigen CO_2-Wellenlängen im Abstand von weniger als 3 Millisekunden zu emittieren. Durch die rechnergesteuerte Selektion dieser Wellenlängen kann das System somit in flexibler Weise den jeweiligen Einsatzbedingungen angepaßt werden (gesuchtes Spurengas, meteorologische Parameter, interferierende Gase). Abbildung 5.21 zeigt diese schnelle Abstimmeinheit in schematischer Form (nach Klein (1987)).

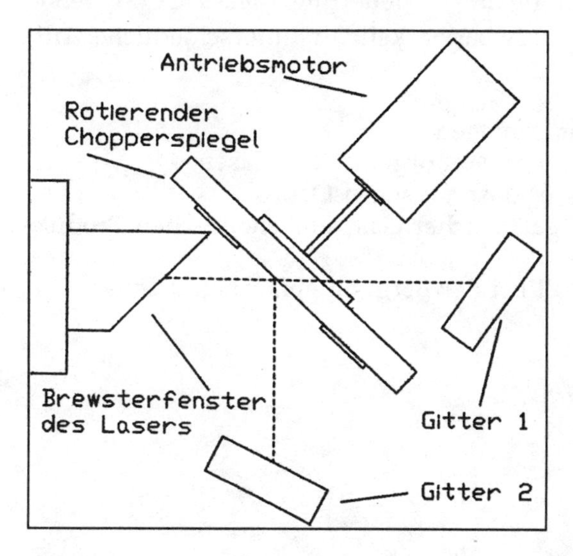

Abb. 5.21 Die schnelle Abstimmeinheit des CO_2-Lasersystems

Die Meßstrecke wird zu Zwecken der Dokumentation während der Sondierungen durch eine TV-Kamera überwacht. In der nachfolgenden Tabelle 5.7 sind die vorläufigen Leistungsdaten dieses Systems zusammengefaßt.

Tabelle 5.7 Vorläufige Leistungsdaten des CO_2-Lasersystems (Klein (1988))

Abstimmbereich des Sendelasers:	> 60 Laserlinien
Pulsenergie (10P20):	200 mJ
Pulsdauer (FWHM):	< 200 ns
Zeit zwischen zwei Pulsen:	< 3 ms
Pulspaar-Wiederholfrequenz:	> 90 Hz
Apertur der Empfangsoptik:	20 cm
Reichweite:	> 2 km
Detektor:	HgCdTe mit JTC-Kühlung
Meßverfahren:	Integrale DAS-Messung
Systemrechner:	Basierend auf Motorola 68000-CPU

Die vom CO_2-Laser emittierten Laserpulse werden in Richtung eines topographischen Zieles (Busch, Baum, Gebäude, etc.) ausgesandt, dort diffus reflektiert und von der Empfangsoptik des Systems registriert. Innerhalb der Meßstrecke (zwischen Lasersystem und topographischem Ziel) werden die Laserpulse bei vorhandenem Spurenstoff in stoffspezifischer Weise absorbiert, was durch Auswertung der empfangenen Daten nach dem DAS-Prinzip (s. oben) unmittelbar zu der Konzentration des, bzw. der gesuchten Spurengase führt.

Ein weiterer Vorteil der flexiblen Steuerung dieses CO_2-Lasersystems ist die unmittelbare Verwendbarkeit für unterschiedliche Aufgaben wie

- Überwachung von Deponieanlagen
- Erfassung diffuser Emissionen von organischen Gasen
- Räumliche Erfassung des troposphärischen Ozons
- Schutz vor der Emission gefährlicher Gase aus chemischen Produktionsanlagen
- Einsatz im Katastrophenfall bei der Bergung gefährlicher Güter

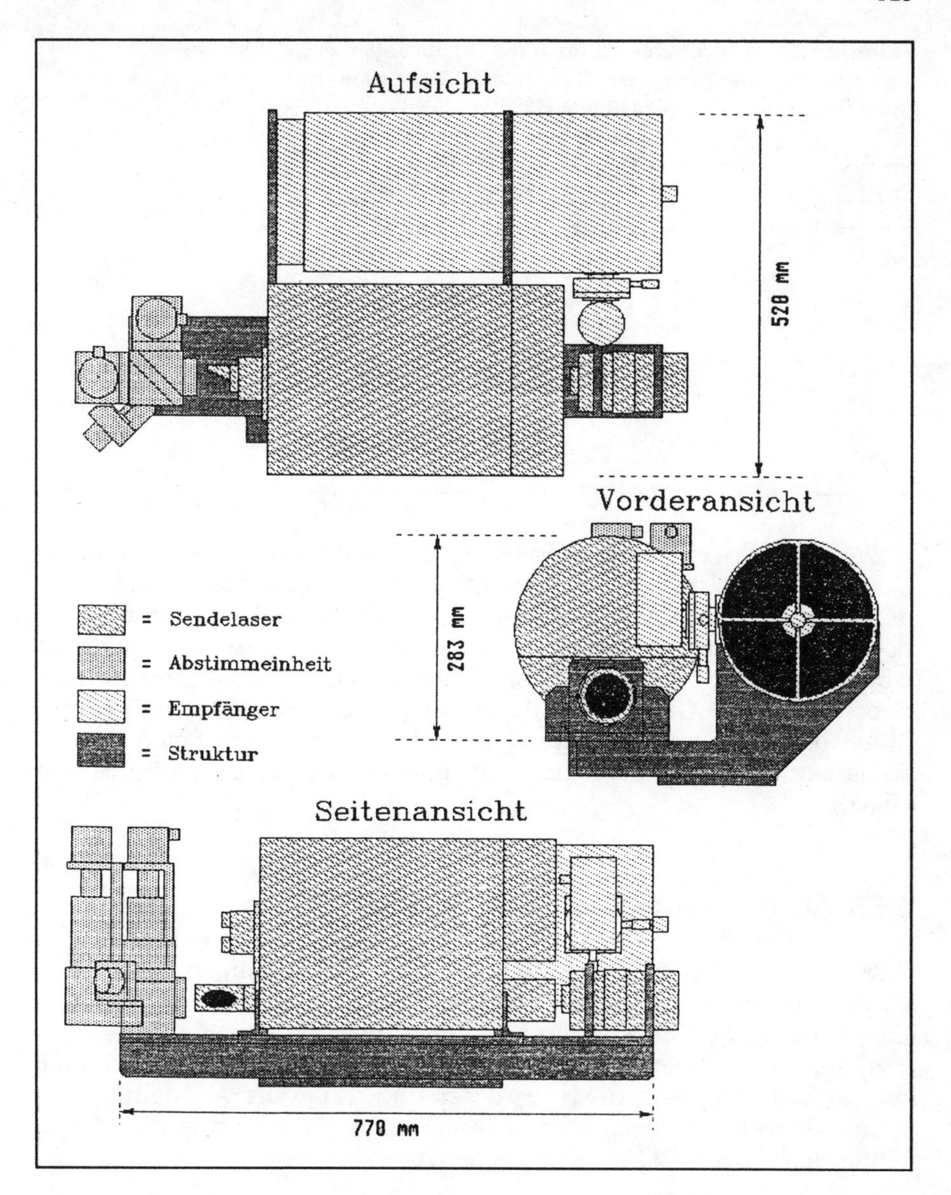

Abb. 5.22 Dreiseitenansicht des CO_2 -Lasersystems (Klein und Endemann (1988))

In der folgenden Tabelle 5.8 sind typische Nachweisgrenzen eines CO_2-Lasersystems für verschiedene organische und anorganische Spurengase aufgeführt, wobei eine Meßstrecke mit einer Länge von 500 m zugrundegelegt wurde.

Tabelle 5.8 Nachweisgrenzen für verschiedene organische und anorganische Spurengase. Differentielle Absorption: 1% bei 100 m Meßstrecke. (Zanzottera (1990))

Spurengas	Nachweisgrenze (ppb)
SF_6	0.8
NH_3	30
C_6H_6	310
C_2H_4	16
O_3	45
N_2H_4	151

Diese Nachweisgrenzen basieren auf der Annahme, daß keine Querempfindlichkeiten mit atmosphärischen Konstituenten oder anderen Spurengasen auftreten und stellen somit die geringsten Werte dar. Die Erhöhung der Nachweisgrenzen aufgrund dieser optischen Überlagerung mit anderen Gasen wird durch die Konzentration der dabei beteiligten Gase, sowie durch die jeweils verwendeten Spektrallinien bestimmt und muß mit Hilfe komplexer Algorithmen den jeweils aktuellen Gegebenheiten angepaßt werden (Meyer und Sigrist (1988)).

5.6.3 Absorptionsmessungen über Faseroptiken

Absorptionszellen mit Mehrfachreflexion zur Verlängerung der Absorptionswegstrecke können mit Lichtfasern verbunden werden. Die Laserstrahlung kann ein- und ausgekoppelt werden, ohne daß die Trübung der Atmosphäre ein Hindernis für die Methode wird. Durch die Einkopplung verschiedener Laser und durch die Aufstellung der Zellen an verschiedenen Plätzen erreicht man die notwendige Flexibilität. Abbildung 5.23 zeigt das Schema.

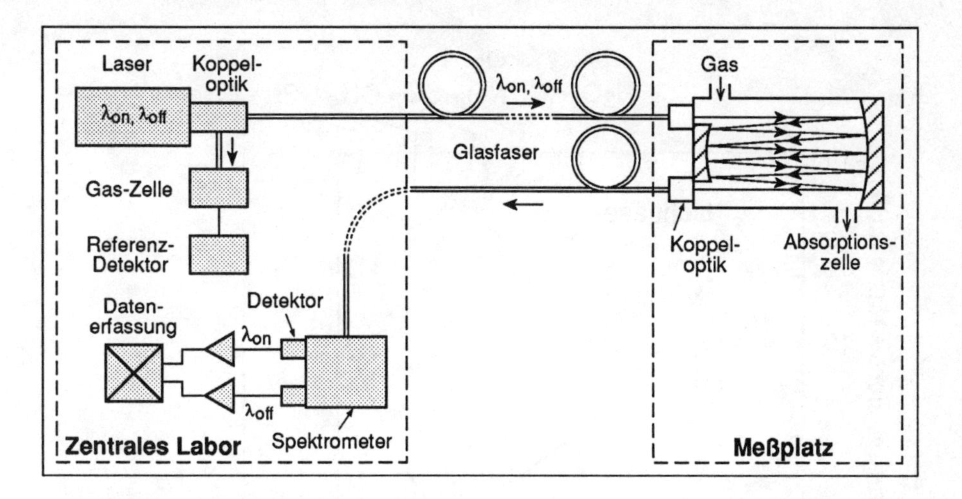

Abb. 5.23 Schema der Verknüpfung von differentieller Laser Absorption Spektroskopie mit der Lichtleitertechnik

Die für ein zu untersuchendes Gas notwendigen Laserwellenlängen λ_{on} und λ_{off} werden über eine Optik in die Faser eingekoppelt und vor der Meßzelle optisch angepaßt. Nach Durchgang durch die Zelle wird das Licht wiederum in eine Faser eingekoppelt und einem Spektrometer zugeführt mit entsprechenden Detektoren, Verstärkern und Speicherelementen. Der Vorteil liegt in der räumlichen Trennung der Meßzelle von dem Sende- und Empfangsteil. In einem zentralen Labor können die empfindlichen Laser und Detektoren betrieben werden, die Meßzelle selbst kann einige Kilometer entfernt stehen und ist nur noch optisch gekoppelt. Dadurch wird es möglich, mehrere Meßzellen anzuwählen und auch mehrere Wellenlängenpaare für mehrere zu untersuchende Gasarten einzusetzen.

Voraussetzung ist die bekannte und nahezu verlustfreie Transmission der Faser. Die optischen Verluste der Faser werden durch die Industrieentwicklung auf dem Gebiet der optischen Kommunikation immer weiter verringert. Ein Beispiel für Verluste von einer typischen Faser in dB/km in ihrer Wellenlängenabhängigkeit ist in Abbildung 5.24 zu sehen (nach Inaba (1983)).

Das Spektrum der möglichen, zu messenden Gase bei 1 μm ist noch sehr begrenzt. Experimente mit einer solchen Technik für Methan-Konzentrationsmessungen liegen vor (Chan et al. (1983)). Durch die sich rasch entwickelnde Lichtfasertechnik auch im langwelligen Spektralbereich und durch die Entwicklung schmalbandiger, durchstimmbarer Laserdioden, kann diese Technik als zukunftsträchtig betrachtet werden.

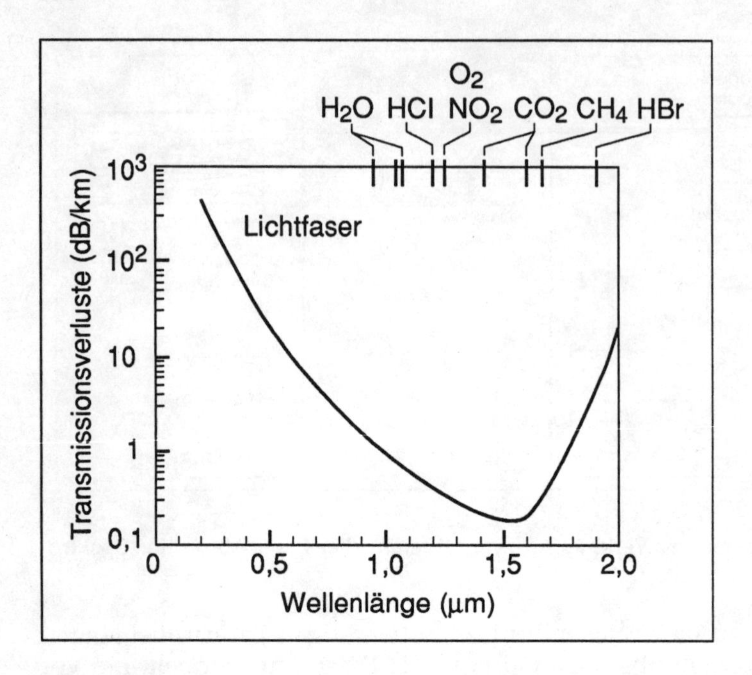

Abb. 5.24 Transmissionsverluste der Fasern in Abhängigkeit von der Wellenlänge und (obere Skala) typische Absorptionswellenlängen von Spurengasen (nach Inaba (1983))

5.7 Lidar

Der Begriff LIDAR LIght Detection And Ranging stellt das optische Synonym zum allgemein bekannten Radar dar und beschreibt lasergestützte Fernmeßverfahren, die zur qualitativen und quantitativen Erfassung von atmosphärenphysikalischen Parametern bzw. für die Bestimmung der räumlich strukturierten Verteilung gasförmiger Luftverunreinigungen eingesetzt werden können.

Lidar-Systeme verwenden im Gegensatz zu lasergestützten Langpfad-Absorptionsgeräten keine topographischen Ziele, um die emittierte Laserstrahlung registrieren zu können, sondern die Rückstreuung an winzigen Partikeln (Aerosole), die ständig in der Atmosphäre enthalten sind (Mie-Streuung) bzw. an den Molekülen der atmosphärischen Hauptkonstituenten selbst (Rayleighstreuung). Die schematische Funktion einer Lidar-Systems ist in Abb. 5.25 dargestellt.

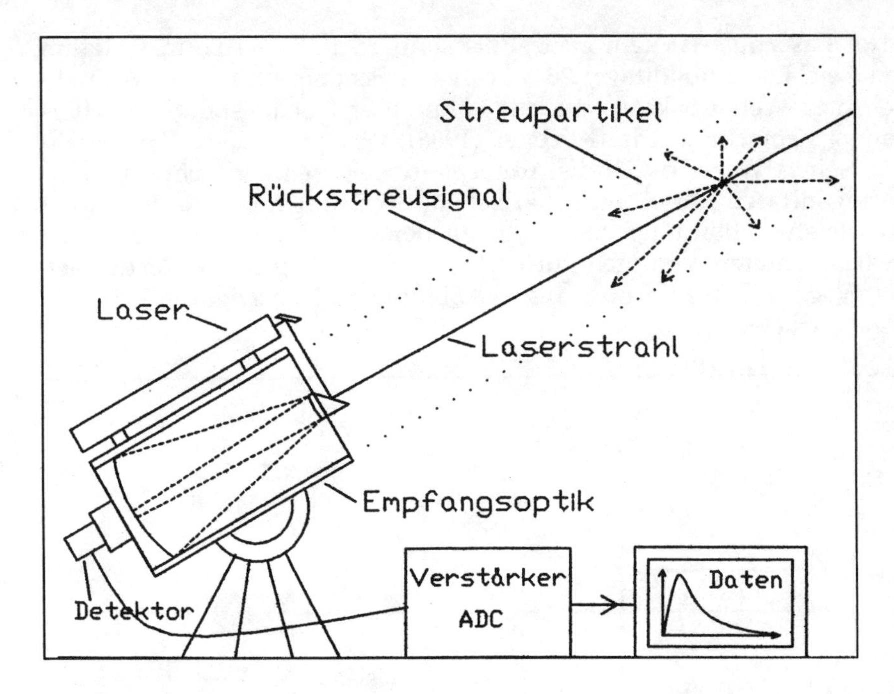

Abb. 5.25 Schematische Darstellung eines atmosphärischen Rückstreu-Lidars

Die Streuung der emittierten Laserpulse an den Partikeln bzw. Molekülen geschieht entlang ihres gesamten Weges durch die Atmosphäre. Entsprechend der Entfernung des streuenden Teilchens vom Lidar-System wird das Rückstreusignal nach einem Zeitintervall Δt registriert, das durch folgende Gleichung definiert ist:

$$\Delta t = 2\,s/c \tag{5.17}$$

mit $c = 3 \cdot 10^8$ m/s (Lichtgeschwindigkeit)

Der Faktor 2 ist durch den doppelten Weg bedingt, den das emittierte Licht zurücklegt, bevor es wieder vom Lidar-System registriert wird. Die Entfernung vom Lidar-System zu einem streuenden Partikel ist somit definiert als

$$R = 0{,}5 \cdot c \cdot \Delta t \tag{5.18}$$

Es ist leicht nachvollziehbar, daß eine Entfernung von R = 150 m einem Zeitintervall von Δt = 1 µs entspricht. Auf diese Weise lassen sich unbekannte Entfernungswerte anhand gemessener Zeitintervalle problemlos konvertieren.

Der Laserpuls ist kein Delta-Puls sondern hat eine Form in Raum und Zeit. Die Abbildung 5.26 a zeigt das Schema nach einer Aufnahme eines Wellenpakets , die mit Hilfe einer Hochleistungszeitrafferkamera gemacht wurde (Koebner (1988)). Er behält diese Form während seines Weges durch die Atmosphäre bei, wenn er nicht durch Inhomogenitäten des atmosphärischen Brechungsindex aufgeweitet wird (siehe Abbildung 2.8). Das von den Aerosolen und Molekülen im beleuchteten Volumen zurückgestreute Licht gelangt auf demselben Weg zurück zum Empfänger. Abbildung 5.26 b zeigt die Zeitskala (Measures (1983)).

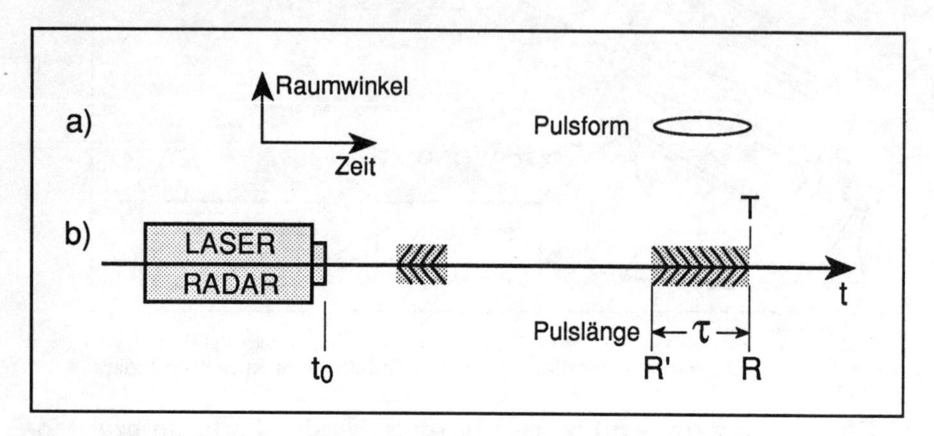

Abb. 5.26 Laserpulsform (a) und Prinzip des Laser-Radar (b)

Es wird angenommen, daß der Puls zur Zeit t_o emittiert wird, d.h. die vorderste Spitze in Abbildung 5.26 a. Die maximale Entfernung (korrespondierend zur Zeit T) zu der Strahlung von dieser Spitze aus dem Impulsvolumen empfangen wird, ist $R = c(T-t_o)/2$. Zur gleichen Zeit T wird rückgestreute Strahlung aus Entfernungen empfangen, die aus dem hinteren Teil des Pulses stammt. Das Ende des Pulses wurde zur Zeit $t_o+\tau$ emittiert. Die minimale Entfernung, bei der rückgestreute Strahlung aus diesem Teil des Pulses zur Zeit T zum Empfänger gelangt, ist $R' = c(T-t_o-\tau)/2$. Die Entfernung $R - R' = c\tau/2$ wird als die "effektive Pulslänge" bezeichnet, sie ist genau halb so lang wie die ursprünglich beleuchtete Pulsvolumenausdehnung.

Für Festziele wie feste Oberflächen und Gebäude am Ort R_T (korrespondierend zur Zeit T) erhält man den ersten Anteil an reflektierter Strahlung bei
$R_T(T) = c(T-t_o)/2$ und den letzten Anteil bei $R_T(T+\tau) = c(T-t_o-\tau)/2$. Die Pulslänge $\tau/2$ ist auch hier ein Maß für die Entfernungsauflösung $(R_T(T) - R_T(T+\tau) = c\tau/2)$.

Nach dem Aussenden des Laserpulses wird dessen zeitlich versetztes und aufgefächertes Rückstreusignal vom Empfangsteleskop des Lidar-Systems registriert und einem optischen Detektor zugeführt, wo es in ein elektrisches Signal umgeformt wird. Dieses Signal wird mit hoher zeitlicher Auflösung digitalisiert und im Rechner des Lidar-Systems gespeichert. Auf diese Weise sind die Empfangsdaten als entfernungsmäßig aufgelöste Datensätze verfügbar und können mit mathematischen Algorithmen ausgewertet werden. Die Struktur dieser Algorithmen orientieren sich dabei an der jeweils zugrundeliegenden Wechselwirkung und an dem angewandten Lidar-Verfahren. In den folgenden Abschnitten werden unterschiedliche Verfahren vorgestellt, die sich bereits in der Vergangenheit bei der Analyse und Quantisierung von atmosphärischen Parametern und dem Nachweis von Spurengasen bewährt haben. Das Rückstreulidar, mit dem die mikroskopische Struktur der Streupartikel untersucht werden kann und das für die Analyse des atmosphärischen Dichte- und Temperaturprofils eingesetzt werden kann, stellt hierbei die einfachste Form eines Lidar-Systems dar, so daß wesentliche apparative Grundlagen am Beispiel dieser Version vorgestellt werden können.

5.7.1 Rückstreulidar

Das Prinzip des Rückstreulidars stellt die Grundlage aller Lidar-Systeme dar und kann in vielfältiger Weise für die Charakterisierung atmosphärenphysikalischer bzw. meteorologischer Parameter eingesetzt werden. Mit einer derartigen Anlage, die im einfachsten Fall mit einer einzelnen fest eingestellten Wellenlänge operiert, können bereits Dichte- und Temperaturprofile der Atmosphäre ermittelt werden (siehe z.B. Chanin (1992)):

- Vertikales Dichteprofil
- Vertikales Temperaturprofil
- Ausdehnung der planetaren Grenzschicht
- Charakterisierung der Bewölkungsstatistik
- Analyse des Partikelspektrums in Wolken

Der Sendelaser des Rückstreulidars emittiert seine Strahlung (Pulse) in die Atmosphäre, wo sie durch Aerosole bzw. die Moleküle der atmosphärischen Hauptkonstituenten zum Empfangsteleskop des Lidars zurückgestreut und dort detektiert werden. Nach einem Zeitintervall, das durch die Laufzeit des zurückgestreuten Signals gegeben ist, wird diese Intensität im Empfangsteleskop des Lidar-Systems registriert. Dieser Zusammenhang wird durch die folgende Gleichung dokumentiert:

$$I(R) = I_0 \cdot \eta \cdot \frac{A}{R^2} \beta(R) \cdot \Delta R \cdot T^2(R) \tag{5.19}$$

mit

$I(R)$	= Empfangene Intensität aus der Entfernung R
I_0	= Emittierte Intensität
η	= Wirkungsgrad des Sende- und Empfangssystems
A	= Effektive Fläche der Empfangsoptik
R	= Entfernung vom LIDAR-System zum streuenden Partikel (Meßentfernung)
ß(R)	= Atmosphärischer Rückstreukoeffizient in der Entfernung R
T(R)	= Atmosphärische Transmission vom Lidar-System bis zur Entfernung R
ΔR	= Wegstrecken-Element

Der zeitliche Verlauf dieses Signals ist bestimmt durch den entfernungsmäßigen Verlauf des Rückstreukoeffizienten $\beta(R)$ und der atmosphärischen Transmission T(R). Durch das Wegstreckenelement ΔR wird die räumliche Auflösung der Lidarmessung bestimmt.

Da die Applikationen eines Rückstreulidars nicht unmittelbar zum Nachweis von Luftverunreinigungen eingesetzt werden können, seien sie hier lediglich der Vollständigkeit halber aufgeführt.

5.7.1.1 Inversionsmethoden

Bei der Auswertung der Lidar-Signale wird nur die Einfachstreuung berücksichtigt. Die klassische Lidar-Gleichung (Gl. 5.19) liefert zwei Unbekannte:

β, den Volumenrückstreukoeffizienten und

σ, den Extinktionskoeffizienten.

Beide sind bei der Mie-Streuung (siehe Abschnitt 4.6.1, Gleichung 4.4.7) über die Rückstreuphasenfunktion gekoppelt.

$$P_h(\pi,\lambda) = \frac{4\,\pi\,\beta\,(\pi,\lambda)}{\sigma\,(\lambda)} \tag{5.20}$$

Zur Trennung kann man verschiedene Methoden anwenden. Die zur Bestimmung der Sichtweite (vergl. Abschnitt 5.1.1) notwendige Ermittlung des Extinktionskoeffizienten geht von der gemessenen

Lidar-Signatur S(R) aus:

$$S(R) = \frac{P_r(R) \cdot R^2}{K \cdot \xi(R)} = \beta(R) \cdot \tau^2(R) \tag{5.21}$$

mit

K = Systemfunktion
$\xi(R)$ = Überlappfunktion

$$\tau^2(R) = \exp\left(-2\int_0^R \sigma(r)\,dr\right) \tag{5.22}$$

Iteration

Die Auflösung der Gleichung kann mittels Iteration geschehen. Die Integralgleichung wird durch eine Folge von Iterationen gelöst. Dabei wird ein Startwert für den Anfang der Meßstrecke eingegeben.

$$\tau^2(R = R_{start}) = \exp(-2\,\sigma_{start}\,R_{start}) \tag{5.23}$$

mit

σ_{start} als Meßwert aus einem anderen Sichtweitemeßgerät oder als Schätzwert, und

R_{start} als Entfernung des ersten Datenpunktes (Aufpunkt)

Durch Division mit der bestimmten Aufpunkttransmission erhält man den ersten Rückstreukoeffinzienten

$$\beta(R_{start}) = \frac{S(R_{start})}{\tau^2(R = R_{start})} \tag{5.24}$$

Mit diesem Wert wird dann die Datenreihe für die folgenden Meßpunkte im Abstand ΔR berechnet.

$$\sigma(R) = \beta(R - \Delta R)\,\frac{4\pi}{P_h(\pi)} \tag{5.25}$$

$$\tau^2(R) = \tau^2(R - \Delta R)\,\exp(-2\sigma(R)\,\Delta R) \tag{5.26}$$

$$\beta(R) = \frac{S(R)}{\tau^2(R)} \tag{5.27}$$

Der Vorteil der Methode ist die relativ einfach Bestimmung des Startwertes mittels eines Sichtmeßgerätes neben dem Lidar. Der Nachteil ist die Voraussetzung der Kenntnis der Rückstreuphasenfunktion und der Gerätefunktion K. Bei der Phasenfunktion muß man weiterhin annehmen, daß sie für alle Entfernungsintervalle bekannt ist bzw. als konstant angenommen werden kann.

Klett

Die folgende Invertierung der Lidar-Gleichung wird Klett-Algorithmus genannt (Klett 1981). Durch Differenzieren der logarithmierten Signatur S(R) erhält man

$$\frac{\partial \ln(S(R))}{\partial R} = \frac{1}{\beta(R)} \frac{\partial \beta(R)}{\partial R} - 2\,\sigma(R) \tag{5.28}$$

Die Lösung der Differentialgleichung ist

$$\sigma(R) = \frac{S(R)}{\frac{S(R_{start})}{\sigma(R_{start})} - 2 \int_{R_{start}}^{R} S\,(r)\,dr} \tag{5.29}$$

Auch hier muß ein Startwert vorgegeben werden. Die Lösung ist instabil, da die Differenz im Nenner sehr klein und auch negativ werden kann.
Durch Vertauschung der Integrationsgrenzen erhält man

$$\sigma(R) = \frac{S(R)}{\frac{S(R_{fern})}{\sigma(R_{fern})} + 2 \int_{R}^{R_{fern}} S\,(r)\,dr} \tag{5.30}$$

den Klett-Algorithmus. Der Startwert des Algorithmus ist am Ende der Meßstrecke (R_{fern}) zu bestimmen. Der Vorteil der Methode liegt darin, daß die Gerätekonstante aufgrund der Division wegfällt. Über die Phasenfunktion müssen weiterhin Annahmen gemacht werden. Abbildung 5.32 in Abschnitt 5.7.1.3 zeigt eine Anwendung.

Slope

Bei der Slope-Methode (Viezee et al. (1973)) wird von Gleichung 5.21 ausgegangen. Unter der Annahme einer stückweisen homogenen Schichtung der Atmosphäre (β = const. innerhalb ΔR), kann der Extinktionskoeffizient bestimmt werden.

$$\sigma(R) = -\frac{1}{2}\frac{\Delta \ln (S(R))}{\Delta R} \qquad (5.31)$$

Die Gerätefunktion K fällt bei dieser Methode heraus. Die Wahl eines Startwertes entfällt ebenfalls. Man erhält bei homogener Atmosphäre die Steigung der Lidar-Signatur. Ein Beispiel, angewandt für die verschiedenen Nebelarten, ist in Abbildung 5.29 (oben) zu sehen.

Die beschriebenen Inversionsverfahren sind auch im Simulationsprogramm (Abschnitt 5.7.1.3) enthalten (Streicher (1990)).

5.7.1.2 Einfluß der Mehrfachstreuung

Wie in der Erklärung der störenden Einflüsse der stark getrübten Atmosphäre auf die Lidar-Gaskonzentrationsmessungen (Abschnitt 4.6.2) bereits angedeutet, gibt es auch dieses trübende Medium als Meßobjekt. Wasserdampf ist als klimarelevantes Gas eingeführt. In seiner flüssigen Phase bildet es Wolken und Nebel. Eine wichtige Forschungsrichtung beschäftigt sich mit dem hydrologischen Kreislauf in der Atmosphäre. Wolkenradargeräte messen Niederschläge und können Eis- und Wasserteilchen in Gewitterwolken identifizieren. Das Laser-Radar ist in der Lage, den Meßbereich, den das Radar bei der Wolkenmessung nicht erfaßt, weil die Wolkentröpfchen für die Radarwellenlängen zu klein sind, abzudecken. Die dabei auftretende Mehrfachstreuung kann zur Bestimmung der wolkenmikrophysikalischen Parameter herangezogen werden. Der Flüssigwassergehalt einer Wolke wird als Meßparameter bestimmt. Nach der Einfachstreu-Lidar-Signatur (Gl. 5.21) wird die Rückstreuung und Extinktion gemessen. Mittels der Klett-Methode (Gl. 5.30) erhält man bei Einfachstreuung ($\sigma_s < 0.01$ m^{-1}) den Streukoeffizienten σ_s, der ein Maß für den Flüssigwassergehalt ist.

Voraussetzung ist Einfachstreuung und das Vorhandensein von Wassertröpfchen. Bei Wolken mit Eiskristallen oder gemischten Phasen (Eis und Wasser) gilt diese einfache Beziehung nicht. Als Indiz für Eisteilchen kann man die Depolarisation der Laserstrahlung heranziehen. Eindrucksvolle Wolken-Lidarmessungen von Pal und Carswell (1973) und Spinhirne (1985) belegen diese Fälle. Auch in großen

Höhen bei niedrigen Temperaturen (-32° C) können noch Wasserwolken (unterkühlte Wasserwolken) vorkommen (Sassen (1985)).

Die Mehrfachstreuung führt ebenfalls zur Depolarisation und muß von der durch nichtsphärische Teilchen herrührenden Depolarisation unterschieden werden. Die Lidar-Systeme für Wolkenmessungen haben neben der Polarisationsempfindlichkeit Empfangskanäle zur Erfassung der Mehrfachstreuung außerhalb des vom Laser direkt beleuchteten Volumens (Abb. 4.25). Abbildung 5.27 a zeigt das Prinzip des Wolken-Lidars.

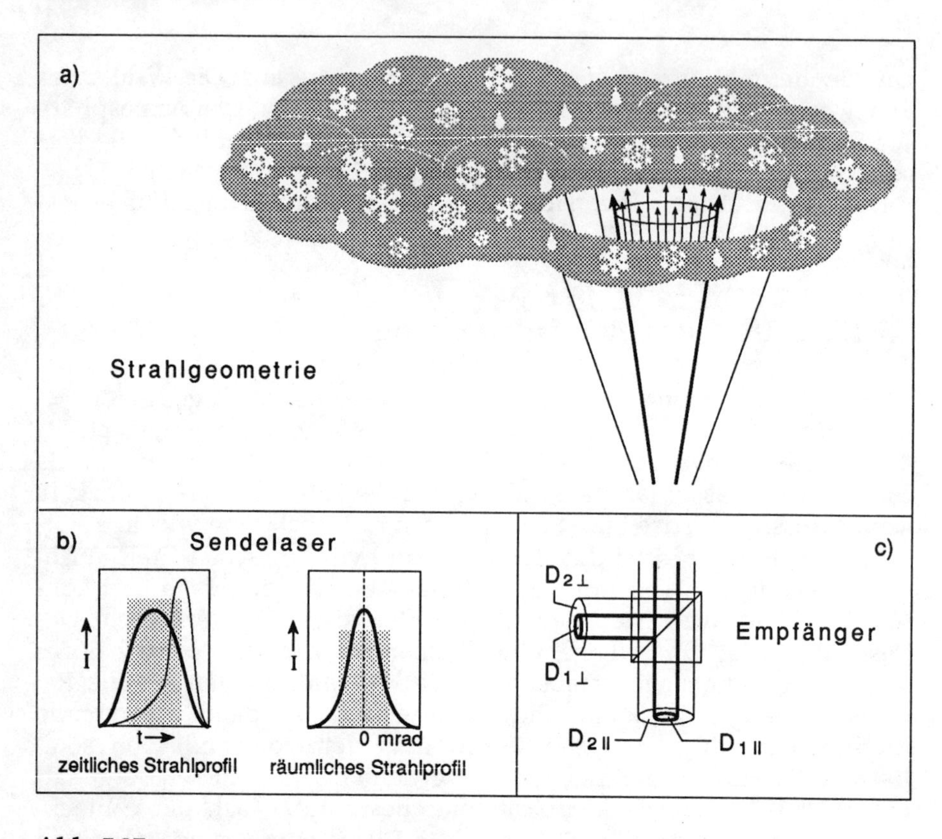

Abb. 5.27 Schema eines Wolken-Lidars

Die Wolke mit Eis- und Wasserteilchen ist das Meßobjekt (a). Der linear polarisierte Laserpuls gelangt im inneren Kegel durch die Wolke. Seine Pulsform in der Zeit und in der räumlichen Ausdehnung ist dargestellt (b). Am Empfänger tritt eine Trennung nach Polarisation und Empfangswinkel auf (c). Diese Trennung kann mittels speziell konstruierten Fotodetektoren (Bissonnette (1990)) oder über Lichtleitkabel erfolgen. Im einfachsten Fall erhält man 4 Signale ($D_{1\parallel}$ als normaler Lidar-Empfangskanal, $D_{1\perp}$ als Indiz für die Depolarisation, $D_{2\parallel}$, $D_{2\perp}$ als Mehrfachstreukanäle), die gespeichert und verarbeitet werden müssen. Neben der Polarisation ist die Pulsverlängerung ein weiterer Meßparameter. Abbildung 5.28 zeigt eine Wolken-Lidarmessung mit 4 Kanälen (Werner et al. (1992)).

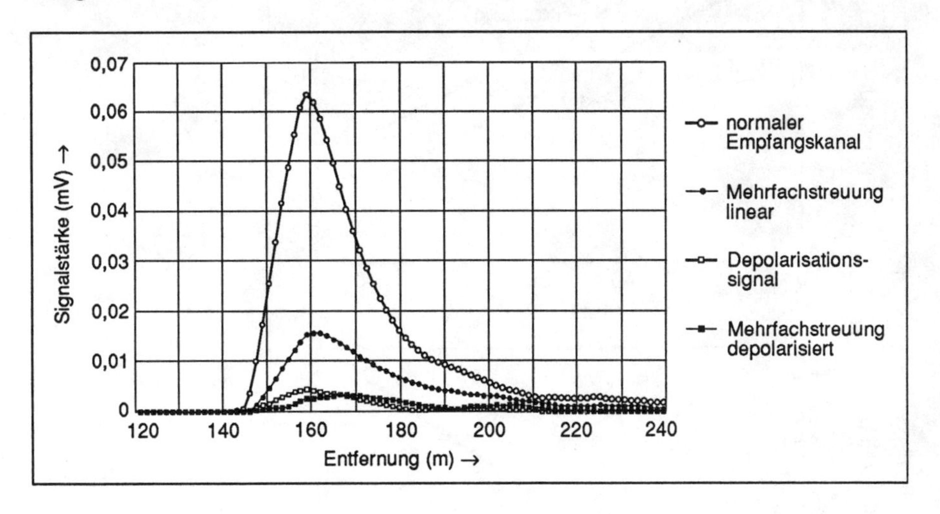

Abb. 5.28 Beispiel einer Wolken-Lidarmessung

Man erkennt deutlich das zeitlich verschobene Maximum im Mehrfachstreukanal. Das Depolarisationssignal hat die gleiche Größenordnung wie das depolarisierte Mehrfachstreusignal, woraus man ableiten kann, daß es sich um eine Wasserwolke handelt.

Dies sind die ersten Anfänge für ein weit komplizierteres Verfahren. Jede Wolke besteht aus den unterschiedlichsten Tröpfchenverteilungen. Auch für Wasserwolken sind die Streueigenschaften bei gleichem Extinktionskoeffizienten unterschiedlich. Zum Beispiel unterscheidet man die jedem bekannten Nebel grob zwischen Strahlungsnebel und advektivem Nebel. Der Strahlungsnebel ist begleitet von kleineren Tröpfchen und er tritt häufig verbunden mit Windstille auf, während beim advektiven Nebel mit seinen größeren Teilchen erhebliche Windgeschwindigkeiten vorherrschen können. Bei einer angenommenen gleichen Sichtweite von 100 m für beide Nebel gibt das Simulationsprogramm Signaturen, wie sie in Abbildung 5.29 zu sehen sind.

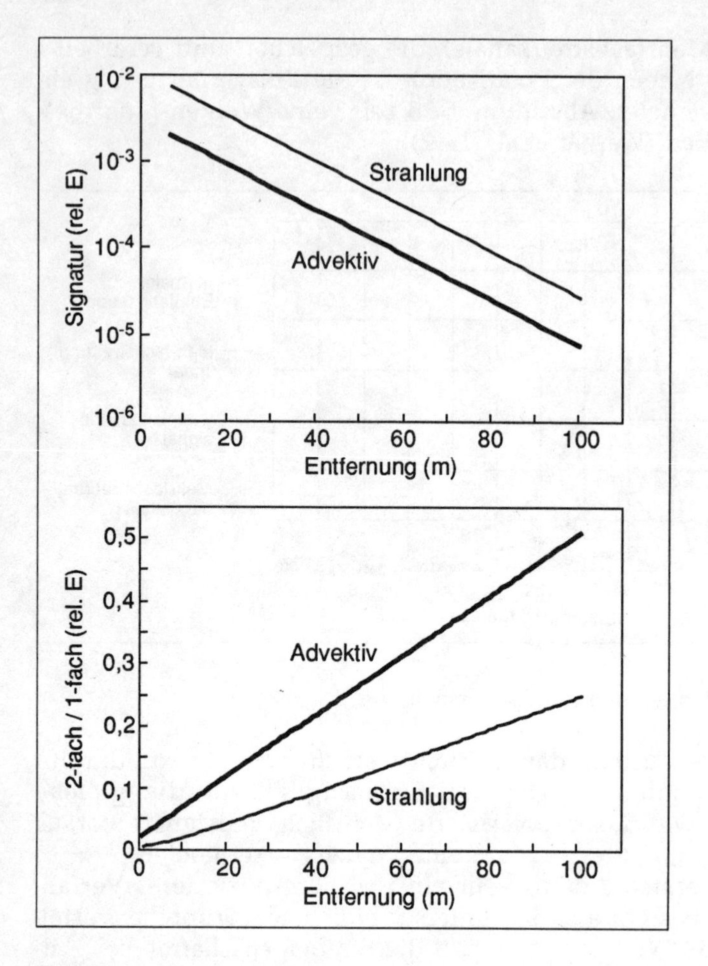

Abb. 5.29 Simulierte Lidar-Signatur bei zwei Nebellagen gleicher Sichtweite (Extinktion) (oben) und Verhältnis der Zweifach- zur Einfachstreuung (unten).

Der Strahlungsnebel gibt ein deutlich größeres Rückstreusignal für die Wellenlänge des Lidars (Wellenlänge: 1.06 µm). Wenn man die Mehrfachstreuung betrachtet, kann man aus dem Verhältnis der Zweifach- zur Einfachstreuung unterschiedliche Steigungen bei der Eindringtiefe erkennen (Abb. 5.29 unten). Dies sind zwei Abhängigkeiten, Rückstreuung und Mehrfachstreuung, die es erlauben, mit Zusatzinformationen die Partikelgrößenverteilung und die Extinktion exakt zu ermitteln. Zusatzinformationen sind zum Beispiel Temperatur, Feuchte, Wind (s.o.) und die Wetterlage. Auch andere Meßgeräteinformationen (Strahlungstemperatur) können herangezogen werden. Eine Datenbasis oder ein Expertensystem sind notwendig, die mikrophysikalischen Parameter zu bestimmen. Abbildung 5.30 zeigt ein Schema.

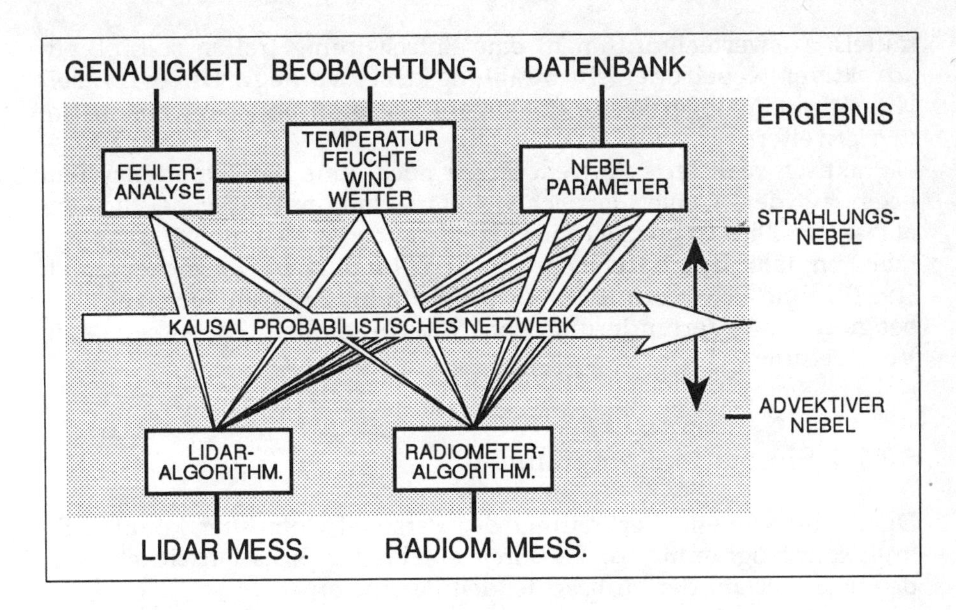

Abb. 5.30 Schema eines Expertensystems zur Erfassung von Nebelarten

Umweltsituationen setzen sich aus einer Vielzahl von verschiedenen Objekten (makro- und mikrophysikalische Parameter der Atmosphäre, der Wolke, des Bodens etc.) und unterschiedlichen Sensoren zusammen. Diese Objekte und Sensoren unterliegen dem Zufall, welcher sich u.a. in Meßfehlern äußern kann. Gerade deshalb sind kausal-probabilistische Netze sinnvolle Mittel zur Beschreibung und Analyse solcher komplexen Systeme. Die grundlegende Vorgehensweise bei der Anwendung eines solchen Netzes sieht wie folgt aus:

1. Messung
2. Aufbereitung der Meßdaten für das Netz
3. Eingabe der gewonnenen Daten in das Netz
4. Auswertung

Ein solches System besteht aus Knoten, die gewisse Zustände des Systems repräsentieren und Kanten, die den qualitativen Zusammenhang zwischen diesen Zuständen beschreiben. Das Expertenwissen ist in der Aufbereitung der Meßdaten, der qualitativen und quantitativen (stochastischen) Abhängigkeitsstruktur des Netzes enthalten. Für Datensätze eines Sensors, die eine direkte Auswertung im Netz nicht erlauben (z.B. das Rückstreusignal), erfolgt eine erste Auswertung mit Hilfe numerischer Algorithmen, welche verschiedenste "charakteristische Parameter" der Umweltsituation liefern sollen. Andere Meßdaten, z.B. menschliche Wahrnehmungen, erfordern u.U. keine numerische Aufbereitung.

Die Abbildung 5.30 zeigt einen ersten Entwurf eines Netzes, welches mit Hilfe der entsprechenden Daten (gewonnen aus den Meßdaten mittels Auswertealgorithmen) eine Entscheidung treffen soll, ob ein advektiver Nebel oder ein Strahlungsnebel vorliegt. Dieses Modell läßt sich in analoger Weise für andere Sensoren und Umweltsituationen erweitern.

Praktisch realisierte Anwendungen noch ohne das Expertensystem liegen auf dem Gebiet der Sichtweitenmessung mit Lidar bei dichtem Nebel vor. Dies ist speziell für Flughäfen wichtig, wo die Landung oftmals im Jahr durch schlechte Sicht behindert ist (Streicher et al. (1988)). Eine Erweiterung für den Einsatz im Kraftfahrzeug zur Vorbeugung bzw. Verhinderung von Massenunfällen im Nebel ist in Vorbereitung.

5.7.1.3 Simulationsprogramme

Durch die schnelle Verbreitung der Personal Computer konnten Simulationsprogramme für Sensoren auf breiter Basis entwickelt werden. Die Vielzahl der zu beachtenden Parameter:

Atmosphäre	Absorption (z.B. HITRAN Datenbasis) Streuung (Phasenfunktionen)
Sensor	Laserparameter (Wellenlänge, Pulsenergie, Pulsdauer) Detektorparameter
Datenerfassungssystem	Digitalisierungsrahmen Mittelungen

können in einem Simulationsprogramm optimiert werden. Künstliche Signale werden generiert und die Auswertealgorithmen können auf diese Signale angewandt werden. Man erkennt auf diese Art des Vorgehens ohne den Umweg über Geräteentwicklung und Test die Möglichkeiten und Grenzen der Verfahren.

Mehrere Simulationsprogramme sind auf dem Markt. Für das Differential-Absorptions-Lidar wurde von Battelle im ESA-Auftrag ein Programm entwickelt (Endemann et al. (1988)), das es gestattet, die Signale eines Lidars zu simulieren. Dies ist für die Raumfahrtanwendung eines Lidars besonders wichtig, da man hier auf die Grenzen der Nachweisbarkeit bei einer Entfernung von etwa 800 km stößt. Man will zum Beispiel global den Wasserdampfgehalt messen und muß dies für alle denkbaren Zustände der Atmosphäre optimieren. Abbildung 5.31 zeigt die Eingabemaske des Programms.

Lidar Typ
Heterodyn Empfänger
Laser Typ: 10P20
Laser Wellenlänge: 10,59 µm
Entfernungsauflösung: 0,15 km
Mittelung: 1 Puls

Sender
Laser-Puls-Energie: 100 mJ
Laser-Puls-Dauer: 1 µs
Opt. Wirkungsgrad: 70 %
Durchmesser Optik: 20 cm
Gesichtsfeld (halber Winkel): 0,050 mrad

Position
Höhe über Grund: 10 km
Abtastwinkel (zur Vertikalen): 150°

Empfänger
Durchmesser Optik: 20 cm
Empfänger Fläche: 0,031 m^2
Opt. Wirkungsgrad: 20 %
Quanten Wirkungsgrad: 50 %
Gesichtsfeld (halber Winkel): 0,064 mrad
Brennpunkt: 8 km
Effektive Bandbreite: 0,999 MHz

Abb. 5.31 Eingabemaske des Lidar-Simulationsprogramms Battelle

Für das ebenfalls für die Raumfahrt wichtige Doppler-Lidar existiert ein Simulationsprogramm LIDAIR von Coherent Technologies (1991). Neben den Atmosphärenparametern für die Absorption kann zusätzlich das Windfeld vorgegeben werden. Es erfordert eine SUN-Workstation und wird zur Zeit für einen Macintosh-Rechner umgestellt (Streicher (1992)). Dieses Simulationsprogramm hat schematisch die in Abbildung 5.32 gezeigten Anteile.

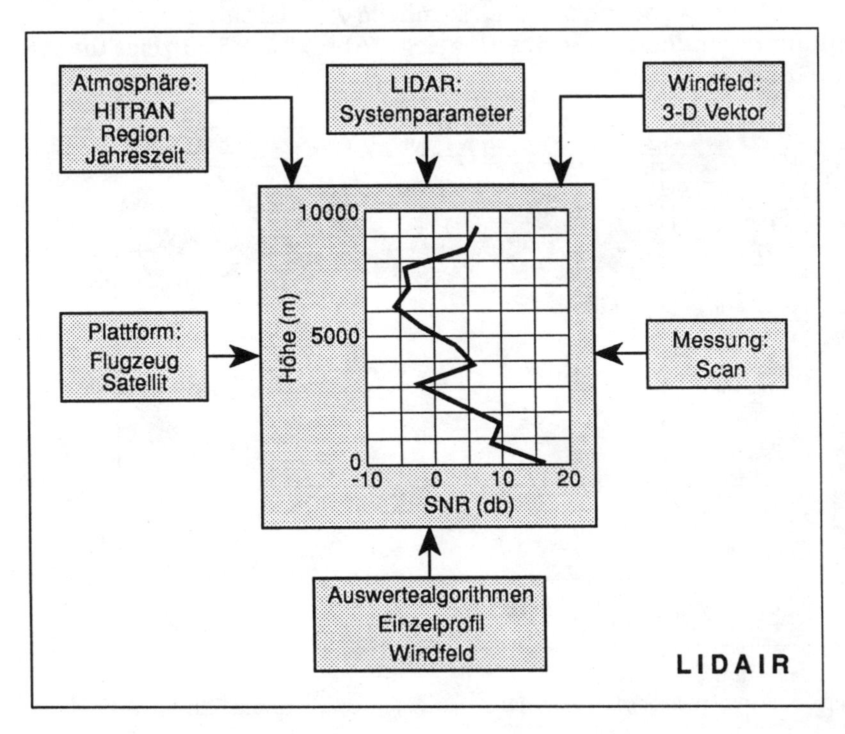

Abb. 5.32 Blockdiagramm des Doppler-Lidar-Simulationsprogramms LIDAIR

Mit diesem Programm läßt sich ein Doppler-Lidar optimieren. Die Lidar-Parameter werden vorgewählt (analog zu Abbildung 5.28), die Meßrichtung (vom Boden oder vom Satelliten aus) wird bestimmt. Ein zu messendes Windfeld wird als Modul ausgewählt und das Programm berechnet mit der Datenbasis (HITRAN) das Signal. Dieses kann einem Auswertealgorithmus zugeführt werden, der das eingegebene Windfeld aus dem simulierten Signal zurückrechnet. Bei Übereinstimmung von Eingabe und Ergebnis kann der konzipierte Sensor als optimal gelten.

Als Beispiel für die Anwendung sei ein weiteres Simulationsprogramm LIDAR (Streicher (1990)) genannt. Es ist für den AMIGA 2000 PC geschrieben und benutzt dessen vielfältige graphische Möglichkeiten. Für Lehrveranstaltungen zum Thema Lidar ist es optimal geeignet. Die Auswahl erfolgt in Form von Pull-down-Menüs. Man konzipiert ein Lidar mit einer ähnlichen Maske wie sie in Abbildung 5.28 zu sehen ist. Zusätzlich ist die Digitalisierung und die Mittelung aufgenommen. Da es hauptsächlich für ein Rückstreulidar konzipiert wurde, wird der Schwerpunkt der Applikationen auf die Streurechnung (Phasenfunktion, Brechungsindex) gelegt. Die Lidar-Überlappfunktion ist ebenso enthalten wie eine Überprüfung nach Augensicherheitskriterien (siehe Abschnitt 5.9). Um es universell einzusetzen, ist auf die Atmosphäre, die räumliche Ausdehnung der Aerosolverteilung besonderes Augenmerk gelegt. Abbildung 5.33 zeigt die Atmosphärenmaske.

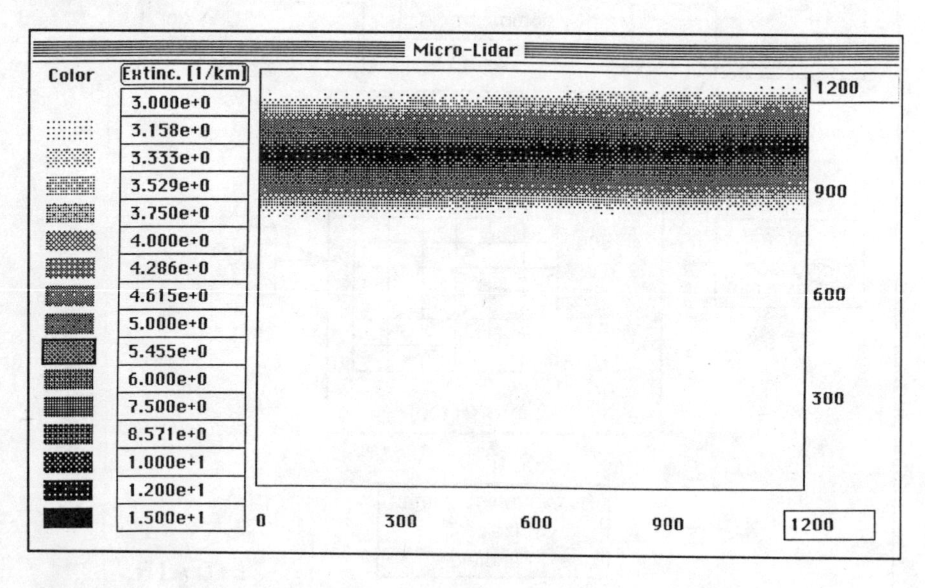

Abb. 5.33 Atmosphärenmaske des DLR -Simulationsprogramms LIDAR

Man kann sich ein Meßszenario vorgeben durch Auswahl der Extinktionskoeffizienten und Übertragung in das Szenariofeld. Das Lidar steht in der Mitte des Feldes und kann in alle Richtungen durch das Szenario messen. Somit können Wolken, Rauchfahnen und Hindernisse eingebaut werden.

Die erhaltenen Signale können anschließend mit auszuwählenden Auswertealgorithmen (Klett, Slope etc.) invertiert werden. Damit ist eine Überprüfung der gewählten Lidar-Parameter, speziell der gewählten Digitalisierung und Mittelung möglich. Abbildung 5.34 zeigt ein Beispiel für den Einfluß der Digitalisierung auf das Klett-Verfahren.

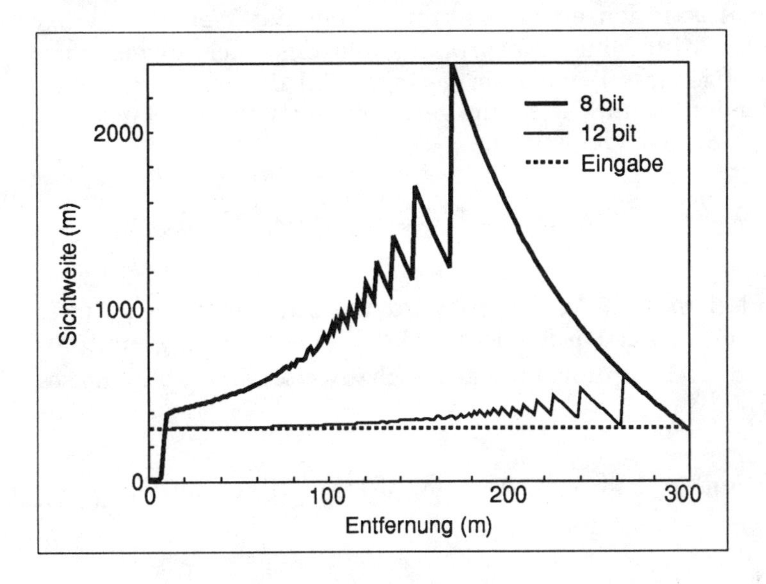

Abb. 5.34 Invertierung eines simulierten Lidar-Signals mittels Klett-Methode bei unterschiedlicher Digitalisierung

Ein homogener Strahlungsnebel mit 200 m Sichtweite wird mittels eines Laser-Sichtweitenmeßgeräts gemessen. Das künstliche Signal ist mit 8 Bit bzw. 12 Bit digitalisiert. 10000 Einzelschüsse sind jeweils gemittelt. In 300 m Entfernung beginnt der Invertierungsprozeß. Man erkennt, daß mit 8 Bit Auflösung die Auswertung nur bis etwa 150 m gültig ist; bei 12 Bit Auflösung erreicht man mit ansonsten gleichen Bedingungen bereits etwa 250 m.

Diese Beispiele sollen zeigen, daß sehr viel Einzelwissen verfügbar gemacht werden kann bei der Optimierung eines Lidar-Sensors.

5.7.2 Differentielles Absorptions-Lidar (DIAL)

Ein DIAL-System kann als verfahrenstechnische Kombination des DAS-Prinzip mit einem Rückstreulidar beschrieben werden. Das spektroskopische Meßprinzip wird durch das DAS-Verfahren zur Verfügung gestellt, während das räumliche Auflösungsvermögen der DIAL-Messung aus der Streuung der Laserpulse an den frei verteilten Molekülen der Luft bzw. an Aerosolen folgt.

Die formalistische Beschreibung des DIAL-Verfahrens läßt sich unter Berücksichtigung einiger zusätzlicher Randbedingungen aus der Gleichung 5.12 des DAS-Prinzips herleiten.

Nach dem Aussenden eines Laserpulses mit der Wellenlänge λ_{on} (Laser auf die Mitte einer Absorptionslinie des nachzuweisenden Spurengases abgestimmt) wird ein geringer Teil der emittierten Leistung aus der Entfernung R zurückgestreut und vom Empfangsteleskop des DIAL-Systems registriert.

$$I(\lambda_{on},R) = I_0(\lambda_{on})\,\eta\,\frac{A}{R^2}\,\beta(\lambda_{on},R)\,\Delta R\,T^2(\lambda_{on},R)\,\exp\left(-2\int_0^R \varepsilon(\lambda_{on},R)dR\right) \tag{5.32}$$

Entsprechend dem DAS-Verfahren wird unmittelbar danach (oder besser gleichzeitig) ein Laserpuls auf der Wellenlänge λ_{off} emittiert (Laser neben die Absorptionslinie des nachzuweisendem Spurengases abgestimmt).

$$I(\lambda_{off},R) = I_0(\lambda_{off})\,\eta\,\frac{A}{R^2}\,\beta(\lambda_{off},R)\,\Delta R\,T^2(\lambda_{off},R)\,\exp\left(-2\int_0^R \varepsilon(\lambda_{off},R)dR\right) \tag{5.33}$$

mit

- $I(\lambda_{on,off},R)$ = Empfangene Intensität bei der Wellenlänge λ_{on} bzw. λ_{off} aus der Entfernung R
- $I_0(\lambda_{on,off})$ = Emittierte Intensität bei der Wellenlänge λ_{on} bzw. λ_{off}
- η = Wirkungsgrad des Sende- und Empfangssystems
- A = Effektive Fläche der Empfangsoptik
- R = Entfernung von DIAL-System zum streuenden Partikel (Meßentfernung)
- $\beta(\lambda_{on,off},R)$ = Atmosphärischer Rückstreukoeffizient bei der Wellenlänge λ_{on} bzw. λ_{off} in der Entfernung R
- $T(\lambda_{on,off},R)$ = Atmosphärische Transmission bei den Wellenlängen λ_{on} bzw. λ_{off} über die Entfernung R
- ΔR = Wegstrecken-Element

$(\lambda_{on,off}, R)$ = Extinktionskoeffizient für das gesuchte Spurengas bei den Wellenlängen λ_{on} bzw. λ_{off} in der Entfernung R

Die beiden Wellenlängen λ_{on} bzw. λ_{off} liegen sehr dicht beieinander (Separation nur wenige Wellenzahlen), so daß folgende Vereinfachungen eingeführt werden können.

$$\begin{aligned} I_0(\lambda_{off}) &= I_0(\lambda_{on}) \\ \beta(\lambda_{off}) &= \beta(\lambda_{on}) \\ T(\lambda_{off}) &= T(\lambda_{on}) \end{aligned} \tag{5.34}$$

Damit läßt sich der Quotient der beiden oberen Gleichungen wie folgt darstellen:

$$\frac{I(\lambda_{off}, R)}{I(\lambda_{on}, R)} = \frac{\exp\left(-2\int_0^R \varepsilon(\lambda_{off}, R)\, dR\right)}{\exp\left(-2\int_0^R \varepsilon(\lambda_{on}, R)\, dR\right)} = \exp\left(-2\int_0^R \left(\varepsilon(\lambda_{on}, R) - \varepsilon(\lambda_{off}, R)\right) dR\right) \tag{5.35}$$

Logarithmieren und Auflösung des Wegstrecken-Integrals führt zu:

$$\frac{d}{dR} \ln\left(\frac{I(\lambda_{off}, R)}{I(\lambda_{on}, R)}\right) = 2\left(\varepsilon(\lambda_{on}, R) - \varepsilon(\lambda_{off}, R)\right) = 2\Delta\varepsilon \tag{5.36}$$

mit

$\Delta\varepsilon$ = Differentieller Extinktionskoeffizient des Spurengases.

Für infinitesimale Entfernungsintervalle ΔR folgt:

$$\frac{1}{\Delta R} \ln\left(\frac{I(\lambda_{off}, R)}{I(\lambda_{on}, R)} \cdot \frac{I(\lambda_{on}, R + \Delta R)}{I(\lambda_{off}, R + \Delta R)}\right) = 2\Delta\varepsilon \tag{5.37}$$

In Abbilddung 5.35 ist dieser numerische Zusammenhang in Form eines schematischen Lidar-Signals dargestellt. Es ist deutlich zu erkennen, daß die bei λ_{on} empfangene Intensität $I(\lambda_{on}, R)$ deutlich stärker geschwächt ist.

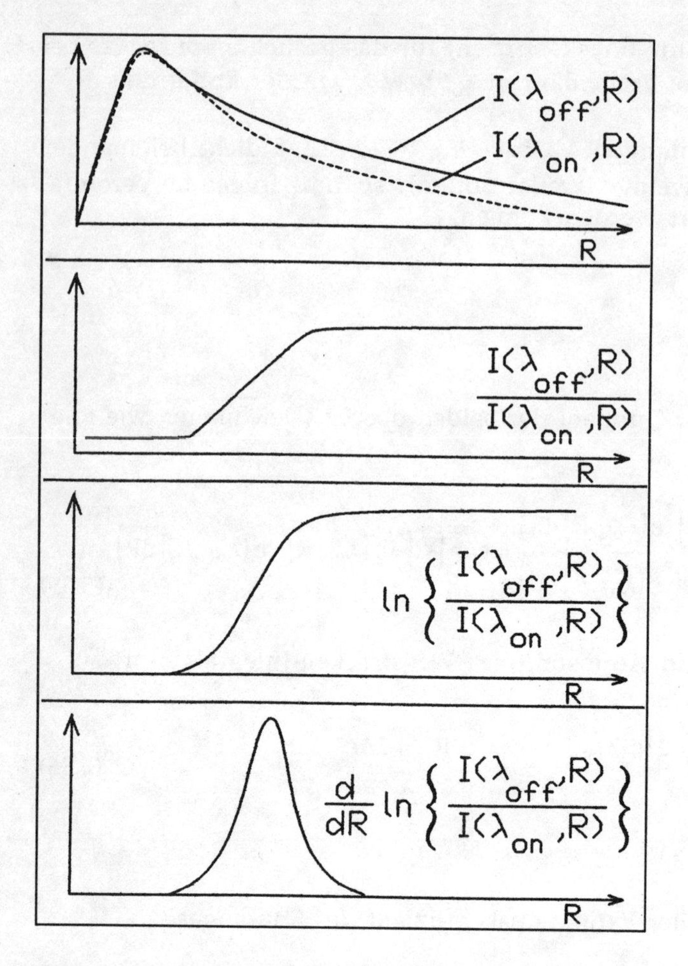

Abb. 5.35 Berechnung der entfernungsaufgelösten Konzentration eines Spurengases mittels der DIAL-Methode (Koelsch et al. (1991))

Der Extinktionskoeffizient ε kann dargestellt werden durch die relative Konzentration k (ppm, ppb) des Spurengases und dessen Absorptionkoeffizienten:

$$\Delta\varepsilon = P_{atm}\,\Delta\alpha_G \cdot \left(\frac{P_G}{P_0}\right) = P_{atm} \cdot \Delta\alpha_G \cdot k \tag{5.38}$$

mit

P_G = Partialdruck des Spurengases
P_{Atm} = Atmosphärischer Gesamtdruck
$\Delta\alpha_G$ = Differentieller Absorptionskoeffizient des Spurengases

Für die interessierende Meßgröße (relative Konzentration des Spurengases) folgt somit die Bestimmungsgleichung:

$$k = \frac{P_G}{P_{atm}} = \frac{1}{2\Delta\alpha_G\, P_{atm}\, \Delta R} \ln\left(\frac{I(\lambda_{off},R)}{I(\lambda_{on},R)} \cdot \frac{I(\lambda_{on},R+\Delta R)}{I(\lambda_{off},R+\Delta R)}\right) \qquad (5.39)$$

Die räumliche Konzentration des Spurengases läßt sich somit durch Größen bestimmen, die während der eigentlichen Lidarmessung registriert werden ($I(\lambda_{on,off},R)$) bzw. die durch spektroskopische Labormessungen ermittelt wurden (α_G) oder der Literatur zu entnehmen sind. Die Konzentration k gilt für ein einzelnes Entfernungselement mit der Länge ΔR in der Entfernung R. Zur Erfassung eines ausgedehnten räumlichen Meßbereiches sind entsprechend viele derartige Entfernungselemente in unterschiedlichen Entfernungen und Richtungen zu vermessen.

Auf diese Weise läßt sich durch eine korrelierte Auswertung der empfangenen Signale aus den verschiedenen Entfernungskanälen bei den Wellenlängen $\lambda_{on,off}$ eine kartographische Darstellung der räumlichen Verteilung des gesuchten Spurengases erstellen.

In den vergangenen Jahren wurden international bereits mehrere dieser Lidar-Systeme realisiert, um die räumliche Verteilung von Schadgasen wie SO_2, NO_x, HCl, troposphärischem O_3, organischer Verbindungen (BTX) oder Phosgen zu detektieren. Aufgrund des relativ hohen technologischen Aufwandes und der erforderlichen hohen Laserleistung waren diese Anlagen bislang einzelne und in sich abgeschlossene Entwicklungen mit stark forschungsorientiertem Hintergrund, die einen vergleichsweise hohen Anspruch an das Bedienungspersonal stellten.

In den folgenden Abschnitten sollen als Beispiele für erfolgreich realisierte DIAL-Systeme zwei Anlagen vorgestellt werden, die in der Bundesrepublik zur Detektion von HCl bzw. SO_2 und troposphärischem O_3 entwickelt wurden und exemplarisch darstellen, welche technologische Entwicklung in den letzten Jahren auf dem Gebiet der DIAL-Systeme zu verzeichnen war.

5.7.2.1 DF-Lidar der GKSS

Bereits Anfang der 80er Jahre wurde durch das GKSS-Forschungszentrum Geesthacht ein DIAL-System entwickelt, um gasförmiges HCl zu detektieren, das beim Abfackeln von organischen Lösungsmittelresten und anderen Abfällen der chemischen Industrie an Bord von speziellen Verbrennungsschiffen auf der Nordsee entstand (Weitkamp et al. (1983)). Die Ausbreitung der agressiven HCl-Dämpfe im Lee eines Verbrennungsschiffes war zu diesem Zeitpunkt kaum bekannt und es war weiterhin mit punktförmig messenden Sensoren nicht möglich, ein räumlich und zeitlich homogenes Bild der Fahnenstruktur zu erstellen.

Dieses Lidar-System wurde an Bord des Forschungsschiffes Tabasis (heute: Oceanworker) installiert und wurde in mehreren Meßkampagnen für zahlreiche Kartographierungen von HCl-Fahnen im Lee von Verbrennungsschiffen eingesetzt. In der folgenden Tabelle 5.9 sind die technischen Daten dieses Systems zusammengefaßt dargestellt.

Tabelle 5.9 Technische Daten des DF-Lidars der GKSS (Weitkamp et al. (1983))

Laser:	Deuteriumfluorid-Laser (DF), gepulst
Pulsenergie:	10 mJ (Signal), 30 mJ (Referenz)
Spektralbereich:	um 3.6 µm
Pulsdauer:	300 ns
Empfangsoptik:	50 cm Cassegrain
Nachweisgrenze:	300 ppb
Entfernungsauflösung:	75 m
Reichweite:	bis 2000 m

Die empfangenen Rückstreusignale für die beiden emittierten Wellenlängen (Meßsignal bei λ_{on} bzw. Referenzsignal bei λ_{off}) sind in Abbildung 5.36 zur Verdeutlichung zusammen mit drei HCl-Wolken dargestellt.

Die rechte Ordinate bezieht sich auf die Konzentration der HCl-Wolken, während die linke Ordinate die Stärke der empfangenen Rückstreusignale bezeichnet. Als Abszisse ist die Entfernung dieser Signale zum Lidar-System aufgetragen. Es ist deutlich erkennbar, daß selbst hohe HCl-Konzentrationen in dieser Darstellung der Empfangssignale kaum erkennbar sind. Erst die weitere Auswertung dieser Signale führt zu den strukturierten Ergebnissen, wie sie in Abbildung 5.37 dargestellt sind.

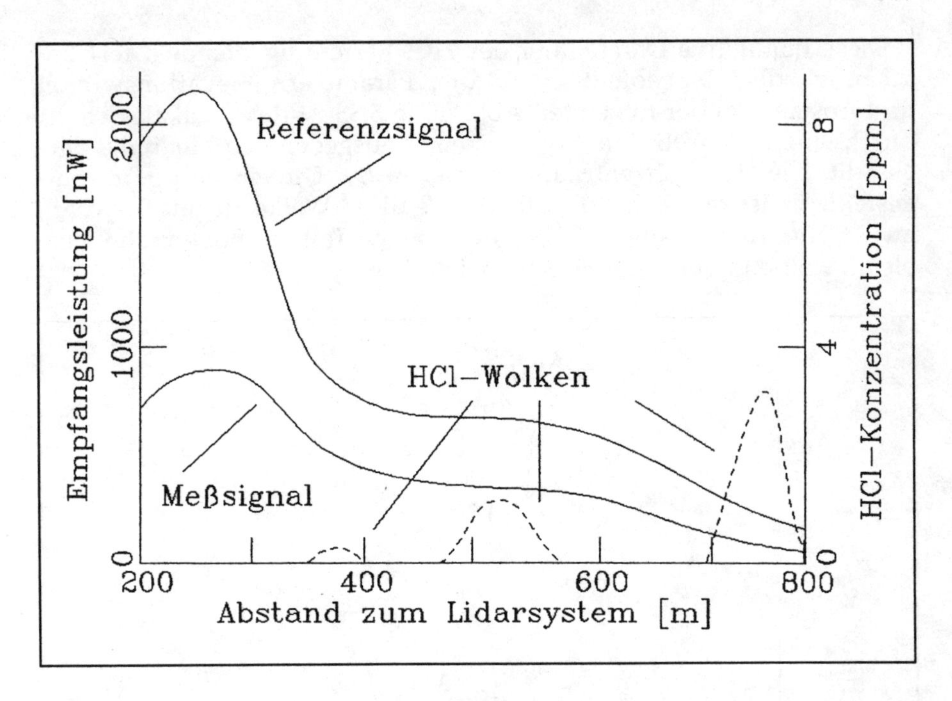

Abb. 5.36 Empfangssignale einer DIAL-Messung mit gleichzeitiger Darstellung von mehreren HCl-Wolken im Meßbereich (Weitkamp et al. (1983))

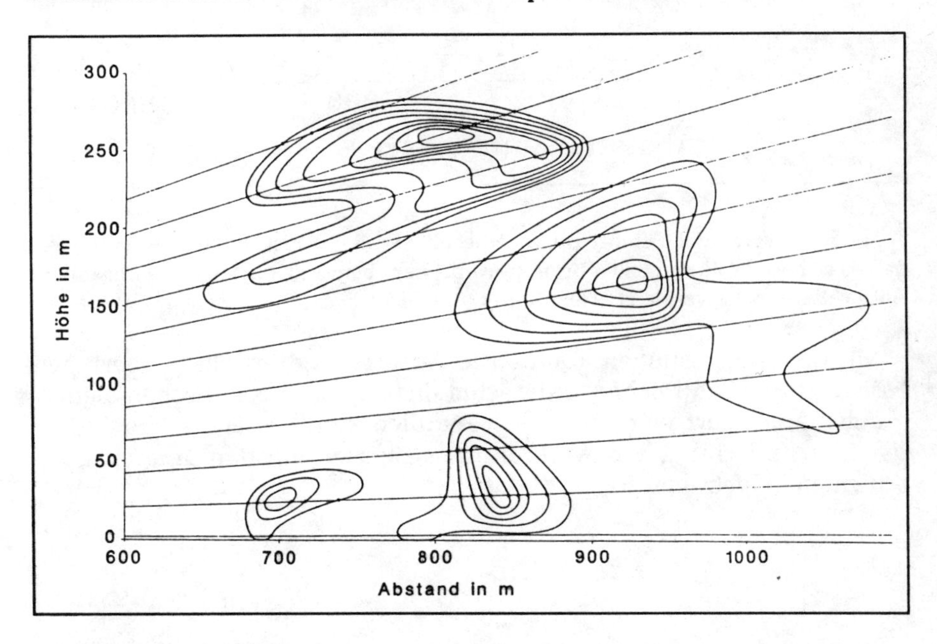

Abb. 5.37 Querschnitte durch verschiedene Bereiche von bodennahen Luftschichten mit erhöhter HCl-Konzentration (Heinrich et al. (1986))

Diese qualitative Darstellung der HCl-Verteilung demonstriert anschaulich die Meßgeometrie mit den Parametern Elevationswinkel und Abstand. In der folgenden Abbildung 5.38 ist der vertikale Schnitt durch eine HCl-Wolke als Ergebnis einer ausgedehnten Meßreihe dargestellt. Die HCl-Konzentration ist hier in der Dimension µg/m³ dargestellt. Es ist deutlich erkennbar, daß diese Wolke beginnt, sich in zwei Teile aufzuspalten, wobei der untere Teil in Bodennähe verbleibt, während der obere Teil aufsteigt.

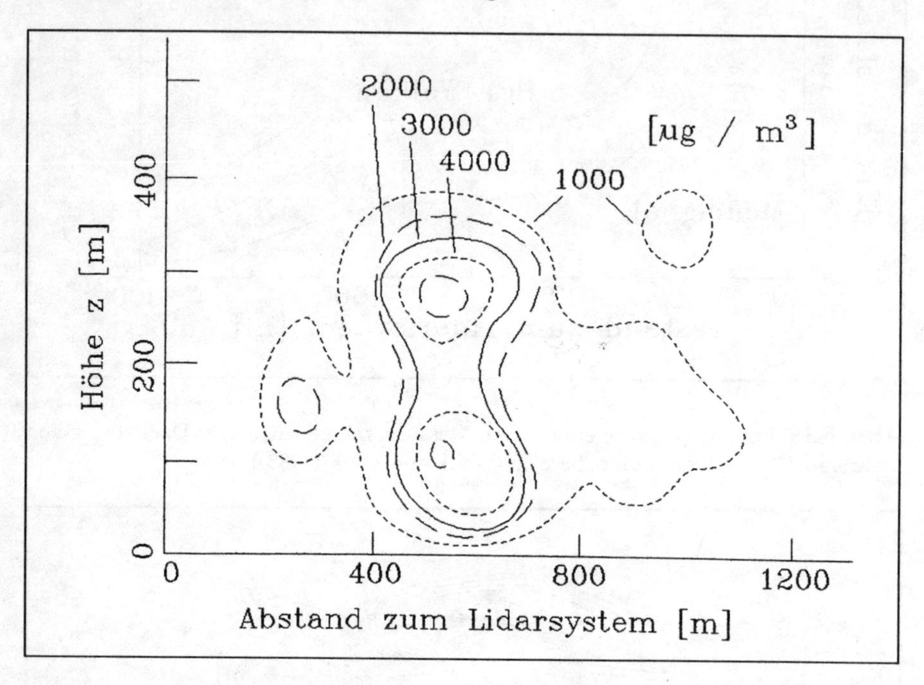

Abb. 5.38 Vertikaler Schnitt durch eine HCl-Wolke. Es ist deutlich zu erkennen, daß sich diese Wolke zu teilen beginnt, wobei der obere Teil aufsteigt und der untere Teil in Wassernähe verbleibt (Heinrich et al. (1986))

Mit diesen Messungen konnte die Ausbreitung des HCl in geringen Höhen unter zahlreichen unterschiedlichen meteorologischen Bedingungen analysiert werden, was wesentlich zum besseren Verständnis der Durchmischung von Verbrennungsabgasen mit den unteren Luftschichten beigetragen hat.

5.7.2.2 ARGOS-System von MBB und GKSS

Die räumliche Verteilung von Schadstoffen, die durch die geführte Emission von gasförmigen Verbrennungsrückständen freigesetzt werden (z.B. SO_2, NO_x, O_3), war lange Zeit ein nur schwierig zu erfassendes technologisches Problem. Punktförmig messende Sensoren können lediglich Informationen über die Schadstoffbelastung in ihrer unmittelbaren Umgebung liefern. Zur weiträumigen Überwachung eines ausgedehnten Gebietes ist daher ein weit verzweigtes Netz mit zahlreichen derartigen Sensoren notwendig, deren Abstand jedoch aufgrund technischer Grenzen relativ groß ist.

Eine räumliche Kartographierung der Schadstoffbelastung mit einem Auflösungsvermögen von wenigen Metern ist mit diesen Verfahren nicht realisierbar. Somit können aufgrund des relativ großen Abstandes der Sensoren untereinander Lücken in diesem Meßnetz auftreten, durch die Schadstoffe unbemerkt entweichen können.

Eine Lösung dieses Problems wird durch den Einsatz von mobilen Lidar-Systemen ermöglicht, deren entfernungsaufgelöstes Meßverfahren eine lückenlose Erfassung von Schadstoffkonzentrationen innerhalb der Systemreichweite gestattet.

Zu diesem Zweck wurde von MBB im Auftrag der GKSS das mobile Lidar-System ARGOS entwickelt, das für die Bestimmung von SO_2, NO_2 und O_3 eingesetzt wird (Weitkamp et al. (1991), sowie Buschner und Kolm (1992)). Die Laseranlage dieses Systems beinhaltet zwei blitzlampengepumpte Nd:YAG-Laser, die wiederum zwei Farbstofflaser pumpen. Durch eine Verdopplung der Frequenz der Farbstofflaser (BBO-Kristalle) wird schließlich die gewünschte Laserstrahlung generiert. In der Tabelle 5.10 sind die wesentlichen technischen Daten dieses Lidar-Systems aufgeführt.

Sämtliche Aggregate des Lidars sind dauerhaft in einem Klein-Lkw montiert und ermöglichen somit einen flexiblen Betrieb dieses Systems. In Abbildung 5.39 ist der Aufbau schematisch wiedergegeben. Die Messungen können im gesamten Halbraum über dem Meßfahrzeug durchgeführt werden, da über eine Strahlführungsoptik jede Meßrichtung anvisiert werden kann. Zur Messung von räumlich aufgelösten Flüssen von Luftverunreinigungen wird ein SODAR eingesetzt, das auf dem Dach des Meßfahrzeuges angebracht ist und mit einer Auflösung von 0,3 m/s das bodennahe Windfeld detektiert (MBB (1989)).

Tab. 5.10 Daten des ARGOS-Lidars

Pulsenergie nach Frequenzverdopplung:	10 - 15 mJ
Pulswiederholfrequenz:	10 Hz
Apertur des Empfangsteleskops:	30 cm
Wellenlängen für SO_2-Messungen:	296 nm und 297 nm
Wellenlängen für O_3-Messungen:	280 nm und 282 nm
Reichweite des Lidars:	2 km bei Immissions- und 1 km bei Emissionsmessungen
Meßzeit für ein Profil:	2 Minuten
Tiefenauflösung (Immissionsmessung):	35 m
Emfindlichkeit (Nachweisgrenze):	20 ppb mit 300 m räumliche Mittelung bei Immissionsmessungen
Meßgenauigkeit (Standardabweichung):	20 ppb mit 300 m räumliche Mittelung bei Immissionsmessungen

Abb. 5.39 Schematischer Aufbau des ARGOS-Lidars (Buschner (1992))

Dieses mobile System wurde bereits mehrfach bei Meßkampagnen eingesetzt, um die räumliche Verteilung von SO_2 zu kartographieren.

In Abbildung 5.40 ist das Ergebnis einer solchen Lidarmessung von SO_2 durch das ARGOS-System dargestellt. Es ist deutlich erkennbar, daß im Meßbereich des Systems eine punktförmige SO_2-Quelle vorhanden ist.

Aufgrund der wachsenden Belastung der Ballungszentren und deren Umland durch bodennahes O_3 - besonders während der Sommermonate - wurde dieses System nachträglich für Messungen dieses Spurengases umgerüstet. Im Sommer 1992 wurde an verschiedenen Orten im Stadtgebiet Münchens eine O_3-Meßkampagne durchgeführt, die interessante und vielversprechende Ergebnisse erwarten läßt (Buschner (1992)).

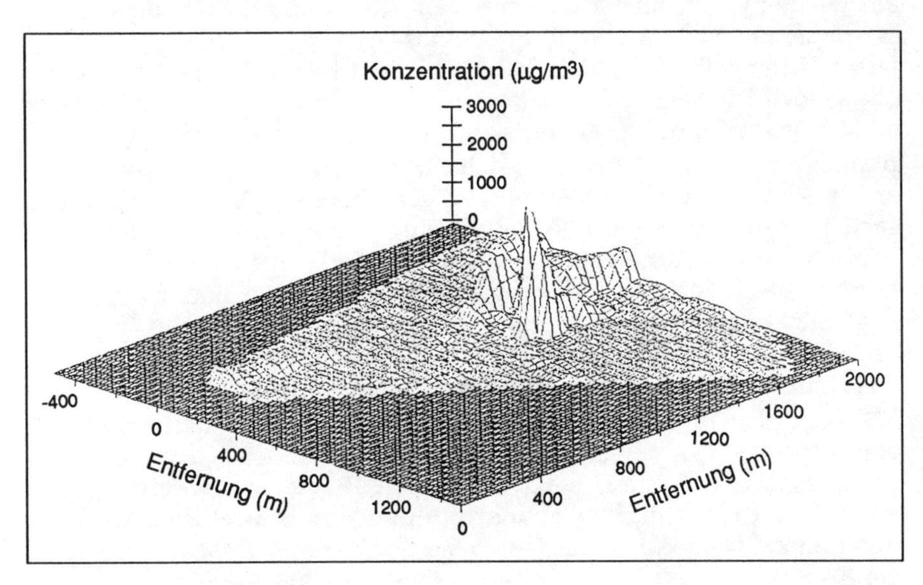

Abb. 5.40 Räumliche Kartographierung der SO_2-Konzentration (Buschner (1992))

5.7.2.3 Ausblick auf weitere Entwicklungen

Bereits Mitte der 80er Jahre hat die Polytechnische Hochschule Lausanne ein ähnliches Meßfahrzeug realisiert, das im Gegensatz zu dem ARGOS-System mit einem Excimer-Laser ausgerüstet war, der wiederum zwei Farbstofflaser pumpte. Mit diesem System konnte bei einer Pulsfolgefrequenz von 80 Hz eine räumliche Erfassung der Konzentrationen von SO_2, NO, NO_2 und O_3 durchgeführt werden. Dieses mobile System wurde erfolgreich in mehreren europäischen Städten zur räumlichen Erfassung von Luftverschmutzungen eingesetzt (z.B. Lausanne, Genf, Lyon, Stuttgart und Berlin). Nähere Informationen zu diesem System sind z.B. bei Koelsch et al. (1991) zu finden.

Derzeit wird vom Battelle-Institut Frankfurt mit Forschungsmitteln des BMFT ein mobiles Lidar-System entwickelt, das zur Quantifizierung von diffusen Emissionen organischer Schadgase eingesetzt werden soll (Lange (1992)). Der prinzipielle Aufbau dieses Systems wird weitgehend dem oben vorgestellten ARGOS-System entsprechen. Es wird im Gegensatz dazu jedoch ein CO_2-Doppelpulslaser verwendet, um im Wellenlängenbereich von 9 μm bis 11 μm räumlich aufgelöste Sonderungen durchzuführen.

Das Max–Planck–Institut für Meteorologie, Hamburg betreibt bereits seit mehreren Jahren verschiedene Lidar-Systeme, um meteorologische Parameter der unteren Atmosphäre zu untersuchen. Derzeit ist ein DIAL–System im Einsatz, mit dem die vertikale Struktur der troposphärischen Ozonverteilung gemessen wird (Bösenberg (1992)). Diese Untersuchungen sind besonders in austauscharmen sommerlichen Hochdrucklagen von Bedeutung, wo sich durch die Kfz–Abgase entstandenes O_3 im untersten Bereich der Tropopause (innerhalb der planetaren Grenzschicht) anreichert. Da dieses Spurengas bei zu hoher Konzentration Schädigungen an lebenden Organismen verursachen kann, ist es für die Beurteilung der mikroklimatischen Verhältnisse in der Nähe von Großstädten äußerst interessant, neben der horizontalen Verfrachtung dieses Gases durch den Bodenwind auch zusätzliche Informationen über dessen vertikale Verteilung in der Troposphäre zur Verfügung zu haben. Auf diese Weise lassen sich wesentliche Aussagen über den räumlichen Transport des O_3 ableiten, die auch als Eingangsparameter für atmosphärenchemische Untersuchungen und Modellrechnungen genutzt werden.

Dieses DIAL–System setzt einen KrF–Excimerlaser ein, dessen Strahl zur Erzeugung der Sendestrahlung durch zwei Raman–Zellen mit H_2 bzw. D_2 geführt werden. Über ein 90–Grad Prisma werden die Sendestrahlen nach oben emittiert. Das zurückgestreute Signal wird vom Empfangsteleskop registriert, in einem nachgeschalteten Spektrometer entsprechend der unterschiedlichen Wellenlängen aufgefächert und in drei separaten Detektorkanälen (Photomultiplier) nachgewiesen. Durch die nachgeschaltete Elektronik werden diese Signale digitalisiert und letztendlich das vertikale Profil der O_3–Konzentration berechnet.

In Abbildung 5.41 ist ein vertikales Profil der O_3– Verteilung dargestellt, das im Laufe einer internationalen Meßkampagne am 4. Oktober 1991 bei Itzehoe aufgenommen wurde. Die Messung wurde in der Zeit von 12:40 bis 13:10 aufgenommen und stellt eine markante Erhöhung der O_3–Konzentration im Bereich bis etwa 1500 m dar. Daran schließt sich die freie Atmosphäre mit geringerer O_3–Konzentration an.

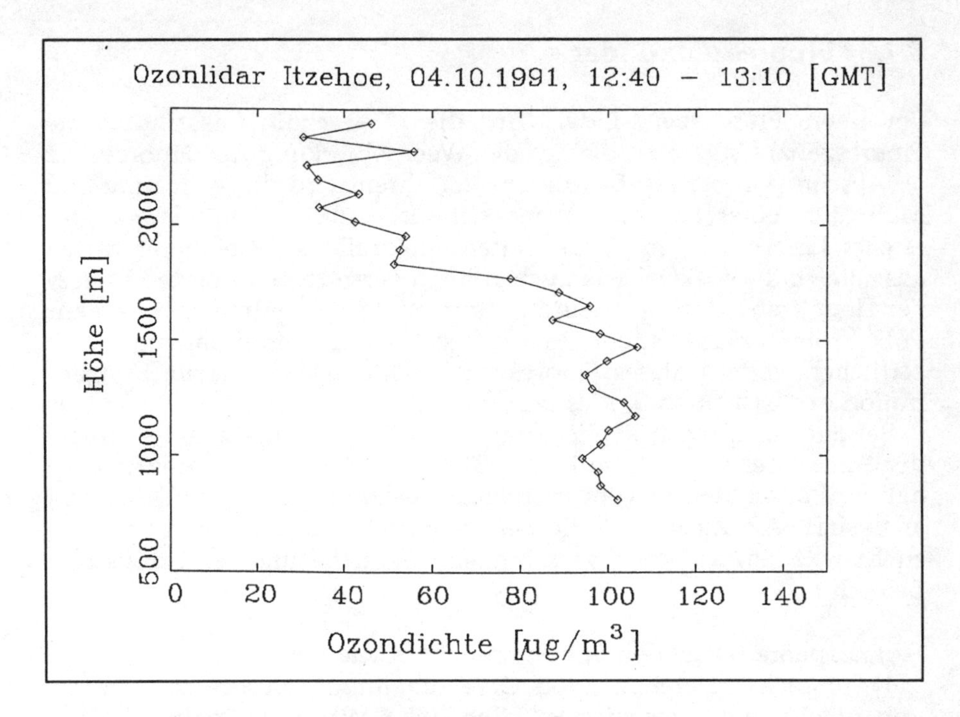

Abb. 5.41 Vertikales troposhpärisches O_3-Profil (Bösenberg (1992))

Zur Zeit wird in Leipzig ein stationäres DIAL-System erprobt, mit dem die weiträumige Verteilung von NO, NO_2, SO_2, O_3 und Staubpartikeln detektiert werden soll (Elight Lasersystems (1992)). Dieses System ist mit einem Excimer-Laser ausgerüstet, der einen speziell entwickelten Zweifarben-Farbstofflaser pumpt. Die Nachweisgrenze soll im Bereich von wenigen ppb liegen, um auch kleinräumige Variationen in der Konzentration von Luftverunreinigungen zu erfassen.

Es ist vorgesehen, dieses System nach erfolgreich abgeschlossener Erprobung im Stadtkern von Berlin zu stationieren, um von einem entsprechend hoch gelegenen Meßstandort die Luft über Berlin zu untersuchen. Die mittlere Reichweite soll je nach zu untersuchender Luftverunreinigung im Bereich von 0,5 km (NO) bis 6 km (NO_2) liegen. Bei diesen Angaben wurde eine Sichtweite von 10 km angenommen, was als charakteristischer Wert für ein stark belastetes Stadtgebiet angesehen werden kann.

Eine ausführliche Darstellung weiterer DIAL-Systeme ist in einem Übersichtsartikel (Zanzottera (1990)) gegeben.

5.7.3 Fluoreszenz-Lidar

Bei einem Fluoreszenz-Lidar wird die LIF-Technik (laserinduzierte Fluoreszenz) eingesetzt, die auf der Wechselwirkung der Fluoreszenz (s. Abschn. 4.4) beruht. Bei diesem Verfahren wird die Anregung von Molekülen einer zu detektierenden Spurensubstanz mittels energiereicher Laserpulse (im ultravioletten Spektralbereich) eingesetzt. Das anschließend - spektral wie auch zeitlich versetzt - emittierte Fluoreszenzleuchten des gesuchten Spurenstoffes wird mit einem Polychromator untersucht. Aus der spektralen Verteilung und dem zeitlichen Verlauf dieses Fluoreszenzleuchtens läßt sich die Konzentration des gesuchten Stoffes bestimmen.

Bei der technischen Realisierung eines Fluoreszenz-Lidars emittiert der Sendelaser seine Pulse in das Zielgebiet und das Fluoreszenzsignal wird anschließend vom Empfangsteleskop registriert und spektral analysiert. Als Zielgebiet, die bereits mittels der LIF-Technik untersucht wurden, kommen verschiedene Bereiche unserer Umwelt in Betracht:

- Atmosphäre (Detektion von Spurengasen wie z.B. OH)
- Hydrosphäre (Detektion von Ölverschmutzungen auf der Wasseroberfläche und dispergierter Teilchen im Wasser (Algen und Gelbstoffe (gelöste organische Bestandteile))).
- Biosphäre (Beurteilung von Schädigungen der Vegetation (Bäume) aufgrund von Veränderungen des Chlorophyll in Blättern bzw. Nadeln).

Der Nachweis von OH in der Atmosphäre wurde bereits vor über 20 Jahren mit sehr geringen Nachweisgrenzen durchgeführt. Mit einem frequenzverdoppelten Farbstofflaser (Wellenlänge: 282 nm) erreichte man eine Nachweisgrenze von 0,6 ppt (!). Da dieses reaktive Molekül an zahlreichen chemischen Prozessen in der Atmosphäre beteiligt ist, sind Messungen der OH-Konzentration nach wie vor von besonderem Interesse für die numerische Simulation von chemischen Umsetzungen in der Atmosphäre (Davis et al. (1987), Shirinzadeh et al. (1987), Hard et al. (1986)).

NH_3 ist ein weiteres Spurengas, das durch laserinduzierte Fluoreszenz detektiert werden kann und das eine wesentliche Rolle in der troposphärischen Atmosphärenchemie spielt.

NH_3 wird als wichtigstes basisch wirkendes Spurengas angesehen, das in der Atmosphäre neutralisierend auf saure Komponenten reagiert. Die Quellen für atmosphärisches NH_3 werden hauptsächlich im ländlichen Bereich gesehen, wo Konzentrationen im Bereich von 20 ppb gemessen werden (KRdL (1992)). Die durchschnittliche kontinentale Hintergrundkonzentration liegt bei etwa 5 ppb und ist durch tages- und jahreszeitliche Schwankungen geprägt (temperaturabhängige Aktivität von Bakterien im Boden). Für Luftmassen über Ozeanen, die nicht durch kontinentale Luftmassen beeinflußt sind, werden Konzentrationen unter 0,2 ppb angenommen (Quinn et al. (1987)).

Aufgrund der sehr geringen NH_3-Konzentrationen und des schwachen Wirkungsquerschnittes für Fluoreszenz sind Langpfad-Fluoreszenzmessungen technisch kaum realisierbar, so daß spezielle Meßküvetten entwickelt wurden, mit denen der Nachweis von atmosphärischem NH_3 durchgeführt werden kann (Sandholm und Bradshaw (1991)). Obwohl es sich hier nicht um Fernmeßverfahren handelt, soll doch an dieser Stelle eine Methode vorgestellt werden, mit dem ein chemisch sehr relevantes Spurengas mittels eines Laserverfahrens quantitativ nachgewiesen werden kann.

Es handelt sich hierbei um die sogenanntes VUV/PF-LIF-Methode, bei der die NH_3-Moleküle in einer Meßküvette durch die Bestrahlung mit einem Argon-Fluorid-Laser bei einer Wellenlänge von 193 nm zu angeregten NH Molekülen fragmentiert werden. Dieser Vorgang findet innerhalb der Meßküvette bei Unterdruck (< 5 mbar) statt, um Wechselwirkungen des NH mit anderen Molekülen zu reduzieren. Dabei wird über eine dynamische Druckreduzierung die zu untersuchende Umgebungsluft in die Meßküvette eingesaugt und abgepumpt.

Die NH-Moleküle werden zur laserinduzierten Fluoreszenz anregt, indem die Strahlung eines Farbstofflasers (452 nm) ebenfalls durch die Meßküvette geleitet wird. Dieser Farbstofflaser wird durch einen frequenzverdreifachten Nd:YAG-Laser (355 nm) gepumpt. Somit wird die Abkürzung dieser Verfahrensbezeichnung deutlich (Vakuum-Ultraviolett/Photofragmentation-Laser-induzierte Fluoreszenz).

Das von den angeregten NH Molekülen emittierte Fluoreszenzsignal wird von einem Photomultiplier detektiert und elektronisch weiterverarbeitet. Aufgrund der bekannten Umsetzung von NH_3 zu NH kann durch Bestimmung des NH-Gehaltes die NH_3-Konzentration ermittelt werden.

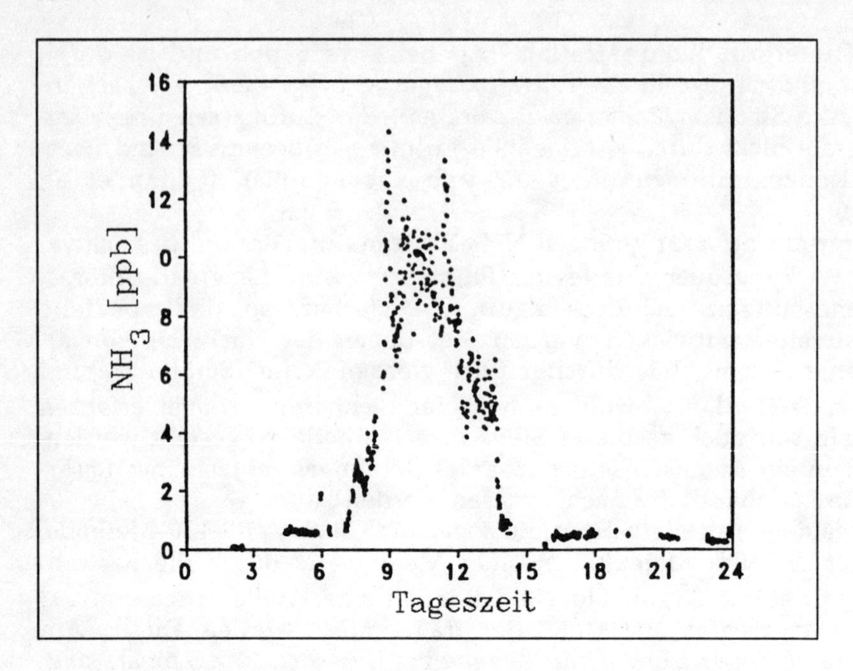

Abb. 5.42 Tagesgang von atmosphärischem NH_3 gemessen in Green-Mountain-Mesa/Colorado (Sandholm und Bradshaw (1991)).

Dieses Verfahren hat eine Entwicklungsstufe erreicht, die einen automatisierten Betrieb ermöglicht, so daß ausgedehnte Meßkampagnen durchgeführt werden können.

Als Beispiel einer Messung ist hier der Tagesgang der NH_3–Konzentration in der Nähe der Green Mountain Mesa in Colorado dargestellt (Abb. 5.42). Diese Meßreihe begann am 26. März 1989 um Mitternacht und zeigte sehr geringe NH_3–Konzentrationen bis gegen 8 Uhr Morgens, als die mit Luftverunreinigungen angereicherten Luftmassen der tiefer gelegenen Städte Boulder und Denver die hochgelegene Meßstation erreichten. Es wurden während dieser Messungen auch stark angestiegene Konzentrationen von NO_x und SO_2 beobachtet, was ebenfalls auf stark belastete Luft aus dem Stadtbereich hinwies. Am frühen Nachmittag zog sich diese Luftmasse wieder zurück und die Meßstation befand sich wieder in der reinen Umgebungsluft.

Es sollte an dieser Stelle verdeutlicht werden, daß spektroskopische Verfahren, die auf der laserinduzierten Fluoreszenz beruhen, zum Nachweis von Spurengasen mit sehr geringer Konzentration eingesetzt werden können und wesentliche Aussagen über die zeitliche Variation dieser Gase in Bodennähe ermöglichen; auch wenn es sich hierbei nicht um Fernmeßverfahren handelt.

5.7.4 Raman-Lidar

In den vorigen Abschnitten wurden aktive Fernmeßverfahren vorgestellt, deren Funktion auf der Absorption der emittierten Laserstrahlung beruht. Bei diesen Verfahren wurde die Laserquelle jeweils exakt auf die Absorptionslinie des gesuchten Spurengases abgestimmt. Durch die stoffspezifische Absorption und eine vorgegebene Länge der dabei benutzten Meßstrecke wurde anhand des Beer-Lambert'schen Absorptionsgesetzes die Konzentration des Spurengases bestimmt. Bei DIAL-Verfahren wurde die Streuung an Aerosolen (Mie-Streuung) bzw. an den atmosphärischen Hauptkonstituenten (Rayleighstreuung) genutzt, wodurch die emittierte Laserstrahlung wieder zum Empfangsteleskop des DIAL-Systems zurückgestreut wird.

Der Vorteil dieses Verfahrens ist die Größe des molekularen Absorptionskoeffizienten, die für viele Stoffe einen Nachweis innerhalb des gewünschten Konzentrationsbereiches ermöglicht. Der Nachteil liegt in der Tatsache, daß durch eine einzelne Messung jeweils nur ein einzelnes Spurengas detektiert werden kann. Um mehrere verschiedene Spurengase nachzuweisen, muß die Wellenlänge des Lasers auf die entsprechende Anzahl unterschiedlicher Wellenlängen eingestellt werden.

Dieser Nachteil kann umgangen werden, wenn als stoffspezifische Wechselwirkung an Stelle der Absorption die Raman-Streuung genutzt wird. In Abschnitt 4.5 wurde diese Wechselwirkung ausführlich vorgestellt. Hier wurde bereits gezeigt, daß mit einer einzelnen festen Laserwellenlänge eine Vielzahl stoffspezifischer Streusignale erzeugt werden können. Durch diese spektrale Separation kann zwischen den unterschiedlichen Komponenten in einem Gasgemisch bzw. zwischen verschiedenen atmosphärischen Spurengasen unterschieden werden. Die Bestimmung von deren relativen Konzentrationen erfolgt bei dieser Anwendung über den Raman-Streuquerschnitt, der eine stoffspezifische Größe darstellt. Wie bereits in Abschnitt 4.5 gezeigt, wird die Bestimmung der absoluten Spurengaskonzentration über das Raman-Streusignal eines atmosphärischen Hauptkonstituenten (z.B. N_2) durchgeführt.

In der Vergangenheit wurden in verschiedenen Ansätzen Laserfernmeßsysteme entwickelt, die auf diesem Raman-Prinzip beruhen (Raman-Lidar). Diese Systeme wurden zum Nachweis von H_2O in der Atmosphäre (Melfi et al. (1969), Weitkamp et al. (1992)), sowie zur Detektion von gasförmigen Luftverunreinigungen, wie z.B. CO, NO, H_2 S, CH4, SO_2, CO_2, C_2 H_4 (Kobayashi und Inaba (1971) oder Kerosin (Hirschfeld et al. (1973)) realisiert. Wie beim DIAL-Verfahren erfolgt auch hier eine entfernungsmäßige Auswertung der zurückgestreuten Empfangssignale, so daß eine räumliche Beurteilung der Spurengaskonzentration möglich ist.

In Abbildung 5.43 sind zwei Ausschnitte aus einem Ramanspektrum dargestellt, wie es vom Empfangsteleskop eines Raman-Lidars registriert wurde. Es sind deutlich die Streusignale von SO_2 bzw. Kerosin zu erkennen. Diese Messung einer geführten Emission (Schornstein) wurde aus einer Entfernung von etwa 200 m aufgenommen. Bei dieser Messung wurde ein frequenzverdoppelter Rubinlaser (Wellenlänge: 347 nm) mit einer Pulsenergie von 2 J eingesetzt. Die Nachweisgrenze für beide Stoffe wurde mit etwa 1 ppm angegeben.

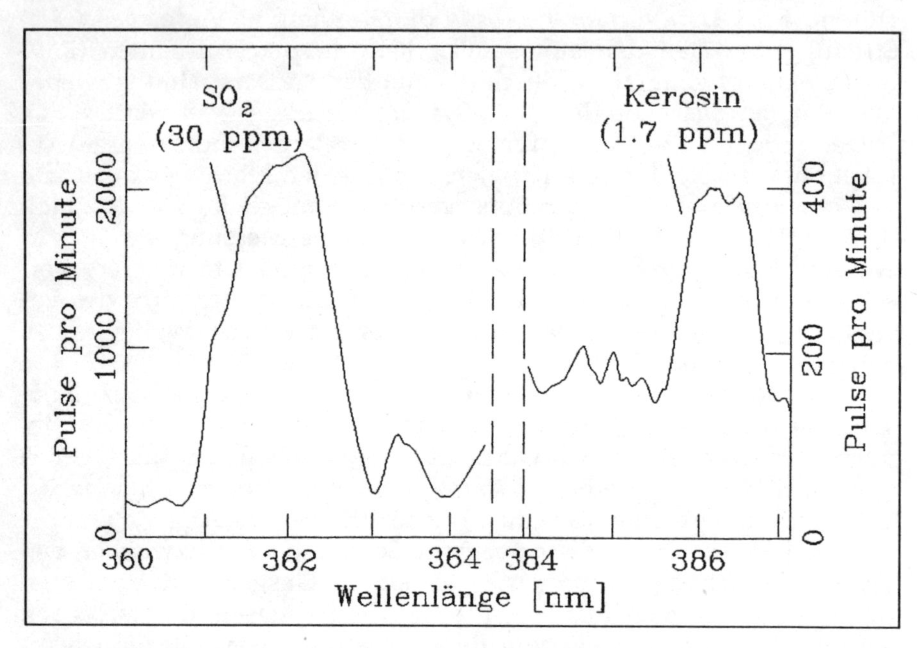

Abb. 5.43 Ramanspektrum einer Lidar-Sondierung einer geführten Emission. Es sind deutlich die Raman-Streusignale für SO_2 und Kerosin zu erkennen (Hirschfeld et al. (1973))

Angesichts dieser relativ hohen Nachweisgrenzen wird der allgemeine Nachteil der Raman-Streuung erkennbar. Aufgrund der sehr kleinen Streuquerschnitte (im Bereich von 10^{-35} bis 10^{-30} m^2) sind die Rückstreusignale eines Raman-Lidars bei gleicher Spurengaskonzentration wesentlich schwächer als bei vergleichbaren DIAL-Systemen, die auf dem Prinzip der differentiellen Absorption und der Rückstreuung durch Mie- bzw. Rayleigh-Streuung beruhen (molekulare Streuquerschnitte im Bereich 10^{-29} m^2 bis 10^{-10} m^2). Dieser Nachteil der geringen Wechselwirkung zwischen der emittierten Laserstrahlung und den Molekülen des nachzuweisenden Spurengases kann nur durch apparative Maßnahmen ausgeglichen werden:

- Leistungsstarke Sendelaser
- Empfangsoptiken mit großer Öffnung D
- Empfindlichere Detektoren

Die Erhöhung der Leistung der Sendelaser ist nach oben durch Vorschriften bzgl. des Augenschutzes begrenzt (s. Abschnitt 5.9).

Die Erhöhung des Wirkungsgrades des optischen Empfängers ist - besonders bei mobilen Systemen - durch konstruktive oder logistische Faktoren begrenzt. Spätestens bei stationären Ramanlidars kommt zusätzlich der Kostenfaktor zum Tragen.

Eine wesentliche Steigerung der Empfindlichkeit der Detektoren im optischen Empfänger ist nicht in Sicht. Eine breitbandige Erhöhung der Empfindlichkeit wäre nur dann ein Gewinn, wenn das Signal/Rausch-Verhältnis verbessert würde, d.h. wenn lediglich der detektierte Anteil des Streusignals des Spurengases erhöht würde, ohne das Hintergrundsignal zu erhöhen.

Die GKSS betreibt ein Raman-Lidar, das zur Bestimmung vertikaler Wasserdampfprofile eingesetzt wird und bereits mehrfach erfolgreich bei internationalen Meßkampagnen eingesetzt wurde (Weitkamp et al. (1992)). Der Sendelaser dieses Systems (XeCl-Excimer-Laser) emittiert die Strahlung bei einer Wellenlänge von 308 nm mit einer Pulsenergie von 270 mJ. Das zurückgestreute Ramansignal wird von einem Empfangsteleskop (Apertur: 400 mm) registriert und über einen Polychromator auf drei optische Nachweiszweige (Photomultiplier) aufgespalten. Durch diese Anordnung wird eine direkte Normierung bzgl. der emittierten Laserenergie (308 nm), sowie eine Anbindung an das als Referenz dienende Rückstreusignal des atmosphärischen N_2 (332 nm) ermöglicht. Das Rückstreusignal des H_2O wird bei einer Wellenlänge von 347 nm detektiert.

In Abbildung 5.44 sind in vier Darstellungen das Rückstreusignal, die relative Feuchte (%), das Mischungsverhältnis des H_2O in der Atmosphäre (g/kg) sowie der relative Fehler (%) der Messung dargestellt.

Das reine Rückstreusignal zeigt nur sehr geringe Strukturierung, wobei besonders in etwa 1000 m Höhe das Signal einer dünnen Wolke zu erkennen ist. Die relative Feuchte nimmt vom Maximum innerhalb der Wolke (100 %) in etwa 1250 m Höhe stark ab und variiert im darüberliegenden Höhenbereich zwischen 10% und 50%. Die scheinbar stark ansteigende relative Feuchte im Höhenbereich oberhalb von 10000 m ist durch eine verringerte Güte des Streusignals aus diesem Bereich bedingt. Dies wird deutlich in der darüberliegenden Darstellung des relativen Fehlers gezeigt. Während diese Größe bis 10 km Höhe unter 20% bleibt, steigt sie darüber stark an. Das Mischungsverhältnis des H_2O, also der relative Massenanteil des H_2O zeigt im unteren Bereich der Troposphäre einen Verlauf, der dem Profil der relativen Feuchte ähnelt. In der oberen Hälfte der Troposphäre nimmt der Anteil des H_2O nach oben hin stark ab.

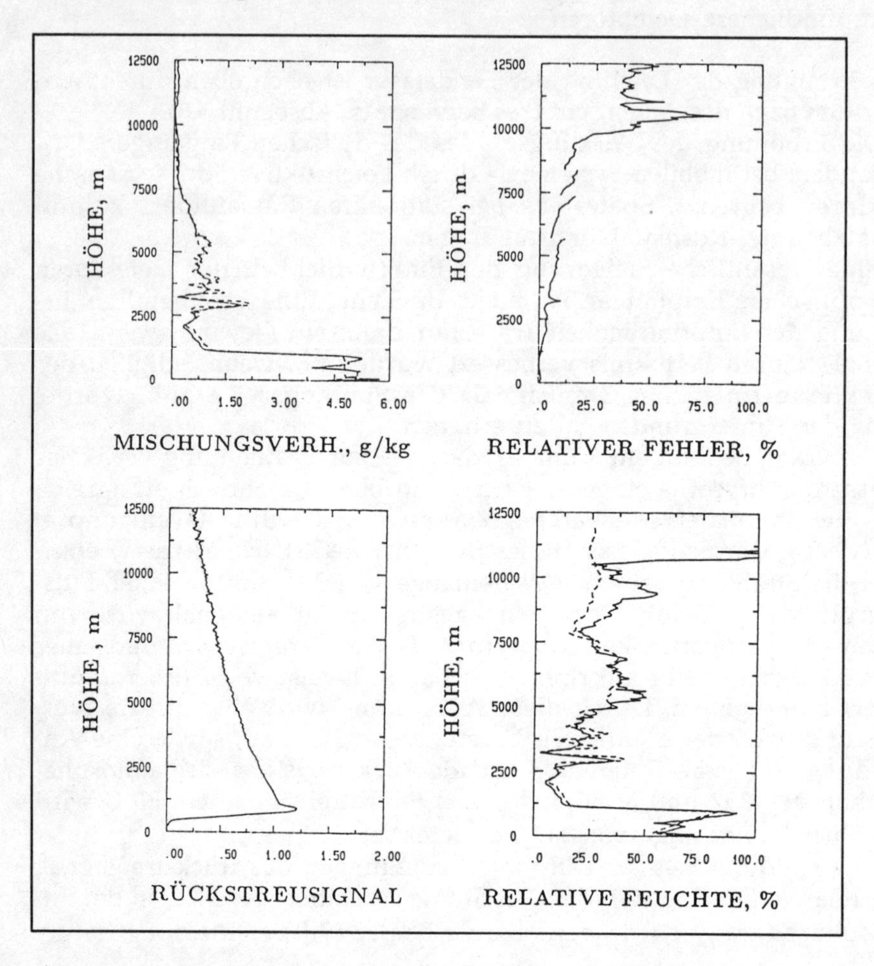

Abb. 5.44 Profile des Raman-Rückstreusignals, der relativen Feuchte, des Mischungsverhältnisses und des relativen Fehlers für eine Messung der H_2O-Verteilung in der Troposphäre. Meßzeit: ca. 3 Std. (Weitkamp et al. (1992))

Die Entwicklung der verschiedenen Laserfernmeßverfahren während der letzten Jahrzehnte hat gezeigt, daß Raman-Systeme aufgrund der oben angesprochenen schwachen Wirkungsquerschnitte lediglich zum Nachweis von Spurengasen in höheren Konzentrationen eingesetzt werden konnten. In diesem Zusammenhang sind besonders die Messungen der vertikalen Verteilung der H_2O-Konzentration in der Troposphäre zu nennen, die eine wesentliche Größe bei der Charakterisierung des atmosphärischen Energiehaushaltes darstellt. Dieses

Spurengas ist im Bereich der Troposphäre in einer Konzentration enthalten, die im Bereich der Nachweisgrenzen eines Raman-Lidars liegen. Aufgrund des schwachen Empfangssignals muß über eine große Zahl von Einzelmessungen (Laserpulse) gemittelt werden, um aussagekräftige Resultate zu erhalten.

5.7.5 Doppler-Lidar

Das Doppler Verfahren wurde in Abschnitt 4.7 eingeführt. Anwendungen des Verfahrens zur Windprofilmessung und deren Empfindlichkeiten werden hier diskutiert.

5.7.5.1 Messung der Windgeschwindigkeit

Da die Lidar-Methode vom Radar abgeleitet wurde, ist auch verständlich, daß man zur Bestimmung des Windvektors den Himmel konisch abtastet (Lhermitte and Atlas (1961)). Abbildung 5.45 zeigt die konische Abtastung und daneben den Verlauf der einzelnen LOS Komponenten aufgetragen gegen den Azimutwinkel Θ.

Dieser ideale Kurvenverlauf ergibt sich bei einem homogenen Windfeld für ein Entfernungsintervall. Aus den einzelnen Messungen kann man mittels einer Fitting-Prozedur die Komponenten u, v, und w des Windvektors bestimmen.

Die Abbildung 5.45 zeigt eine Abweichung von der Null-Linie; diese ist direkt proportional zur vertikalen Windkomponente (gestrichelte Linie).

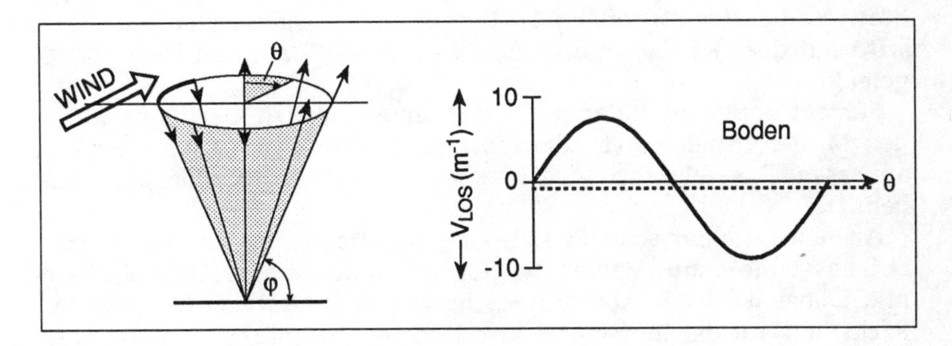

Abb. 5.45 Dauerstrich - und gepulste Doppler-Lidar-Systeme

5.7.5.2 Dauerstrich- und gepulste Doppler-Lidars

Eine praktische Realisierung eines Doppler-Lidars setzt einige technische Lösungen voraus. Man kann einen separaten lokalen Oszillator (heterodyn) oder den gleichen Laser als Sender und lokalen Oszillator (homodyn) benutzen. Dies gilt für Dauerstrich-Laser-Doppler-Systeme. Die Optik fokussiert die Strahlung in die interessierende Entfernung (Abb. 4.25). Eine Trennung von ausgesandter Strahlung und Signalstrahlung kann über eine Polarisationsweiche erfolgen. Abbildung 5.46 zeigt das Blockschema.

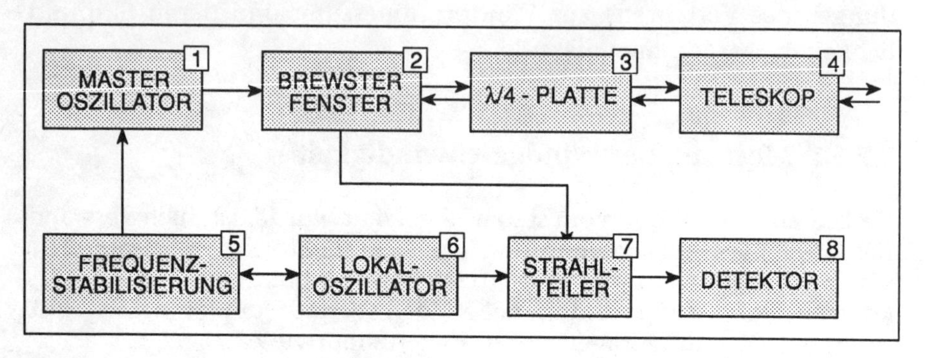

Abb. 5.46 Blockschema eines Doppler -Lidar

Der frequenzstabile, linear polarisierte Master-Oszillator (1) wird über ein Brewster Fenster (2) und eine $\lambda/4$-Platte (3) rechts-zirkular polarisiert über ein Teleskop (4) ausgesandt. Die zurückgestreute Strahlung ist links-zirkular polarisiert und wird über die $\lambda/4$-Platte (3) senkrecht zum ausgesandten Strahl polarisiert. Somit wird sie am Brewster Fenster (2) reflektiert. Ein Teil der ausgesandten Strahlung wird mit der Signalstrahlung am Strahlteiler (7) auf den Detektor (8) gelenkt.

Für ein gepulstes Lidar wird man einen lokalen Oszillator (6) an den Master-Oszillator (1) über eine Stabilisierung (5) frequenzmäßig anpassen. Das Teleskop wird hier als Sende- und Empfangsteleskop benutzt.

An den Detektor schließt sich eine Spektralanalyse an. Für Dauerstrichsysteme benutzt man die Surface-Acoustic-Wave (SAW)-Technik. Dabei wird das kontinuierliche Signal in zeitliche Anteile zerhackt und auf die Eingangselektrode einer Oberflächenwellen-Verzögerungsleitung gegeben. Wegen ihrer unterschiedlichen Laufzeit kommen die verschiedenen Frequenzanteile des Schwebungssignals zeitlich gestaffelt an der Ausgangselektrode an. Filterbänke sind die Alternative.

Die erhaltenen Frequenzspektren werden digitalisiert und integriert um Speckle- und Turbulenzeinflüsse auszugleichen. Die gemittelten Spektren werden mit den Lagedaten (Azimut und Elevation sowie Entfernung) der weiteren Auswertung (Windvektorbestimmung) zugeführt (Post and Cupp (1990), Werner et al. (1990)).

5.7.5.3 Empfindlichkeiten

Die bisher angenommene homogene Atmosphäre ist in Wirklichkeit vor allem in der atmosphärischen Grundschicht inhomogen. Im Meßvolumen eines Doppler-Lidars treten verschiedene Beiträge zur Line-of-Sight (LOS)-Komponente zusammen. Die Breite des Signals ist ein Maß für die Turbulenz. Die Turbulenz beeinflußt das Meßverfahren, da die Wellenfronten des rückgestreuten Lichts mit den Wellenfronten des lokalen Oszillators gemischt werden. Eine optimale, angepaßte Größe des Teleskops ist notwendig. Weiterhin ist die benutzte Wellenlänge ein Faktor. Kurzwellige Systeme werden stärker von der Turbulenz beeinflußt als langwellige. Man benutzt nicht nur wegen dieses Einflusses die frequenzstabilen CO_2-Laser.

Einen Vergleich der Laser-Doppler Messungen mit einem Ultraschall-Anemometer zeigt Abbildung 5.47.

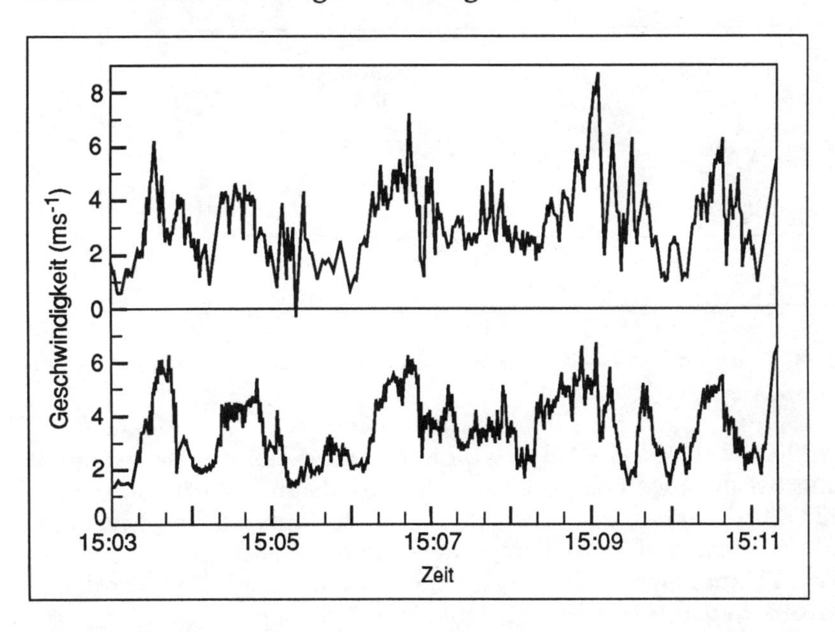

Abb. 5.47 Radiale Windkomponente gemessen mit einem Sonic-Anemometer (oben) und mit dem Laser-Doppler System (unten)

Die radiale Windkomponente, gemessen mit beiden Sensoren, zeigt eine Korrelation von 0,98 gemessen über 24 Minuten (Köpp et al. (1983)). Fluktuationen der Windkomponente im Millisekundenbereich können erfaßt werden.

Das Laser-Doppler-Fernmeßsystem wurde zum Vergleich mit den üblich benutzten Radiosonden zur Windprofilmessung in der Atmosphäre eingesetzt (Köpp et al. (1983), Post et al. (1978)). Man erhält Übereinstimmungen von größer 0,87 zwischen beiden Systemen, obwohl beide verschiedene Meßvolumen betrachten. Das Laser-Doppler-Verfahren ist auf dem Wege, Radiosonden an mehreren Stellen zu ersetzen.

Wegen seiner Empfindlichkeit und berührungslosen Meßtechnik ist es auch möglich, Inhomogenitäten im Windfeld, die zum Beispiel durch Flugzeuge erzeugt werden (Wirbelschleppen) zu erfassen und zu analysieren.

An den Randbögen von Flugzeugtragflächen entwickeln sich grundsätzlich je nach Flugzeugtyp, Geschwindigkeit und Tragflügelgeometrie mehr oder minder große Wirbelschleppen. Sie erreichen bei einem Großraumflugzeug Durchmesser von 5 bis 10 Metern, wobei die Luft tangential mit Geschwindigkeiten von 15 bis 20 m/s zirkuliert. Abbildung 5.48 zeigt das Prinzip der Laser-Doppler-Messung (links) und die Signatur einer Wirbelschleppe (rechts).

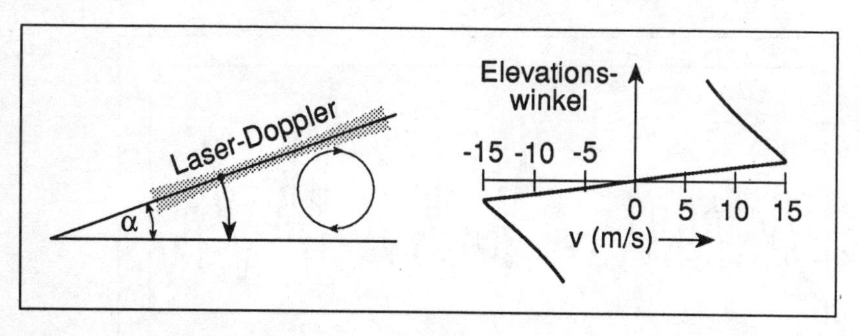

Abb. 5.48 Prinzip der Laser-Doppler Wirbelschleppenmessung (links) und Signatur eines Wirbels (rechts)

Zusätzlich zur Wind-LOS-Komponente wird bei der abtastenden Messung bei genauer Fokussierung die Wirbelsignatur erkennbar. Ein Maß für die Detektierbarkeit ist die Größe des ausgefüllten Meßvolumens. Die durch den Wirbel im Meßvolumen zusätzlich zur normalen Windkomponente auftretende Komponente muß eine vergleichbare Größe haben. Gepulste Systeme mit Pulslängen (Meßvolumenlänge) von 200 Metern haben bei 10 Meter Wirbeldurchmesser Probleme. Deshalb setzt man Dauerstrich-Doppler-Lidars ein (Köpp (1985), Huffaker (1970)).

5.7.5.4 Windfernmessung für Ausbreitungsmessungen

Die Ausbreitung und Verteilung, Dispersion von Schadstoffen in der Luft wird modellmäßig seit Jahren betrieben. Sie werden z.B. im Hauptausschuß Umweltmeteorologie des VDI behandelt (Manier (1990)). Man kann mit dieser modellmäßigen Behandlung die Umweltbelastung in verschiedenen Abständen von einer bekannten Quelle (Emittent) bestimmen und man kann durch Rückrechnung eine unbekannte Quellstärke ermitteln. Man benötigt dazu Angaben über die Quelle, die Geländestruktur und meteorologische Daten wie Windfelder, Turbulenz sowie Temperatur- und Feuchtefelder. Die drei Anwendungsbereiche für kleinräumige Quellen, diffuse Quellen und die freie Atmosphäre mit ihren grenzüberschreitenden Transporten sind bekannt. Für die kleinräumigen und diffusen Quellen dient allgemein das Gaußsche Fahnenmodell (Oke (1987)). Abbildung 5.49 zeigt das Modell anhand einer Schornsteinquelle.

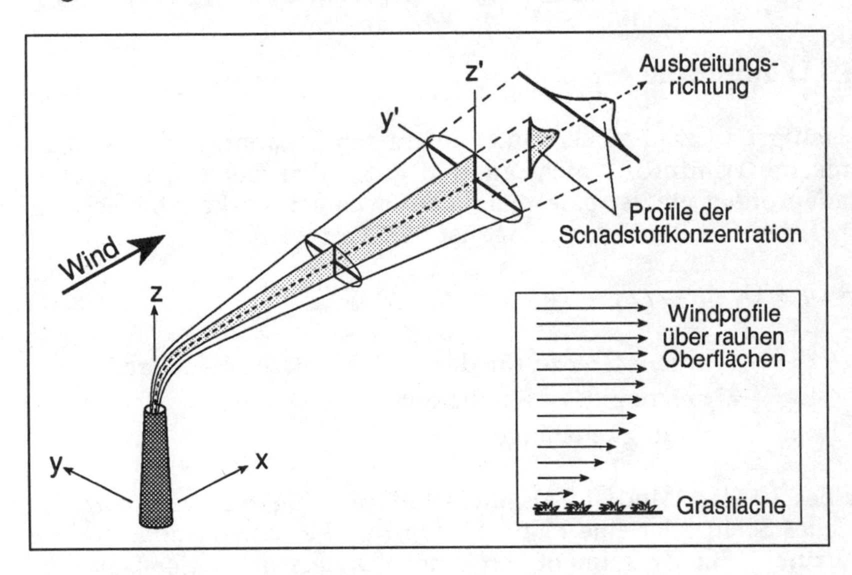

Abb. 5.49 Gaußsches Fahnenmodell (links) und logarithmisches Windprofil (rechts)

Eine kontinuierliche Freisetzung im Lee einer Punktquelle ist die Voraussetzung für das Fahnenmodell neben einigen anderen Vereinfachungen:

- konstante meteorologische Parameter
- keine Turbulenz und vertikale Windkomponente
- ebener Untergrund
- etc.

Erweiterungen des Modells (Gauß-Puff-Modell) beinhalten auch inhomogene Windfelder und Geländeprofile (Szepesi (1989)). Die Konzentration M(x,y,z) in g/m^3 ist proportional zu

$$M(x,y,z,H) = \frac{Q}{2\pi\sigma_y\sigma_z U} \exp\left(-\frac{1}{2}\left(\frac{y}{\sigma_y}\right)^2\right)\left(\exp\left(-\frac{1}{2}\frac{(z-H)^2}{\sigma_z^2}\right) + \exp\left(-\frac{1}{2}\frac{(z+H)^2}{\sigma_z^2}\right)\right) \tag{5.40}$$

mit Q = im Zeitintervall freigesetzte Schadstoffmenge in g/s, Ausbreitungsparameter
H = Höhe der Quelle in m
und U = mittlere Windgeschwindigkeit in m/s.

Für die meteorologischen Bedingungen wurden Normverteilungen wie das logarithmische Windprofil (Abb. 5.49 (rechts)) angenommen.

5.7.5.5 Windprofile

Es ist aufgrund zahlreicher Untersuchungen bekannt, daß das logarithmische Windprofil nicht immer gilt. Über bebautem Gebiet, Geländeprofilen etc. ist eine mehr oder weniger starke Abweichung zu erwarten. Die Rauhigkeitslänge ist dafür ein Maß.

$$U = U_0 + U_1 \cdot \ln \cdot z/z_0 \tag{5.41}$$

mit U_0 = untere Grenze für das logarithmische Windprofil,
U_1 = Referenzgeschwindigkeit
und z_0 = Rauhigkeitslänge

Über See ist das Windfeld als ungestört und logarithmisch anzusehen. Jedes Schiff oder eine Plattform wird im Lee eine Windänderung hervorrufen. Ein Experiment mit einem Dauerstrich-Laser-Doppler-Anemometer fand 1984 auf der Forschungsplattform Nordsee statt (Werner et al. (1985)).

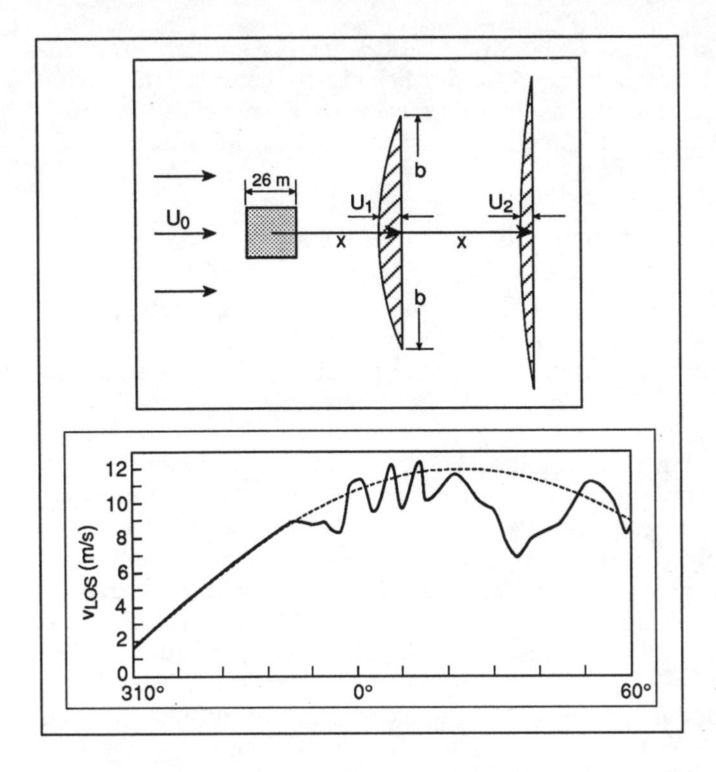

Abb. 5.50 Schema der Erzeugung einer Störung des Windfeldes (oben) und Ergebnis der Messung (unten)

Abbildung 5.50 zeigt oben die Ausmaße einer Plattform mit einem anströmenden Windfeld. In einer Entfernung x wird sich eine sog. Nachlaufdelle einstellen mit einer geringeren Windgeschwindigkeit . Dies konnte mit dem Laser-Doppler-Anemometer gemessen werden. Abbildung 5.50 (unten) zeigt den Signalverlauf gegen den Azimutwinkel, der beim ungestörten Windfeld den eingezeichneten Sinusverlauf (siehe Abbildung 5.45) geben sollte, mit der Delle in Windrichtung. Das Laser-Doppler-Verfahren, dessen Empfindlichkeit bereits bei der Beschreibung des Meßprinzips dargestellt wurde, ist für diese kleinräumigen Aufgaben ideal geeignet. Es kann u.a. für Messungen und Modell-Verifikationen von Chemieanlagen herangezogen werden (Röckle (1990)).

Ebenso sind bei einer Ausbreitungsrechnung für Störfälle und die diffusen Quellen die Windprofile und die Turbulenzparameter wichtig. Es kann am Boden die Windgeschwindigkeit nahezu Null sein, während in 100 m Höhe eine Windgeschwindigkeit von 10 m/s gemessen wird. Diese "Low-Level-Jet" Windsituationen treten häufig nachts in der Norddeutschen Tiefebene und im Alpenvorland auf und werden auch nächtliche Strahlströme genannt (Werner (1985)).

Mit einem Windfernmeßsystem im Flugzeug lassen sich großräumige Gebiete vermessen. Die Flüsse der Schadgase können erfaßt werden. Die DLR plant gemeinsam mit CNRS in Frankreich ein flugzeuggetragenes Doppler-Lidar für mesoskalige Windphänomene.

5.7.5.6 Globale Windfernmessung

Spätestens seit Chernobyl wissen wir, daß Gase, Partikel und auch radioaktive Teilchen sich über die gesamte Erde verteilen können (Knop (1988)). Auch die Vulkanausbrüche geben regelmäßig Beispiele dafür ab. Der Wind ist der treibende Parameter für diese weiträumigen Ausbreitungen. Zur Messung des globalen Windfeldes planen ESA und NASA den Einsatz eines Doppler-Lidars auf einem Satelliten mit polarer Umlaufbahn. Abbildung 5.51 zeigt das Schema der Laser-Doppler-Windfernmessung in verschiedenen Maßstäben.

Die Skala reicht vom bekannten Laser-Doppler-Anemometer am Boden (links) für lokale Windfeldmessungen über das Flugzeug-Doppler-Lidar für mesoskalige Windphänomene bis zum satellitengetragenen Doppler-Lidar (rechts). Das Satellite-Doppler-Lidar (ALADIN, LAWS) wird wahrscheinlich im Jahre 2002 realisiert. Vom konischen Scan der Bodenstation über den Sektor-Scan im Flugzeug bis zu einer einzelnen LOS-Messung vom Raum aus reichen die Signalverarbeitungs-Algorithmen (Werner et al. (1991)).

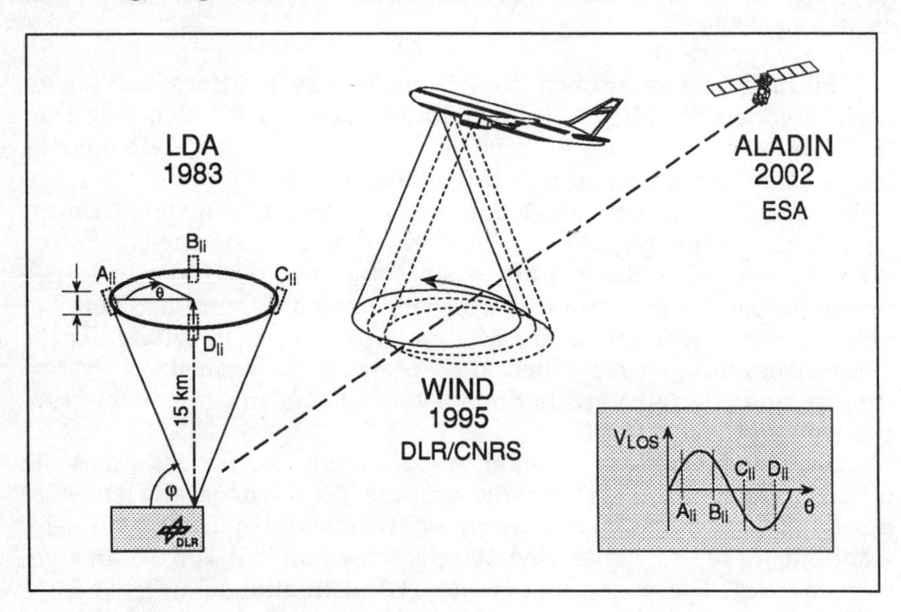

Abb. 5.51 Schema der Laser-Doppler-Windfernmessungs-Systeme

Für die dritte Etage der Umweltfernerkundung ist diese globale Windfernmessung neben den rein meteorologischen Aufgaben für eine Verbesserung der Wettervorhersage von Bedeutung. Die Austausch- und Transportvorgänge in der freien Atmosphäre können gemessen und Modelle verifiziert werden. Es steht dem Umweltmeteorologen somit ein neues Fernmeßinstrumentarium zur Verfügung.

5.8 Modulierte Lidar-Verfahren

Die Lidar-Methode wurde bisher durch die aus der Radar Technik bekannte Gleichung eingeführt (Gl 5.19). Diese Beschreibung ist sinnvoll beim Einsatz eines Pulslasers und bei Direktempfang. Neben dieser Einzelpulsmessung ist es aber auch möglich, eine Sequenz von Laserpulsen nachrichtentechnisch aufzubereiten. Dazu das Schema der Abbildung 5.52.

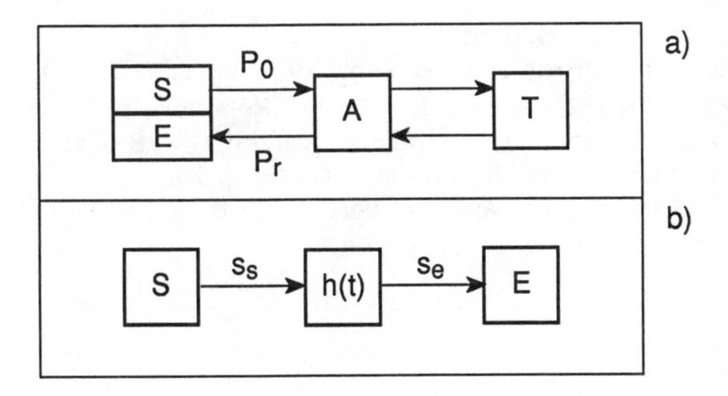

Abb. 5.52 a) Physikalische und b) nachrichtentechnische Beschreibung des Lidar-Verfahrens

Nach der physikalischen Beschreibung sendet der Laser (S) ein Puls der Leistung P_0 in Richtung auf das zu untersuchende Objekt (Target) T. Das Wort Puls hat zwischen den beiden Sprechweisen unterschiedliche Bedeutung: Ein Puls ist in der Nachrichtentechnik ein periodischer, leistungsbegrenzter Vorgang, ein Impuls ist ein Einzelereignis, welches energiebegrenzt ist. Das rückgestreute Signal wird vom Empfänger E empfangen. Die Dämpfung durch die Atmosphäre A wird in der empfangenen Signalleistung P_r berücksichtigt (Abb. 5.52 a). Ein nachrichtentechnisches System erzeugt ein Empfangssignal $s_e(t)$ als Antwort auf ein Sendesignal $s_s(t)$ und die Impulsantwort $h_l(t)$ (Abb. 5.52 b).

$$s_e(t) = s_s(t) * h(t) \tag{5.42}$$

(* bedeutet ein Faltungsprodukt (Marko (1986))).

Im physikalischen Modell werden Leistungsimpulse übertragen mit

$$P_0 \sim |s_s(t)|^2, \; P_r \sim |s_e(t)|^2 \; . \tag{5.43}$$

In diesem Fall kann die Übertragung mittels einer Übertragungsfunktion im Leistungsbereich (Impulsantwort $h_l(t)$) modelliert werden (Söder und Tröndle (1985)).

$$P_r(t) = P_o(t) * h_l(t) + n(t) \tag{5.44}$$

$h_l(t)$ entspricht dann der gesuchten Lidar-Signatur und $n(t)$ ist ein Rauschbeitrag.

Ein Beispiel soll die Methode erklären:
Der Laserpuls habe Rechteckform mit der Amplitude P_0 (Abb. 5.53 a), dieser Puls kehrt kontinuierlich wieder. Ein Target (Reflektor) mit der Reflexion $r(\lambda)$ stehe im Abstand R, was einer Laufzeit $\tau = 2R/c$ entspricht. Die Pulsbreite ist Δt und die Signalantwort wird angenähert zu einem Delta-Puls (Abb. 5.53 b). Verluste werden für dieses Beispiel vernachlässigt.

$$P_o(t) = P_o \cdot s(t) \tag{5.45}$$

$$h_l(t) = r(\lambda)\, \delta(t-\tau) \tag{5.46}$$

$$P_r(t) = P_o \cdot s(t) * h_l(t) + n(t) = P_o \cdot r(\lambda) \cdot s(t-\tau) + n(t) \tag{5.47}$$

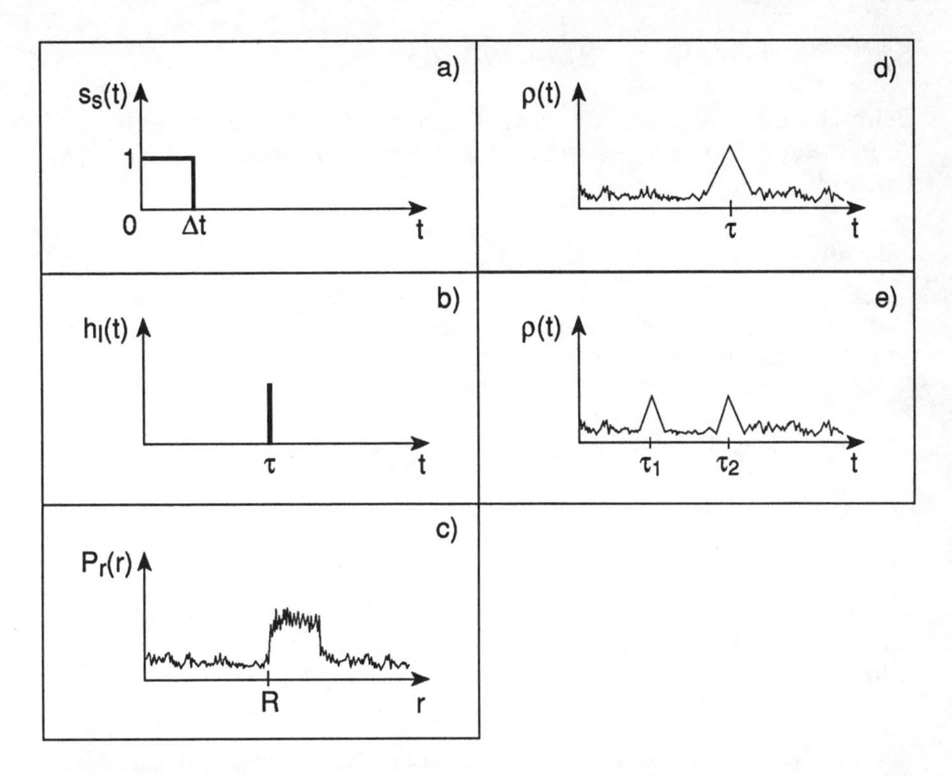

Abb. 5.53 Beispiele für die Kreuzkorrelation: a) Rechteckpuls, b) Impulsantwort $h_l(t)$ durch Reflexion an der Stelle P, c) empfangenes Signal $P_r(t)$ vor der Korrelation, d) Korrelationsfunktion für ein Target, e) Korrelationsfunktion für zwei Targets.

Der gesendete Puls ist mit dem Faktor $r(\lambda)$ gewichtet und mit τ zeitverschoben. Das Signal ist durch einen Rauschterm $n(t)$ gestört (Abb. 5.53 c). Deshalb wird der zu $P_r(t)$ proportionale Strom am Detektor mit der ausgesandten Pulsform (Rechteck) korreliert. Bei einer Zeit τ wird die Korrelation ρ maximal (Abb. 5.53 d), d.h. hier ist das empfangene Signal dem ausgesandten am ähnlichsten.

Bei zwei Targets im Abstand R_1 und R_2, wobei das erste Target halbdurchlässig sein soll (Transmission 0,5; Reflexion 0,5) und das zweite voll reflektierend, werden mit dieser Methode zwei Korrelationsmaxima gefunden, (deren Größe zur Reflexion und zur Zeitverschiebung proportional sind (Abb. 5.53 e).

Die nachrichtentechnischen Methoden können vorteilhaft werden, wenn statt eines hochenergetischen Impulses speziell modulierte Laser mit niedriger Leistung verwendet werden.

5.8.1 Das Prinzip des RM-CW-Lidar

Beim Random Modulation (RM)-Dauerstrich (CW)-Lidar wird nach Abbildung 5.54 a eine konstante Sendeleitung P_0 moduliert mit einer Quasi-Zufallsfolge a(t)

$$P_{RM}(t) = P_0 \cdot a(t) \; . \tag{5.48}$$

Die modulierte Strahlung $P_{RM}(t)$ wird in die Atmosphäre gesendet. Mit der Lidar-Bezeichnung wird

$$P_r(t) = P_o \int_0^{\infty} s(t-t') \, \frac{c}{2} \, \beta\left(\frac{ct'}{2}, \lambda\right) \tau^2\left(\frac{ct'}{2}, \lambda\right) \frac{A}{\left(\frac{ct'}{2}\right)^2} \, dt' \tag{5.49}$$

mit

$$h_l(t') = \frac{c}{2} \, \beta\left(\frac{ct'}{2}, \lambda\right) \tau^2\left(\frac{ct'}{2}, \lambda\right) \frac{A}{\left(\frac{ct'}{2}\right)^2} \; . \tag{5.50}$$

Bis zu diesem Punkt stimmen die Vorgehensweisen im physikalischen Modell und im nachrichtentechnischen Modell überein. Das detektierte Signal $P_r(t)$ kann wieder als Faltungsprodukt aus der modulierten Sendestrahlung $P_{RM}(t)$ und der Übertragungsfunktion $h_l(t)$ dargestellt werden

$$P_r(t) = P_{RM}(t) * h_l(t) = \int_0^{\infty} P_{RM}(t') \, h_l(t-t') \, dt' \; . \tag{5.51}$$

Das Signal am Detektor i(t) wird mit einer zweiten Zufallsfolge a'(t) korreliert.

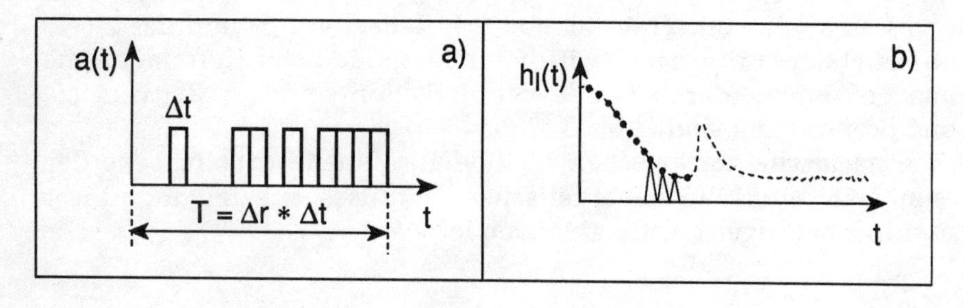

Abb. 5.54 Modulierte Folge (a) und regeneriertes Lidar-Signal (b)

Die Zufallsfolge kann wie in Abbildung 5.54 a dargestellt für N=15 ausehen. Die Ausgabesequenz eines RM-Generators enthält innerhalb einer Periode (2^{n-1}) "1"-Bits und (2^{n-1})-1 "0"-Bits.

Setzt man für a(t) und a'(t) die Quasizufallsfolge ein, so erhält man eine der Abbildung 5.53 d analoge Autokorrelationsfunktion bei einem Target. Für eine Übertragungsfunktion nach der Lidar-Gleichung (Gl. 5.19) ist die Autokorrelationsfunktion die Einhüllende (Abb. 5.5 b). Man erhält eine Zeitabhängigkeit, wie man sie vom Einzelpuls her kennt mit Überlappbereich, $1/R^2$-Abhängigkeit und Inhomogenitäten.

Die Funktion $h_l(t)$ enthält alle Informationen. Bei der Wahl der Zeit τ mit $\tau = 0 \dots T$ wird man ein Signal aufbauen, welches dem Signal des bekannt Pulslidars entspricht. Dies ist in Abbildung 5.52 b zu sehen, für die Zusammensetzung sind Einzelkorrelationsfunktionen für verschiedene Entfernungen angedeutet, die Einhüllende ist die bekannte Lidar-Funktion. Der Vorteil der RM-CW-Lidars liegt in der Kombination mit der weit entwickelten Nachrichtentechnik. Die Methoden der Faltung und Autokorrelationen können verwandelt werden. Die Zeit zwischen 2 Pulsen wird voll ausgenutzt, so daß ein RM-CW-Lidar insgesamt mit weniger mittlerer Laserleistung gleiche Ergebnisse zu erzielen erlaubt. Dies ist z. B. bei Augensicherheitsproblemen ein großer Vorteil (Takeuchi et al. (1983), (1986), Nagasawa et al. (1990), Bisle (1992)). Nachteile hat das Verfahren durch die lange Integrationszeit für Anwendungen aus bewegten Meßträgern. Flugzeuglidars mit diesen Verfahren sind nur dann sinnvoll, wenn man nicht an Einzelereignissen (z.B. Rauchfahnen) interessiert ist, sondern über eine lange Wegstrecke integrieren kann. Differential Absorptionsmessungen mit zwei RM-CW-Lidar verschiedener Frequenzen setzen zusätzlich konstante Aerosolverteilungen voraus.

5.8.2 Abstands- und Geschwindigkeitsmessungen mit einen FM-CW-Lidar

Das frequenzmodulierte Dauerstrichlidar (FM-CW) ist aus der Radar Technik abgeleitet. Man kann hierbei die aus der Doppler-Lidar-Technik bekannte Überlagerungsempfangstechnik ausnutzen.

Der Aufbau eines FM-CW-Laser-Radars zur Abstands- und Geschwindigkeitsmessung ist schematisch in Abbildung. 5.55 dargestellt.

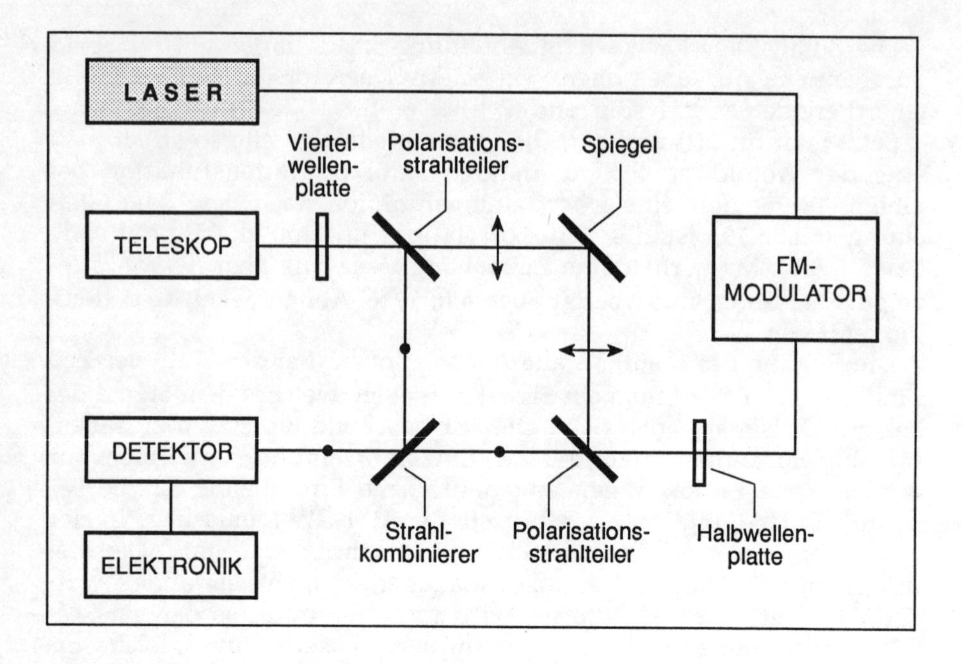

Abb. 5.55 Schema des FM-CW-Laser-Radars.

Bei einem solchen Laser-Radar wird die vom Sendelaser emittierte Strahlung durch einen Modulator frequenzmoduliert. Im Falle einer zeitlich linearen Frequenzmodulation (df/dt = const), wie z. B. in Abbildung 5.56 dargestellt, erhält der rückgestreute Strahl aufgrund der endlichen Lichtlaufzeit vom Sender zum Target und zurück eine Frequenzverschiebung δf_1 von

$$\delta f_1 = f_s - f_r = t\,\frac{df}{dt} = 2\,\frac{s\,df}{c\,dt}\,. \qquad (5.52)$$

Hierbei bedeuten:

f_s = gesendete Frequenz zur Zeit T
f_r = rückgestreute Frequenz zur Zeit T
t = Signallaufzeit
s = Entfernung des Meßzieles
df/dt = Rampensteilheit

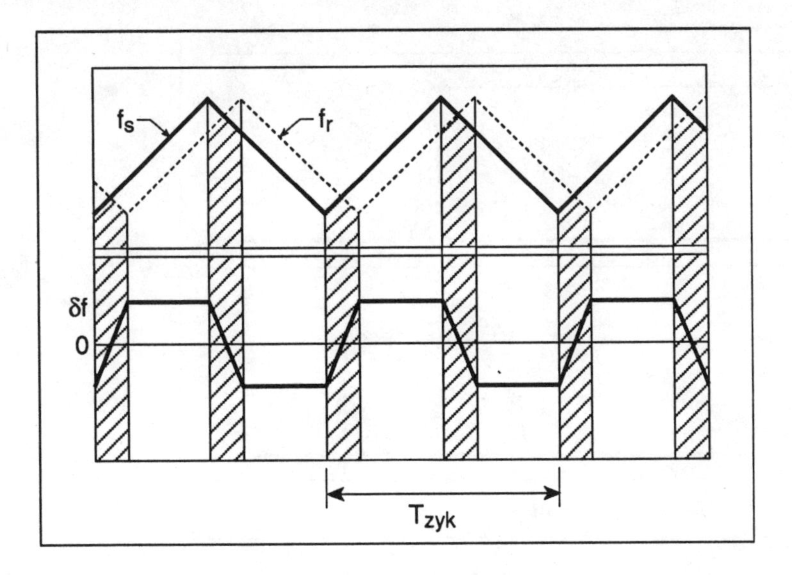

Abb. 5.56 Oben: Sendefrequenz und Empfangsfrequenz des FM-CW-Laser-Radars als Funktion der Zeit (keine Dopplerverschiebung vorhanden), unten: Differenzfrequenz $(f_s - f_r)$

Bei bekannter Rampensteilheit df/dt kann man also aus der gemessenen Frequenzverschiebung δf_1 den Abstand des Streuers ermitteln.

Bei einem bewegten Objekt erhält man zusätzlich eine Dopplerverschiebung des rückgestreuten Lichtes, die der Geschwindigkeitskomponente des Streuers in Laserstrahlrichtung proportional ist

$$\delta f_2 = 2 \cdot f_s \cdot \frac{v}{c} \cdot \cos(v, k) . \tag{5.53}$$

Die gemessene Frequenzverschiebung δf beträgt dann

$$\delta f = \delta f_1 + \delta f_2 . \tag{5.54}$$

Für den Fall einer dreiecksförmigen Frequenzrampe (Abb. 5.56) wechselt δf_1 das Vorzeichen bei Änderung der Scanrichtung. Man erhält also

$$\delta f = \delta f_s \pm |\delta f_1| . \tag{5.55}$$

Dies entspricht einem Differenzfrequenzspektrum wie in Abbildung 5.57 dargestellt.

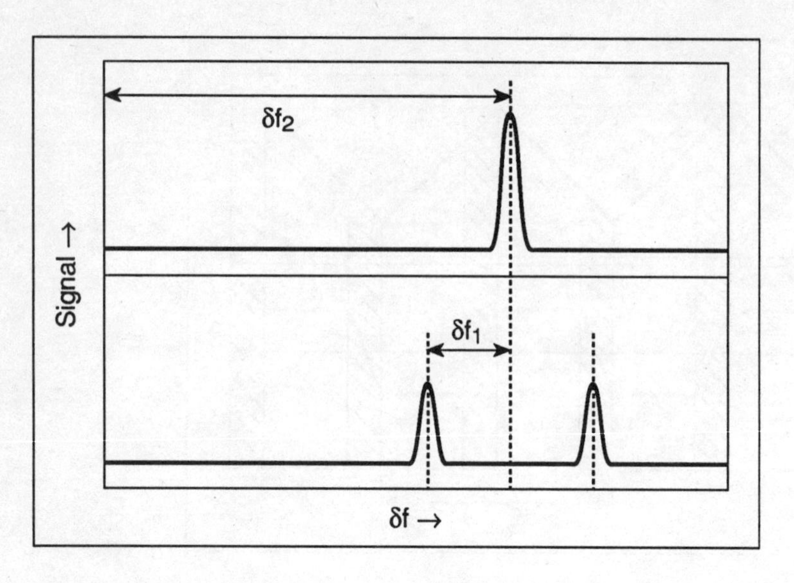

Abb. 5.57 Differenzspektrum beim FM-CW-Laser-Radar (schematisch) - oben: ohne Frequenzmodulation - unten: mit Frequenzmodulation

Ohne Frequenzmodulation erhält man einen Peak bei $\delta f = \delta f_2$, entsprechend der Geschwindigkeit des Streuers. Mit dreiecksförmiger Frequenzmodulation erhält man 2 Peaks, die symmetrisch zum Dopplerpeak liegen und um $\pm\delta f_1$ verschoben sind. Aus dieser Aufspaltung wird der Abstand des Streuers ermittelt.

Während der 'Totzeit' (schraffierte Fläche in Abbildung 5.56, unterschiedliches Vorzeichen von df_s/dt bzw. df_r/dt) werden keine Daten aufgenommen.

Ein FM-CW-Laser-Radar zur Abstands- und Geschwindigkeitsmessung auf der Basis eines CO_2-Laser wurde von Brown und Mitarbeitern aufgebaut und getestet (1986). Der Einsatz eines Diodenlaser-gepumpten Nd:YAG-Lasers als Sendelaser erhöht die Lebensdauer und damit die Verfügbarkeit des Systems um mindestens eine Größenordnung.

Der Aufbau des FM-CW-Laser-Radars ist schematisch in Abbildung 5.55 dargestellt. Die wichtigsten Komponenten des Systems sind:

- Sendelaser
- Frequenzmodulator
- Sende/Empfangsoptik
- Detektor
- Signalverarbeitungselektronik

Die größten Entwicklungsanstrengungen sind im Bereich des Sendelasers zu erbringen. Es soll ein kompakter und effizienter, Diodenlaser-gepumpter Festkörperlaser mit folgenden Spezifikationen angestrebt werden:

- TEM_{00}, 'Single-Longitudinal-Mode'-Betrieb
- Linienbreite: < 100 kHz
- Frequenzstabilität: im Bereich MHz/min
- Ausgangsleistung: einige 100 mW
- augensichere Wellenlänge

Vorarbeiten in dieser Richtung wurden schon geleistet (Wallmeroth (1990)). Die augensichere Wellenlänge ist für Anwendungen in der Industrie notwendig. Die restlichen Komponenten sind in der Entwicklung unkritischer.

Die Maximalentfernung L des Laser-Radars hängt im wesentlichen vom detektierbaren Raumwinkel und vom Rückstreukoeffizienten des Streuers ab. Die atmosphärische Trübung wird nicht berücksichtigt. Für den Raumwinkel $d\Omega/4\pi$ gilt:

$$\Omega/4\pi = \frac{1}{4} R^2_{Teleskop} / L^2 \tag{5.56}$$

Der Rückstreukoeffizient wird zu R = 10% angenommen. Verluste in der Empfangsoptik werden mit einem Verlustfaktor $\varepsilon = 1/6$ berücksichtigt. Die in den Detektor rückgestreute Intensität I_r

$$I_r = d\Omega/4\pi \cdot R \cdot \varepsilon \cdot I_0 \tag{5.57}$$

errechnet man bei einem Teleskopradius R = 5 cm und einer Entfernung L = 1000 m zu $I_r = 10^{-11}\ I_0$. Dies entspricht bei einer Sendeleistung von I_0 = 100 mW einer Rückstreuleistung von 10^{-12} W. Während einer Meßzykluszeit von T_{zyk} = 100 µs erhält man im Mittel 540 Photonen/Zyklus. Dies ist bei Überlagerungsempfang für ein gutes Signal-zu-Rauschverhältnis ausreichend. Es sollte mit diesen Leistungsdaten eine Maximalentfernung von 1000 m zu erreichen sein. Aus Gleichung 5.52 leitet man ab

$$s = \frac{1}{2} \cdot \delta f_1 \cdot c \cdot (df/dt)^{-1} \tag{5.58}$$

Die Differenzfrequenz δf kann nicht kleiner werden als die Linienbreite des Laser $\delta\nu$. Differentiation von Gleichung 5.52 ergibt dann

$$ds \geq \frac{1}{2} \cdot c \cdot (df/dt)^{-1} \cdot d\nu \; . \qquad (5.59)$$

Mit $df/dt = 100$ MHz/100 µs und $\delta\nu = 100$ kHz erhält man $ds \geq 15$ m. Dies entspricht der maximalen Entfernungsauflösung.

Die maximale detektierbare Geschwindigkeit ist durch die Zeitkonstanten des Detektors und der Nachweiselektronik vorgegeben. Eine Differenzfrequenz δf_2 von 100 MHz entspricht nach Gleichung 5.53 einer Geschwindigkeit von $v = 53$ m/s.

Die Geschwindigkeitsauflösung entlang der 'Line-of-Sight (LOS)' leitet man aus Gleichung 5.53 ab

$$dv_{LOS} = \frac{1}{2} \cdot \frac{c}{f} \cdot d(df_2) = \frac{1}{2} \cdot \delta\nu \cdot \lambda \; . \qquad (5.60)$$

Setzt man wieder $d(\delta f_2) = \delta\nu$ so erhält man als maximale Geschwindigkeitsauflösung $dv = 0{,}05$ m/s.

5.9 Augensicherheit bei Laserfernmeßverfahren

Laserstrahlen sind für das Auge gefährlich. Die Physiker und Ingenieure, die mit Arbeiten an Lasersystemen betraut sind, kennen diese Gefahren und berücksichtigen die anzuwendenden Augensicherheitsnormen bei der Entwicklung von Lasermeßsystemen. Besonders beim Einsatz von Lidar-Systemen in Bodennähe muß damit gerechnet werden, daß zufällig Personen unbeabsichtigt in den Strahlengang geraten. Dabei sind Verletzungen des Auges möglich und müssen zwingend ausgeschlossen werden.

Für Messungen vom Boden in die Atmosphäre können Piloten oder Flugzeugpassagiere vom Laserstrahl getroffen werden, auch wenn dies gegenüber den Bodenmessungen relativ unwahrscheinlich ist. Messungen vom Flugzeug oder vom Satelliten aus zum Boden unterliegen den gleichen Schutzvorschriften.

Ein besonderer Punkt kommt bei der Messung vom Flugzeug oder Satelliten aus hinzu: die energiereiche Laserstrahlung kann über astronomischen Beobachtungseinrichtungen über die großen Teleskope die empfindlichen Detektoren zerstören. Also muß auch hier, wie beim Auge, dafür gesorgt werden, daß die emittierte Laserleistung am Zielort keine kritischen Grenzwerte überschreitet.

Für die Augensicherheit gilt in der Bundesrepublik die Augensicherheitsbestimmung nach DIN VDE 0837 (1986). Tabelle 5.11 zeigt die maximal zulässige Bestrahlung (MZB) für die direkte Einwirkung von Laserlicht auf die Hornhaut des Auges.

Tabelle 5.11 Maximal zulässige Bestrahlung der Hornhaut (nach VDE 0837 (1986))

Einwirkungszeit t (s) / Wellenlänge λ (nm)	$< 10^{-9}$	10^{-9} bis 10^{-7}	10^{-7} bis $1{,}8\times10^{-5}$	$1{,}8\times10^{-5}$ bis 5×10^{-5}	5×10^{-5} bis 10	10 bis 10^{3}	10^{3} bis 10^{4}	10^{4} bis 3×10^{4}
200 bis 302,5	3×10^{10} W m^{-2}	30 J m^{-2}						
302,5 bis 315		C_1 J m^{-2} $t < T_1$ / C_2 J m^{-2} $t > T_1$				C_2 J m^{-2}		
315 bis 400		C_1 J m^{-2}				10^4 J m^{-2}	10 W m^{-2}	
400 bis 550	5×10^{6} W m^{-2}	5×10^{-3} J m^{-2}		$18\times t^{0,75}$ J m^{-2}		100 J m^{-2}		10^{-2} W m^{-2}
550 bis 700				$18\times t^{0,75}$ J m^{-2} $t < T_2$		$C_3\times10^{2}$ J m^{-2} $t > T_2$		$C_3\times10^{-2}$ W m^{-2}
700 bis 1050	$5\times C_4\times10^{6}$ W m^{-2}	$5\times10^{-3}\times C_4$ J m^{-2}		$18\times C_4\, t^{0,75}$ J m^{-2}			$3{,}2\times C_4$ W m^{-2}	
1050 bis 1400	5×10^{7} W m^{-2}	5×10^{-2} J m^{-2}			$90\times t^{0,75}$ J m^{-2}		16 W m^{-2}	
1400 bis 10^6	10^{11} W m^{-2}	100 J m^{-2}	$5600\times t^{0,25}$ J m^{-2}			1000 W m^{-2}		

Durchmesser für die Grenzapertur

1 mm, $200 < \lambda < 400$ nm
7 mm, $400 < \lambda < 1400$ nm
1 mm, $1400 < \lambda < 10^5$ nm
11 mm, $10^5 < \lambda < 10^6$ nm

Parameter

$C_1 = 5{,}6 \times 10^3\, t^{0,25}$
$T_1 = 10^{0,8(\lambda-295)} \times 10^{-15}$ s
$C_2 = 10^{0,2(\lambda-295)}$
$T_2 = 10 \times 10^{0,02(\lambda-550)}$ s
$C_3 = 10^{0,015(\lambda-550)}$
$C_4 = 10^{(\lambda-700)/500}$

Für verschiedene Wellenlängen des Lasers gelten je nach Durchlässigkeit des Auges verschiedene Maximalwerte. Dabei kann es aufgrund der fokussierenden Wirkung der Augenlinse - der Glaskörper im Auge ist im Wellenlängenbereich von 400 nm bis 1400 nm durchlässig - zu Verletzungen der Netzhaut kommen. Die Wellenlängenbereiche sind in der linken Spalte der Tabelle 5.11 dargestellt. Rechts befinden sich die mit den Konstanten Ci zu berechnenden Maximalwerte, aufgeteilt in Spalten nach Pulslängen des Lasers oder Einwirkungszeiten.

Für Lasersysteme nach Klasse IIIa kann man damit je nach Wellenlängen und Bestrahlungsdauer (Pulslänge) die WZB berechnen. Die zusätzlichen Kriterien werden mit der ausgeleuchteten Fläche gegeben, die sich aus der Divergenz des Lasersenders ergibt. Der Laser kann seine natürliche Divergenz haben oder über eine Aufweiteoptik eine kleinere Divergenz bekommen. Ähnliche Vorschriften sind für Dauerstrichlaser und für den Fall vorgesehen, daß der mögliche Beobachter eine Sehhilfe in Form eines Fernglases benutzt (Klasse 3). Beim

Einsatz von Lidar-Systemen im oder am Wald könnte ein Förster mit Fernglas getroffen werden.

Durch die atmosphärische Turbulenz wird der Laserstrahl vielfach aufgefächert. Es kann aber auch zu positiven Interferenzen kommen, wobei sich Wellenfronten addieren und somit an einem Beobachtungsort eine erhöhte Bestrahlungsleistung auftritt. Dieser Fall ist in den Vorschriften beachtet. Trotzdem muß man beim Einsatz von Laser-Fernmeßsystemen größte Sorgfalt walten lassen.

Eine einfache Abhilfe der möglichen Schädigung ist zunächst der Aufbau und Betrieb des Fernmeßsystems oberhalb der Personenhöhe. Weiterhin hilft ein Sicherheitsradar bei Messungen in der Atmosphäre. Dieses kann bei Detektion eines Objekts (Flugzeuges) im Radarstrahl die Laserauslösung über eine elektronische Hilfsschaltung (Interrupt-Schaltung) unterbrechen.

Die relativ umständliche Handhabung der Berechnung der MZB nach Tabelle 5.11 kann mittels eines Rechenprogramms einfacher gestaltet werden. Für das unter Abschnitt 5.7.1.3 erwähnte Lidar-Simulationsprogramm wurde ein Modul eingebaut, der das zu simulierende System zunächst auf seine Augensicherheit hin untersucht. Als Sicherheitsabstand wird die NOHD (Nominal Ocular Hazard Distance) vom Ort der Austrittsoptik bestimmt. Im Anhang ist das Rechenprogramm tabelliert. Man erhält mit dem als Beispiel angenommenen Lidar-Systemdaten:

- Wellenlänge	1064 nm
- Ausgangsenergie	10 mJ
- Pulsdauer	10 ns
- Pulsfolgefrequenz	1/3 Hz
- Austrittsdurchmesser	1 mm
- Divergenz	5 mrad

dic Aussage, daß dieses Lidar um den Faktor 250000 (!) über der Augensicherheitsschwelle liegt. Bei der Wahl einer anderen Wellenlänge (1500 nm) ist der Faktor nur noch "130", d.h. ein System mit 0,1 mJ bei 1500 nm Wellenlänge ist augensicher.

5.10 Zusammenfassung

Die vorgestellten Applikationen von optischen Fernmeßverfahren haben verdeutlicht, daß mittlerweile eine breite Palette an Meßmethoden verfügbar ist, um gasförmige Luftverunreinigungen zu detektieren. Es wird zwischen passiven Systemen und aktiven Systemen unterschieden, je nachdem, ob das eingesetzte Gerät lediglich als spektral empfindlicher Strahlungsempfänger eingesetzt wird, bzw. die

Sonderung mit einer zum Meßsystem gehörenden Strahlungsquelle (z.B. Laser) erfolgt.

Bei den aktiven Systemen können je nach Typ der verwendeten Strahlungsquelle räumlich aufgelöste Sondierungen bzw. integrale Messungen der Spurengase durchgeführt werden.

Bezüglich des Einsatzspektrums kann zwischen Fernmeßsystemen unterschieden werden, die stationär eingesetzt werden, um ein vorgegebenes Gebiet zu überwachen und mobilen Anlagen, die in speziellen Meßfahrzeugen integriert sind und somit vielfältige Sondierungsaufgaben übernehmen können, wie z.B. Emissionskontrollen, Überprüfung der Luftqualität, etc..

Es sind mobile Meßsysteme verfügbar, die bei Bedarf an speziellen Meßorten plaziert werden können, um z.B. schlecht zugängliche Areale zu kontrollieren.

Die Entwicklungsergebnisse der letzten Jahre haben deutlich gezeigt, daß optische Fernmeßverfahren auch unter schwierigen Einsatzbedingungen und auch über Zeiträume von mehreren Monaten unbeaufsichtigt für die Überwachung von Emissionen bzw. die Kontrolle der Luftqualität eingesetzt werden können. Es ist deutlich erkennbar, daß sich die derzeitige Entwicklung vorrangig auf die Steigerung der Zuverlässigkeit der Meßsysteme konzentriert, um auch für weitere potentielle Applikationen im industriellen Umfeld eingesetzt werden zu können.

In den USA wurden in Zusammenarbeit mit Umweltbehörden (EPA), Geräteherstellern (MDA, OPSIS, Nicolet) und Industriebetrieben (EXXON, DuPont) bereits zahlreiche Vergleichsmessungen zwischen herkömmlichen punktförmig messenden Luftmeßverfahren und optischen Fernmeßverfahren durchgeführt, um die Leistungsfähigkeit der neuen optischen Verfahren zu ermitteln. Diese Untersuchungen erbrachten eine gute Übereinstimmung der Resultate, besonders unter dem Augenmerk, daß jeweils punktförmig messende Systeme mit Anlagen verglichen werden mussten, die ein ausgedehntes Luftvolumen in Form einer Meßstrecke analysierten.

Ein Vergleich mit den Gegebenheiten beim Meßszenario charakterisiert durch die atmosphärischen Parameter zeigt, daß die optischen Fernmeßmethoden einige Vor- und Nachteile haben. Die Vorteile die berührungslose Messung von Konzentrationen, die integrale Messung und das schnelle Erfassen ganzer Flächen. Sie sind auch in dem bereits angesprochenen, stoffspezifischen Nachweis zu sehen, der zum Teil entfernungsaufgelöst erhalten werden kann (Lidar). Der Aufwand ist größer als bei Punktmeßsensoren, ihr Einsatzbereich ist räumlich flexibel. Für Lidar-Verfahren gilt als Einschränkung, daß normalerweise, abgesehen von dem Raman-Lidar, der Einsatz eines Lidar-Systems auf eine Gaskomponente pro Messung begrenzt ist. Multikomponentensysteme sind jedoch bereits in der Entwicklung.

Die Nachteile sind die Querempfindlichkeiten vieler passiver Methoden und der beschränkte Einsatzzeitraum auf Wettersituationen mit guter Sichtweite (abgesehen von den in Abschnitt 5.6.3 geschilderten fasergekoppelten Sensoren). Schlechte Sicht und starke Turbulenzen beeinträchtigen die Verfahren. Die Augensicherheitsbestimmungen (bei Laserverfahren) und die komplexe Systemtechnik erfordern ein geschultes, verantwortungsvolles Personal.

Es wird allgemein damit gerechnet, daß auch in der Bundesrepublik ein wachsendes Interesse an optischen Fernmeßverfahren besteht, das mit der Bereitschaft gekoppelt ist, zuverlässig arbeitende Systeme auch in industriellen Bereichen einzusetzen.

5.11 Schrifttum

Bittner, H., Erhard, M., Neureither, I., Mosebach, H. and Rippel, H.: *The K300 Fourier Transform Spectrometer,* Proc. SPIE Vol, 1575 (1991)

Bittner, H., Klein, V., Eisenmann, Th., Engler, F., Resch, M., Mosebach, H., Erhard, M. and Rippel, H.: *Optical Remote Sensing of Aircraft Emissions with the K300,* accepted for publication, IEEE (1992)

Bisle, P.: *Anwendung kohärent-optischer Modulationsverfahren in der Umweltmeßtechnik,* Dipl.-arbeit TU München, Lehrstuhl für Nachrichtentechnik, 21.02.1992

Bissonette, L. R.: *Multiscattering Model for Propagation of Narrow Light Beams in Aerosol Media,* Appl. Optics 27, 2478 - 2484 (1988)

Bösenberg, J.: Private Mitteilung (1992)

Bobey, K., Dudeck, I., Strub, R.: *Vergleichende Messungen der Straßenverkehrsemission in Berlin mit dem Laserdioden-Meßsystem DIM der HUB und COMO des Battelle-Instututs,* Abschlußbericht für das Bundesministerium für Forschung und Technologie (BMFT) (1992)

Brown, D. W., Callan, R. D., Davies, P. H., Pomeroy, W. R. M., Vaughan, L. M.: *'An infrared Doppler radar using a* CO_2 *laser with FMCW coding',* IEE conference publication No. 263, (1986)

Buschner, R.: *Private Mitteilung* (1992)

Buschner, R. und Kolm, M.: *ARGOS, a Vanborne System for Air Pollution Measurements*, Proc. Environmental Sensing, to be published, Berlin (1992)

Chan, K., Ito, H. and Inaba, H.: *Optical Remote Monitoring of CH_4 gas using Low-loss Optical Fiber Link and InGaAsP Light Emitting Diode in 1.33 mm Region*, Appl. Phys. Lett. 43, 634-636 (1983)

Chanin, M. L.: Rayleigh/Raman-Lidars: *Intercomparison and Validation*, Proc. Intern. Laser-Radar Conference, 337 - 340, Boston (1992)

v. Clarmann, T., Oelhaf, H., Fischer, H.: *Retrieval of Trace Constituents from MIPAS-B-89 Limb Emission Spectra*, Proc. Optical Remote Sensing of the Atmosphere, 18 - 20, Williamsburg, USA (1991)

Coherent Technologies: *Lidair, Simulation Programme*. P.O.Box 7480, Boulder, CO 80306, U.S.A. (1991)

Davis, L. I. Jr., James, J. V., Wang, C. C., Guo, C., Morris, P. T., Fishman, J.: *OH Measurements near Intertropical Convergence Zone in the Pacific*, Journal Geophys. Res., D92, 2020–2024 (1987)

DIN VDE 0837 (1986): *Strahlungssicherheit von Lasereinrichtungen*

Durst, F., Ernst, E. und Volklein, J.: *Laser Doppler Anemometer System für lokale Windgeschwindigkeitsmessungen in Windkanälen*, Z. f. Flugwissenschaften und Weltraumforschung 11, 61-70, (1987)

Eisenmann, Th.: *private Mitteilung* (1992)

Elight Laser Systems: *LIDAR Station, 3D-Monitoring of Urban Air Pollutants*, Broschüre über das DIAL-System für Berlin (1992)

Faires, L. M.: *Fourier Transforms for Analytical Atomic Spectroscopy*, Anal. Chem., 58, 1023A - 1034A, (1986)

Fischer, H., Oelhaf, H., Fergg, F., Fritsche, Ch., Piesch, Ch., Rabus, D., Seefeldner, M., Friedl-Vallon, F., Völker, W.: *Limb Emission with the Ballon Version of the Michelson Interferometer for Atmospheric Sounding (MIPAS)*, Proc. Optical Remote Sensing of the Atmosphere, 150 - 153, Incline Village (1990)

Grant, W. B., Kegann, R. H. and McClenny, W. A.: *Optical Remote Sensing of Toxic Gases, J. Air & Waste Management Association*, Vol. 42, No. 1 (1992)

Griffiths, P. R. and deHaseth, J. A.: *Fourier Transform Infrared Spectrometry*, John Wiley (1986)

Guelachvili, G., Kellner, R., Zeski, G. et al.: *Recent Aspects of Fourier Transform Spectroscopy*, Vol I-III, Springer (1988)

Hallstadius, H., Uneus, L., Wallin, S.: *A System for Evaluation of Trace Gas Concentration in the Atmosphere, Based on the Differential Optical Absorption Spectroscopy Technique*, Proc. SPIE Vol. 1433, 36–43 (1991)

Hard, T. M., Chan, C. Y., Mehrabzadeh, A. A., Pan, W. H., O'Brien, R. J.: *Diurnal Cycle of Tropospheric OH*, Nature, 322, 617 – 620 (1986)

Harihavan, P.: *Optical Interferometry*, Academic Press, London, New York (1985)

Haschberger, P. und Tank, V.: *Spektroskopische Fernmessungen von Luftschadstoffen unter Einsatz eines Michelson Interferometers mit rotierenden Retroreflektoren*, Proceedings LASER 91, Laser in der Umweltmeßtechnik, S. 239-243, Springer Verlag (1992)

HAWK: *Long-Path Absorption Gas Monitor*, Siemens-Plessey Ltd. (1991). Informationen z.B. über Dr. Jecht, Siemens AG, Karlsruhe

Heinrich, H. J., Eck, I., Weitkamp, C.: Ausbreitung von Chlorwasserstoff in Abgasfahnen von Verbrennungsschiffen: *Fernmessung von Konzentrationsverteilungen und Bestimmung von Verdünnungs– und Abbauparametern*, GKSS–Bericht 86/E/44 (1986)

Herget, W. F.: *Remote and Cross-Stack Measurements of Stack Gas Concentrations using a Mobile FTIR-System*, Appl. Optics, Vol. 21 (1982)

Hudson, J., Arello, J., Kimball, H., Holloway, T., Fairless, B., Spartz, M., Fateley, W., Hamaker, D. R., Carter, R., Thomas, M., Lane, D., Marotz, G., Gurka, D.: *Remote Sensing of Toxic Air Pollutants Using Optically Active Long–Path Fourier Transform Infrared Spectroscopy*, Proc. Optical Remote Sensing of the Atmosphere 636–639, Incline Village (1990)

Huffaker, R. M., Jeffreys, H. B. and Weaver E. A.: *Development of a Laser Doppler System*, FAA-Report (1974) (FAA-RD-74-213)

Huffaker, R. M.: *Laser Doppler Detection System for Gas Velocity Measurements*, Appl. Opt. 9, 1036 (1970)

Impulsphysik: *Manual of Runway Visual Range Observing and Reporting Practices* (1981)

Inaba, H.: *Optical Remote Sensing of Environmental Pollution and Danger by Molecular Species using Low-loss Optical Fiber Network System, in Optical and Laser Remote Sensing*, Killinger D. K. and Mooradian, A., Eds. Springer Verlag Berlin, 288-298 (1983)

Jaacks, R. G. and Rippel, H.: *Double Pendulum with Extended Spectral Resolution*, Appl. Optics, Vol. 28, No. 1 (1989)

Klein, V. und Endemann, M.: *Compact Multispectral IR-Lidar for Tropospheric DIAL-Measurements*, Proc. Intern. Laser-Radar Conference, 358 - 361, Innichen (1988)

Klein, V., Diehl, W. und Endemann, M.: *Optische Fernmeßmethoden zum Nachweis von gasförmigen Schadstoffen in der Luft*, BMFT–Endbericht, 33, (1990)

Klein, V. und Endemann, M.: *A Rapid Tuning Device for a CO_2-Lidar*, Proc. Laser and Optical Remote Sensing, 282 - 285, North Falmouth (1987)

Knop, A. H. Ed.: *The Long-Range Atmospheric Transport of Natural and Contaminant Substances*, NATO-ASI Series, Serie C, Vol 297 (1988)

Koebner, H. K.: *Laser, vom tödlichen zum heilenden Strahl*, Elektor Verlag Aachen (1988)

Koelsch, H. J., Rairoux, P., Wolf, J. P., Wöste, L.: *Probing Air Pollutants by Differential Absorption LIDAR*, Konferenzband, Laser in der Umweltmeßtechnik, 86-88, München (1991)

Köpp, F., Herrmann, H., Werner, Ch. und Schwiesow, R.: *Erstellung und Erprobung eines Laser Doppler Anemometers zur Fernmessung des Windes*, DFVLR-FB 83-11 (1983)

Köpp, F.: *Investigation of Aircraft Wake Vorticies using the DFVLR Infrared Doppler Lidar*, Proc. 3rd, Topical Meeting on Coherent Laser-Radar, Gt. Malvern, U. K. (1985)

Kommission Reinhaltung der Luft (KRdL) im DIN und VDI: *Typische Konzentrationen von Spurenstoffen in der Troposphäre,* 81 (1992)

Koschmieder, H.: *Theorie der horizontalen Sichtweite, Beiträge zur Physik der freien Atmosphäre,* XII, 33-53 (1924)

Kunkel, K. E. and Weinman, J. A.: *Monte Carlo Analysis of Multiple Scattered Lidar Returns,* Journal of Atm. Sci. 33, 1772 (1976)

Lading, L., Jensen, A. C., Fog, C. and Andersen, H.: *Time-of-Flight Laser Anemometer for Velocity Measurements in the Atmosphere,* Appl. Opt. 17, 1486-1488 (1978)

Lange, R.: *Conceptual Design and Measurement Capabilities of a Mobile CO_2 Laser Based DIAL Sensor for Range Resolved Detection of Organic Trace Gases,* Int. Symposium on Environmental Sensing, to be published

Lhermitte, R. M. and Atlas, D.: *Precipitation Motion by Pulsed Doppler,* Preprints Ninth Weather Radar Conference, American Meteorological Society, Kansas City 218-223 (1961)

Manier, G. Ed.: *Umweltmeteorologie,* Band 15 der Kommission Reinhaltung der Luft im VDI und DIN (1990)

Marko, H.: *Methoden der Systemtheorie,* Springer Verlag 1986

MBB, *ARGOS-Keine Chance für Schadgase,* Informationsblatt über das ARGOS-Fernmeßsystem (1989)

Measures, R. M.: *Laser Remote Sensing.* Wiley, J. and Sons, New York (1983)

Menyuk, N. und Killinger, D.: *Temporal Correlation Measurements of Pulsed Dual CO_2 Lidar Returns,* Optics Letters 6, No. 6, S. 301-303 (1981)

Michelson, A. A.: *Light Waves and their Uses,* Univ. of Chicago Press (1902)

Millan, M. M.: *Procc. of the 4th Joint Conf. on Sensing of Environmental Pollutants,* American Chemical Society 40–43 (1978)

Mosebach, H., Eisenmann, Th., Schulz-Spahr, Y., Neureither, I., Bittner, H., Rippel, H., Schäfer, K., Wehner, D. and Haus, R.: *Remote Sensing of Smoke Stack Emissions Using a Mobile Environmental Laboratory,* to be published, Proc. SPIE (1992)

Nagasawa, C., Abo, M., Yamamoto, H., Uchino, O.: *Random Modulation CW Lidar using new Random Sequence,* Appl. Opt. 29, 1466-1470 (1990)

Oertel, H. sen. und Oertel, H. jr.: *Optische Strömungsmeßtechnik,* G. Braun, Karlsruhe (1989)

Oke, T. R.: *Boundary Layer Climate,* Methuen & Co (1987)

Oppel, U. G. et al.: *A Stochastic Model of the Calculation of Multiply Scattered Lidar Returns,* DLR - Forschungsbericht 89 - 36 (1989)

Padgett, J. and Pritchett, T. H.: *Applicability of Open Path Monitors at Superfund Sites,* Proc. SPIE, Vol. 1433 1991

Pal, S. R. and Carswell, A. I.: *Polarization Properties of Lidar Backscattering from Clouds,* Appl. Opt. 13, 1530-1535 (1973)

Peters, G.: *Anwendungsmöglichkeiten von Sodar-Verfahren, Umwelt- Meteorologie,* Kommission Reinhaltung der Luft im VDI und DIN, Band 15, 44-54 (1990)

Peters, G., Latif, M. and Müller, W. J.: *Fluctuation of the Vertical Wind as Measured by Doppler Sodar,* Met. Rundschau 37, 16-19 (1984)

Platt, U. and Perner, D.: *Direct Measurements of Atmospheric* CH_2O*,* HNO_2*,* O_3*,* NO_2 *and* SO_2 *by Differential Absorption in the Near UV,* Journal Geophys. Res., 85, C12, 7453 (1980)

Platt, U. and Perner, D. in: *Optical and Laser Remote Sensing, eds. Killinger, D., and Mooradian,* A., Springer Berlin, Heidelberg, New York, 97–105 (1983)

Post, M. J. and Cupp, R. E.: *Optimization of a Pulsed Doppler Lidar,* Appl. Opt. 29, 4145-4157 (1990)

Post, M. J., Schwiesow, R., Cupp, R. E., Haugen, D. A. and Newman, J. T.: *A Comparison of Anemometer- and Lidar- Sensed Data,* Journal of Appl. Meteor. 17, 1179 (1978)

Quinn, P. K., Charlson, R. J., Zoller, W. H.: *Ammonia, the Dominant Base in the Remote Troposphere: a Review*, Tellus 39 B, 413–425 (1987)

Rippel, H. and Jaacks, R.: *Performance Data of the Double Pendulum Interferometer*, Mikrochim. Acta, II, 303 (1988)

Röckle, R.: *Numerische Simulation der Geländeumströmung*, VDI/DIN Band 15, 27-43 (1990)

Russwurm, G. M. and McClenny, W. A.: *A Comparison of FTIR Open Path Ambient data with Method TO-14 Canister data, Measurement of Toxic and Related Air Pollutants*, Air & Waste Management Association, Pittsburgh (1990)

Russwurm, G. M., Kegann, R. H., Simpson, O. A., and McClenny, W. A.: *Use of Fourier Transform Spectrometer for a Remote Sensorat Superfund sites*, Proc. SPIE, Vol. 1433 (1991)

Sassen, K.: *Water Droplets in Cirrus Clouds Found*, Bull. Am. Met. Soc. 66, 185 (1985)

Sandholm, S. und Bradshaw, J.: *A VUV/Photofragmentation Laser Induced Fluorescence Sensor for the Measurement of Atmospheric Ammonia*, Proc. SPIE–Konferenz 1433 'Measurements of Atmospheric Gases', 69–80 (1991)

Schiff, H.: *Measurement of Atmospheric Gases*, Proc. SPIE Vol. 1433 (1991)

Schmidtke, G., Kohn, W., Klocke, U., Knothe, M., Riedel, W. J., Wolf, H.: *Diode Laser Spectrometer for Monitoring up to Five Atmospheric Trace Gases in Unattended Operation*, Appl. Optics, 28, No. 17, 3665–3670, (1989)

Schmidtke, G., Riedel, W. J., Knothe, M., Wolf, H., Klocke, U., Preier, H. M., Grisar, R., Fischer, W.: *Gas Analysis with IR–Diode Laser Spectrometers*, Anal Chem, 317, 347–349 (1984)

Shepherd, O., Hurd, A. G., Wattson, R. B., Smith, J. P. and Vanasse, G. A.: *Spectral Measurements of Stack Effluents unsing a Double Beam Interferometer with Background Suppression*, Appl. Optics, Vol. 20 (1981)

Shirinzadeh, B., Wang, C. C., Deng, D. Q.: *Diurnal Variation of the OH-Concentration in Ambient Air*, Geophys. Res. Lett., 14, 123–126 (1987)

Simpson, O. A., Kagann, R. H., Herget, W. F.: *Remote FTIR Measurements of Volatile Organic Chemicals*, Proc. Optical Remote Sensing of the Atmosphere 640, Incline Village (1990)

Spellicy, R. L., Draves, J. A., Crow, W. L., Herget, W. F., Buchholtz, W. F.: *A Demonstration of Optical Remote Sensing in a Petrochemical Environment Proc. Optical Remote Sensing and Applications to Environmentaland Industrial Safety Problems*, Air and Waste Management Association, Houston (1992)

Spinhirne, J. D., Hansen, M. Z. and Simpson J.: *The Structure and Phase of Cloud Top as Observed by Polarization Lidar*, Journal of Clim. and Appl. Meteorology 22, 1319-1331 (1985)

Streicher, J.: *"Simulation of an Airborne Doppler Lidar"*; Speciality Meeting on Airborne Radars and Lidars, Toulouse, France; 7-10 July (1992)

Streicher, J., Werner, Ch., Berghaus, U., Gatz, H., Gelbke, E., Lisius, A. und Münkel, Ch.: *Prototyp eines Meßgerätes zur Erfassung der Schrägsichtweite*; DLR-FB 88-42 (1988).

Szepesi, D. J.: *Compendium of Regulatory Air Quality Simulation Models*, Academia Klado, Budapest (1989)

Takeuchi, Baba, Sakurai, Ueno: *Diode-Laser Random Modulation CW Lidar*, Appl. Opt. 25, 63-67 (1986)

Takeuchi, Sugimoto, Baba, Sakurai: *Random Modulation CW Lidar*, Appl. Opt. 22, 1382-1386 (1983)

Wallmeroth, K.: *Monolithic Integrated Nd:YAG-Laser*, Opt. Letters 15, 903-905 (1990)

Wallmeroth, K., Peuser, P.: *'High power, CW-single-frequency, TEM_{00}, diode-laser-pumped Nd: YAG laser'*, submitted to Electronics Letters

Weber, K., Klein, V. und Diehl, W.: *Optische Fernmeßverfahren zur Bestimmung gasförmiger Luftschadstoffe in der Troposphäre*, VDI–Berichte Nr. 838, 201–246 (1990)

Weitkamp, C., Bisling, P., Glauer, J., Goers, U. B., Köhler, S., Lahmann, W., Michaelis, W.: *Laser in der Umweltmeßtechnik*, 197–200, Eds. Werner, Ch., Klein, V., Weber, K., Springer Verlag Berlin, Heidelberg, New York (1992)

Weitkamp, K., Michaelis, W., Heinrich, H. J., Baumgart, R., Lohse, H., Mengelkamp, H. T., Eppel, D., Lenhard, U., Eberhardt, H.J., Muschner, C.: *Ausbreitung von Chlorwasserstoff in Abgasfahnen von Verbrennungsschiffen: vorläufige Ergebnisse der Meßfahrt mit dem Forschungsschiff TABISIS im Sommer 1982*, GKSS–Bericht 83/E/10 (1983)

Werner, Ch.: *Fast Sector Scan and Pattern Recognition for a CW - Laser Doppler Anemometer*, Appl. Opt. 24, 3557-3564 (1985)

Werner, Ch., Klier, M., Herrmann, H., Biselli, E. und Häring, R.: *Compact Laser Doppler Anemometer*, AGARD Conference Proceedings 502: Remote Sensing of the propagation Environment, paper 27 (1991)

Werner, Ch., Streicher, J., Herrmann, H., und Dahn, H.-G.: *Multiple-Scattering Lidar Experiments*. Optical Engineering 31, 1731- 1745 (1992)

Werner, Ch., Wildgruber, G. and Streicher, J.: *Representativity of Wind Measurements from Space*, DLR-Report, ESA Contract 8564/90/HGE-I (1991)

Zanzottera, E.: *Differential Absorption Lidar Techniques in the Determination of Trace Pollutants and Physical Parameters of the Atmosphere*, Anal Chem, Vol 21, 279–319 (1990)

6 Bestimmung von Verfahrenskenngrößen bei Meßverfahren

(unter Mitwirkung von K. Weber)

6.1 Einleitung

Die Bestimmung von Verfahrenskenngrößen eines Meßverfahrens ist unabdingbar, um die Leistungsfähigkeit dieses Verfahrens beurteilen zu können, um den Vergleich verschiedener Meßverfahren zu ermöglichen und vor allem, um zu ermitteln, ob das Meßverfahren für eine bestimmte Meßaufgabe geeignet ist.

Im Hinblick auf die Wichtigkeit dieses Problemfeldes für die Luftreinhaltung haben sich auf internationaler Ebene das ISO Technical Committee 146 "Air Quality" und im nationalen Bereich die Kommission Reinhaltung der Luft im VDI und DIN mit der Definition und Ermittlung von Verfahrenskenngrößen beschäftigt. Als Ergebnis dieser Arbeiten liegen eine Reihe von Normen bzw. Normentwürfen vor:

- ISO 6879, veröffentlichte Norm 1983; derzeit in Revision
- DIN/ISO 6879, deutsche Ausgabe der entsprechenden ISO-Norm 1984
- VDI 2449 Blatt 2, veröffentlichte Richtlinie 1987
- VDI 2449 Blatt 1, veröffentlichte Richtlinie 1970
- ISO 9169, Draft International Standard 1991
- VDI 2449 Blatt 1, veröffentlichter Entwurf 1991, wird das Blatt 1 von 1970 ablösen
- VDI 3950 Blatt 1, veröffentlichter Entwurf 1991

Die ersten drei Dokumente geben Definitionen von Verfahrenskenngrößen. Die beiden letzten Papiere liefern die verfahrenstechnischen und mathematischen Mittel, um die Kenngrößen zu bestimmen. Das Dokument VDI 2449 (1') ist dabei auf Immissionsmessungen beschränkt. Dokument VDI 3950 bezieht sich auf die Kalibrierung automatischer Emissionsmeßeinrichtungen.

In der Regel beziehen sich die Verfahrenskenngrößen auf vollständige Meßverfahren, d.h. nur in Ausnahmefällen auf Teile des Gesamtverfahrens. Zur vollständigen Meßeinrichtung gehören außer dem eigentlichen Meßgerät Vorrichtungen zur Probenentnahme, Probenaufbereitung und zur Registrierung (VDI 3950 (weitere Einzelheiten siehe auch Junker und van de Wiel (1990) und BMI (1981))).

Die genannten Richtlinien bzw. Normen sind nicht direkt für Fernmeßverfahren entwickelt worden und müssen teilweise auch erst für die Anwendung auf Fernmeßverfahren adaptiert werden. Diese Richtlinien werden jedoch häufig als Grundlage zur Kennzeichnung und Beurteilung von Meßverfahren in der Luftreinhaltung herangezogen. Die Philosophie dieser Dokumente ist deswegen für die Bestimmung von Verfahrenskenngrößen auch für Fernmeßverfahren von Bedeutung - ganz abgesehen davon, daß viele Kenngrößen in diesen Dokumenten eindeutig definiert sind und deswegen auch nur in diesem Sinne verwandt werden sollten.

6.2 Arten von Verfahrenskenngrößen

Die Verfahrenskenngrößen werden typisiert in:

- *Betriebliche (operative) Verfahrenskenngrößen*
  Diese kennzeichnen den Einfluß der physikalischen und chemischen Eigenschaften der Umgebung sowie die mit der Wartung verbundenen Probleme. Als Beispiele für diese Art von Verfahrenskenngrößen seien hier genannt: Temperatur, mechanische Belastbarkeit, Rüstzeit, Standzeit, Einlaufzeit, Verfügbarkeit (siehe VDI 2449 (2), ISO 6879 und DIN/ISO 6879).

- *Funktionale Verfahrenskenngrößen*
  Diese sind Schätzwerte für den deterministischen Anteil des Meßvorgangs, beispielsweise die Empfindlichkeit und die Selektivität. Auch die Kalibrierfunktion wird häufig hierzu gezählt.

- *Statistische Verfahrenskenngrößen*
  Diese quantifizieren die möglichen Abweichungen, die sich für die Meßwerte aus dem zufälligen Anteil des Meßvorgangs ergeben. Beispiele für statistische Verfahrenskenngrößen sind: Wiederholbarkeit, Nachweis- und Bestimmungsgrenze.

Im folgenden wird nur auf die wichtigsten funktionalen und statistischen Verfahrenskenngrößen eingegangen. Bezüglich der anderen Verfahrenskenngrößen sei auf die zitierten Dokumente verwiesen.

Von zentraler Bedeutung für vollständige Meßverfahren ist nach den zitierten DIN/ISO- bzw. VDI-Dokumenten die Ermittlung der Kalibrierfunktion. In Verbindung mit der Ermittlung der Kalibrierfunktion, d.h. aus dem Kalibrierexperiment, lassen sich die wichtigsten Verfahrenskenngrößen ermitteln (siehe auch Buchholz (1987), Junker und van de Wiel (1990)).

6.3 Ermittlung der Kalibrierfunktion

Die Ermittlung der Kalibrierfunktion wird zunächst anhand der Vorgehensweise des neuen, veröffentlichten Entwurfs der VDI 2449 Blatt 1 dargestellt. Nach diesem Dokument ist: "die Kalibrierung die Durchführung des Experimentes zur Schätzung der Kalibrierfunktion aus Messungen an Systemen mit als bekannt vorausgesetzten Werten der Zustandsgröße. Die Kalibrierfunktion beschreibt den Zusammenhang zwischen dem Wert der Zustandsgröße und dem Erwartungswert der Meßgröße (Meßwert)".

Im einzelnen wird für die Kalibrierung folgendes vorgesehen: Die Kalibrierung ist in dem der Problemstellung angepaßten Meßbereich durchzuführen. Sie umfaßt bei wenigstens fünf annähernd äquidistanten Zuständen (Konzentrationen) mindestens zehn Wiederholungsmessungen. Es ist dabei sicherzustellen, daß Drift und Hysterese des Verfahrens erkannt und berücksichtigt werden. Ein empfohlenes Beispiel für die Aufgabe der verschiedenen Konzentrationen des Referenzmaterials zeigt Abbildung 6.1.

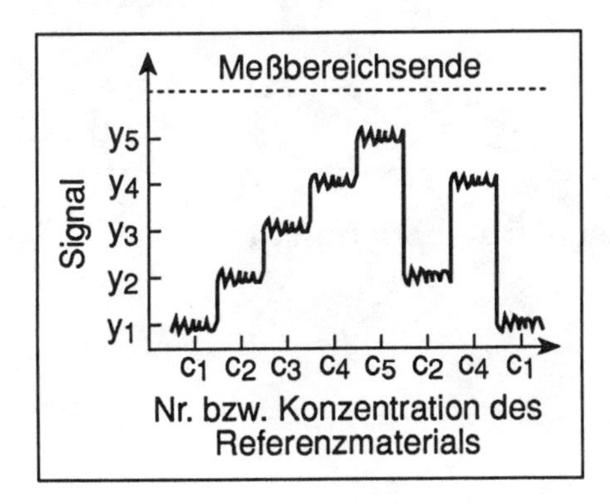

Abb. 6.1 Reihenfolge der Zustandsänderungen bei der Kalibrierung (Beispiel aus VDI 2449 (1'))

Dabei wird angenommen, daß die angegebenen Werte der Referenzmaterialien mit den richtigen Werten identisch sind.

Für den Fall, daß man aufgrund des signalerzeugenden Prozesses eine lineare Kalibrierfunktion vermuten kann, wird diese Kalibriergerade mit dem üblichen Verfahren der linearen Regression ermittelt

$$y = g(c) = a_{yc} + b_{yc} \cdot c \quad . \tag{6.1}$$

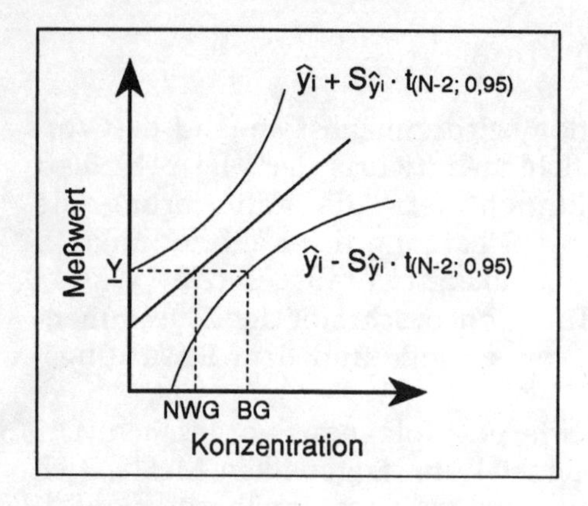

Abb. 6.2 Kalibriergerade mit Vertrauensbereichen (Beispiel aus VDI 2449 (1'))

Danach wird der Vertrauensbereich der Kalibriergeraden bestimmt, vergl. Abbildung 6.2.

Dabei gilt für die Standardabweichung für einen erwarteten, zukünftigen Einzelwert:

$$S_{\hat{y}_i} = S_{y,c} \sqrt{1 + \frac{1}{N} + \frac{(c - \bar{\bar{c}})^2}{Q_c}} \tag{6.2}$$

und für die Reststandardabweichung der Kalibrierfunktion:

$$S_{y,c} = \sqrt{\frac{Q_y - (Q_{yc})^2 / Q_c}{N - 2}} \tag{6.3}$$

mit den Abkürzungen:

$$Q_c = \Sigma c^2 - \frac{1}{N}(\Sigma c)^2 \tag{6.4}$$

$$Q_y = \Sigma y^2 - \frac{1}{N}(\Sigma y)^2 \tag{6.5}$$

$$Q_{yc} = \Sigma cy - \frac{1}{N}(\Sigma c)\ (\Sigma y) \tag{6.6}$$

c = Konzentration
$\bar{\bar{c}}$ = Mittelwert aller Konzentrationen

Wenn der ermittelte Vertrauensbereich in Abbildung 6.2 den Meßanforderungen genügt, wird dem Verfahren endgültig eine lineare Kalibrierfunktion zugrunde gelegt. Ist dies nicht der Fall, kann ein Ausreißertest nach Grubbs durchgeführt werden, alternativ wird auch eine vereinfachte Schätzung des Vertrauensbereiches zugelassen, die auf der maximalen Varianz der einzelnen Gruppenwerte beruht.

Wenn sich mit diesem Test Ausreißer identifizieren lassen und eine experimentelle Begründung für die Ausreißer gefunden werden kann, dürfen diese eliminiert werden, jedoch nicht mehr als insgesamt zwei aus dem ganzen Kollektiv. Wenn sich nach Eliminierung dieser Daten Vertrauensbereiche ergeben, die den Meßanforderungen genügen, so wird schließlich auch in diesem Falle dem Verfahren eine lineare Kalibrierfunktion zugrunde gelegt. Andernfalls wird mit einem nicht linearen Ansatz versucht, die Kalibrierfunktion neu aufzunehmen. Für eine quantitative Überprüfung der Kalibrierfunktion wird in VDI 2449 (1') ein spezieller Linearitätstest beschrieben.

Wenn die Kalibrierfunktion und die Verfahrenskenngrößen bereits bekannt sind, kann nach VDI 2449 (1') auch ein vereinfachtes Verfahren zur Anwendung kommen (häufig auch als Überprüfung der Meßwertanzeige bezeichnet). Hierbei wird eine Zwei-Punkt-Messung bei einer niedrigen Konzentration (z.B. am Nullpunkt) und bei einer geeignet gewählten höheren Konzentration vorgenommen, jeweils mit fünf Wiederholungsmessungen. Ergibt sich aus diesen Daten ein Vertrauensbereich, der kleiner ist als der durch die Meßaufgabe geforderte Vertrauensbereich, so wird angenommen, daß die Kalibrierfunktion und die daraus gewonnenen Verfahrenskenngrößen Gültigkeit haben.

Diese Überprüfung wird auch vorgesehen bei allen Eingriffen in das Meßverfahren, die die Verfahrenskenngrößen ändern können.

In dem Draft International Standard zur ISO-Norm 9169 wird das Kalibrierexperiment prinzipiell ähnlich durchgeführt (mindestens 5 verschiedene Konzentrationen, 10 Wiederholungsmesssungen). Die Kalibrierfunktion wird jedoch nach einem ausgefeilteren Verfahren ermittelt. Hierbei wird davon ausgegangen, daß die Varianz des Meßverfahrens konzentrationsabhängig ist. Die Varianzfunktion des Verfahrens wird zunächst aus den Meßwerten geschätzt, d.h. über eine Fit-Prozedur bestimmt. Diese Varianzfunktion wird dann benutzt, um mit der Methode der gewichteten Regression die Kalibrierfunktion zu schätzen. Zur Überprüfung der Linearität wird der gleiche Linearitätstest wie in VDI 2449 (1') benutzt

In dem veröffentlichten Entwurf der VDI-Richtlinie 3950 Blatt 1 "Kalibrierung automatischer Emissionsmeßeinrichtungen" (VDI 3490) wird ein etwas anderer Weg eingeschlagen. Dies liegt darin begründet, daß es im allgemeinen nicht möglich ist, ein Prüfgas herzustellen, das die Matrix und den thermodynamischen Zustand des Abgases vollständig wiedergibt. Deswegen kann für Emissionsmeßeinrichtungen am Abgaskanal das vollständige Meßverfahren nicht mit

Hilfe von Prüfgasen kalibriert werden. Stattdessen wird in VDI 3490 vorgeschlagen, zur Beschreibung des Zusammenhangs zwischen der Gerätanzeige des registrierenden Meßverfahrens und der Quantität des Meßobjektes einen Vergleich mit Konventionsverfahren durchzuführen.

6.4 Nachweisgrenze (NWG)

Die Nachweisgrenze ist eine der wichtigsten Verfahrenskenngrößen eines Meßverfahrens. Zum Beispiel liefert der Vergleich der Nachweisgrenze mit einem zu überwachenden Grenzwert eine der notwendigen Informationen, ob das Verfahren überhaupt zur Überwachung des betreffenden Grenzwertes geeignet ist. So wird in den "Richtlinien für die Bauausführung und Eignungsprüfung von Meßeinrichtungen zur kontinuierlichen Überwachung der Immissionen" (BMI (1981)) gefordert, daß die Nachweisgrenze dieser Meßgeräte nicht 10% des IW1 überschreiten soll.

Die Nachweisgrenze ist in den zitierten Normen definiert als der kleinste Wert der Zustandsgröße, der mit einer Sicherheit von 95% (konventionsgemäß) von einem Zustand Null unterschieden werden kann. Als Meßwert an der Nachweisgrenze ($\underline{Y}$) wird in VDI 2449 (1') die obere Grenze des Vertrauensbereichs an der Stelle des untersten Kalibrierpunktes angegeben (Abb. 6.2):

$$\underline{Y} = \hat{y}_{i\,(i=1)} + S_{\hat{y}_i}\, t_{(N-2)} \tag{6.7}$$

Die Nachweisgrenze $\underline{c}$ (auf der Konzentrationsachse!) ergibt sich dann über

$$\underline{c} = \frac{S_{\hat{y}_i}\, t_{(N-2)}}{b_{yc}} \tag{6.8}$$

Als "nullte" Näherung kann die Nachweisgrenze auch folgendermaßen bestimmt werden: Auf die Meßeinrichtung wird mehrfach sogenanntes Nullgas aufgegeben. Als Meßwert an der Nachweisgrenze ergibt sich dann

$$\underline{Y} = \overline{y_{i\,(c=0)}} + t_{f,0.95} S_{i\,(c=0)} \tag{6.9}$$

Die Nachweisgrenze wird dann mit Hilfe von b_{yc} analog wie oben berechnet. Bei diesem vereinfachten Verfahren wird aber nicht die gesamte Information genutzt, die sich aus dem Kalibrierexperiment ergibt.

Im Draft International Standard zur ISO 9169 ist zur Bestimmung der Nachweisgrenze wiederum ein modifiziertes Verfahren vorgesehen. Auch dieses Dokument benutzt die gesamte Information des Kalibrierexperiments zur Bestimmung der Nachweisgrenze. Ebenso wird auch eine Art "Unsicherheitsbereich" in der Nähe der kleinsten Konzentration benutzt. Anders als in VDI 2449 (1') wird die Nachweisgrenze jedoch bestimmt sowohl unter Berücksichtigung der Varianzfunktion als auch des Kalibrierfehlers als solchen.

6.5 Bestimmungsgrenze (BG)

In VDI 2449 (1') findet sich folgende Definition der Bestimmungsgrenze: "Die Bestimmungsgrenze ist der kleinste Wert der Zustandsgröße, der mit einer (vereinbarten) Sicherheit von 95% von der Nachweisgrenze unterschieden werden kann (Abb. 6.2)."

6.5.1 Empfindlichkeit

Die Empfindlichkeit ist nach VDI 2449 Blatt 2 definiert als "Differentialquotient aus der Änderung des Meßsignals nach der auslösenden Änderung des Wertes q_j des Luftbeschaffenheitsmerkmals j" (z.B. Konzentration).

$$S_j = \frac{\partial x}{\partial q_j} = \frac{\partial g}{\partial q_j} \tag{6.10}$$

Das bedeutet: Bei Existenz einer linearen Kalibrierfunktion ist die Empfindlichkeit durch die Steigung gegeben, ergibt sich also direkt aus der Kalibrierfunktion.

Achtung: Empfindlichkeit und Nachweisgrenze des Verfahrens dürfen nicht verwechselt werden!

6.5.2 Selektivität

Mit der Selektivität wird die Querempfindlichkeit des Verfahrens auf andere, d.h. Störkomponenten beschrieben. In der VDI 2449 Blatt 2 wird definiert:

"Die Selektivität beschreibt die Abhängigkeit des Meßwertes von der Anwesenheit anderer als dem gesuchten Luftbeschaffenheitsmerkmal. Bei Vorliegen linearer Eichfunktionen wird die Selektivität durch die Matrix

$$I_{kl} = \frac{S_k}{S_l} \qquad (6.11)$$

beschrieben, wobei k das gesuchte Luftbeschaffenheitsmerkmal kennzeichnet."

In VDI 2449 (1') wird detaillierter ausgeführt, wie die Selektivität bestimmt werden soll. Dabei wird vorgeschlagen, das zu prüfende Verfahren mit Prüfgaskonzentrationen für die Meßkomponente von jeweils Null bzw. IW2 zu beaufschlagen und dann zusätzlich Prüfgaskonzentrationen für die Störkomponenten anzubieten, um ihren Einfluß auf das Verfahren zu ermitteln. Es soll jeweils hierbei der Einfluß von Komponenten und Konzentrationshöhen untersucht werden, die üblicherweise in Belastungsgebieten auftreten oder aufgrund des Meßprinzips einen Einfluß auf die Meßwertanzeige erwarten lassen. Die Kombinationswirkung von Feuchte soll auch berücksichtigt werden. Der Störeinfluß soll im Bereich der Immissionswerte IW1 und IW2 nicht mehr als 6% des IW2 betragen.

6.5.3 Genauigkeit

In VDI 2449 (2) wird die Genauigkeit definiert als "erwartbare Übereinstimmung von Meßwert und zugrunde liegendem wahren Wert des Luftbeschaffenheitsmerkmals." In DIN/ISO 6879) wird eine ähnliche Definition gegeben. Die Genauigkeit wird im allgemeinen über die Ungenauigkeit quantifiziert, die als Differenz zwischen dem wahren Wert und dem Erwartungswert der Meßwerte des Luftbeschaffenheitsmerkmals angegeben wird. Der wahre Wert ist nicht von vornherein bekannt. Er ist aber beispielsweise abschätzbar aus Zusatzinformationen über das Meßverfahren und aus der Kenntnis der Herstellungsverfahren der Referenzmaterialien oder wird konventionsgemäß als über Referenzmeßverfahren ermittelbar angesehen. Ein explizites Berechnungsverfahren für die Ermittlung der Genauigkeit eines Meßverfahrens ist in den zitierten Dokumenten nicht genormt. Eine entsprechende Norm soll aber bei der ISO erarbeitet werden. Pragmatisch gesehen soll aber gerade die Kalibrierung eines Meßverfahrens die Genauigkeit desselben sicherstellen.

6.5.4 Präzision

Unter Präzision wird das Ausmaß der Übereinstimmung von Meßwerten verstanden, die unter bestimmten Bedingungen aus mehrmaliger Anwendung des Meßverfahrens erhalten werden (DIN/ISO 6879, VDI 2449 (2)). Die Präzision wird quantifiziert - je nachdem, ob für die Messungen Wiederhol- oder Vergleichbedingungen vorliegen durch die Wiederholbarkeit bzw. die Vergleichbarkeit. Bei den Eignungsprüfungen und in einigen anderen Anwendungsfällen wird auch noch der Begriff der Reproduzierbarkeit verwendet, auf den hier aber nicht weiter eingegangen werden soll (siehe auch VDI 2449 (1 und 1')).

6.5.5 Wiederholbarkeit

Die Wiederholbarkeit r ist - anschaulich gesprochen - derjenige Betrag, um den sich zwei zufällig ausgewählte Einzelwerte, die unter Wiederholbedingungen gewonnen wurden, höchstens unterscheiden. Wiederholbedingungen heißt in diesem Fall: dasselbe Meßverfahren unter denselben Bedingungen (derselbe Bearbeiter, dasselbe Gerät, dasselbe Labor, kurze Zeitspanne). Nach VDI 2449 (1') wird die Wiederholbarkeit r berechnet zu:

$$r = t_{f;\,0,95} \sqrt{2}\, S_r \tag{6.12}$$

wobei S_r eine aus allen Messungen des Kalibrierexperimentes gemittelte Standardabweichung ist. Nach ISO 9169 wird r ähnlich ermittelt, jedoch wird S_r aus der (konzentrationsabhängigen) Varianzfunktion bestimmt. Somit ist r in ISO 9169 konzentrationsabhängig.

6.5.6 Vergleichbarkeit

Die Vergleichbarkeit R ist - anschaulich gesprochen - derjenige Betrag, um den sich zwei zufällig ausgewählte Einzelwerte, die unter Vergleichsbedingungen gewonnen wurden, höchstens unterscheiden.

Unter Vergleichsbedingungen versteht man dabei: identisches Material, aber unter verschiedenen Bedingungen (verschiedene Bearbeiter, verschiedene Geräte, verschiedene Laboratorien und/oder zu verschiedenen Zeiten). Zur Berechnung der Vergleichbarkeit siehe DIN/ISO 5725.

6.5.7 Instabilität

In DIN/ISO 6879 wird die Instabilität definiert als "Änderung des Meßsignals während eines festgesetzten Wartungsintervalls für einen gegebenen Wert des Luftbeschaffenheitsmerkmals. Sie kann durch die zeitliche Änderung des Mittelwertes zur Beschreibung der Drift und durch die Streuung beschrieben werden."

6.6 Überwachung der Luftqualität

Die wesentliche Grundlage für Maßnahmen im Bereich der Luftreinhaltung auf bundesdeutschem Gebiet ist durch das Bundesimmissionsschutzgesetz (BImSchG) und die zugehörigen Rechtsverordnungen und Verwaltungsvorschriften gegeben. Dabei gibt das Bundesimmissionsschutzgesetz für die Bereiche des anlagen-, produkt- und gebietsbezogenen Immissionsschutzes den Rahmen vor, der durch die Verordnungen und Verwaltungsvorschriften gefüllt wird. Der Zweck des BImSchG ist: "Menschen sowie Tiere, Pflanzen und andere Sachen vor schädlichen Umwelteinwirkungen und, soweit es sich um genehmigungspflichtige Anlagen handelt, auch vor Gefahren, erheblichen Nachteilen und erheblichen Belästigungen, die auf andere Weise herbeigeführt werden, zu schützen und dem Entstehen schädlicher Umwelteinwirkungen vorzubeugen."

In Zukunft werden auch EG-Richtlinien mehr und mehr an Bedeutung gewinnen, die auf europäischer Ebene rechtliche Vorgaben schaffen, die in nationale Vorschriften umgesetzt werden müssen.

Zu den in der Bundesrepublik wichtigen Verordnungen und Verwaltungsvorschriften, die in Ergänzung zum BImSchG die Emissions- bzw. Immissionsüberwachung regeln, gehören u.a.:

- die Technische Anleitung zur Reinhaltung der Luft (TA-Luft),
- die Verordnung über genehmigungsbedürftige Anlagen (4. BImSchV),
- die Verordnung über Großfeuerungsanlagen (13. BImSchV),
- die Verordnung über Verbrennungsanlagen für Abfälle und ähnliche brennbare Stoffe (17. BImSchV),und
- die Smogverordnungen der Länder.

In der TA-Luft finden sich zahlreiche Vorschriften, die die Genehmigung und Überwachung von Anlagen betreffen: Die Überwachung von Emissionen durch kontinuierliche Messungen soll gefordert werden, soweit die Emissionen mengenmäßig von Bedeutung sind und Emissionsbegrenzungen festgelegt wurden. Die Meßverfahren sollen hierfür ausdrücklich "geeignet" sein. Im allgemeinen werden hierfür eignungsgeprüfte Geräte eingesetzt.

Emissions- und Immissionsmessungen können nur dann valide Ergebnisse liefern, wenn das Meßinstrumentarium einer bestimmten Qualität genügt und wenn das Bedienungspersonal - bezogen auf den Einsatzzweck - genügend Sachkunde aufweist.

Nach dem Bundesimmissionschutzgesetz haben Betreiber genehmigungsbedürftiger Anlagen einen Immissionsschutzbeauftragten zu benennen. Diese Beauftragten wirken laut Gesetz mit bei der Entwicklung und Einführung umweltfreundlicher Verfahren.

Hier kann sich durch Erfahrungsaustausch und Schulung eine Expertengruppe etablieren, die weitergehende Überwachungsverfahren anregt. Der VDI hat im Bereich "Umwelttechnik" ein Beispiel gegeben (VDI 1988, 1989).

Regelmäßige Kongresse und Ringversuche dienen dem Erfahrungsaustausch und der Schulung. So existieren Zusammenfassungen über die Konzentrationen von Spurengasen in der Troposphäre (VDI - KRdL 1991), Umweltmeteorologie (VDI - KRdL 1990), und Messungen von Luftverunreinigungen und dem Europäischen Binnenmarkt (VDI - KRdL 1989).

6.7 Normen und Richtlinien, Grenzwerte

Man muß sich gedanklich zurückversetzen in den Zustand, als es noch kein Umweltbewußtsein und keine TA-Luft gab. Jeder konnte seine Fabrik rauchen lassen, wie er wollte. Sichtbare Verschmutzung in Form von Rußwolken störte die Anwohner. Aus Gießereien wurde Eisenstaub auf den umliegenden Parkplätzen abgelagert. Das tägliche Waschen der Autos brachte über kurze Zeit den besten Lack zu einem unansehlichen Aussehen. Man beschwerte sich, ging vor das Gericht und klagte. Wie sollte ein Beweis geführt werden, was ist erlaubt, wie soll gemessen, überwacht werden?

Mit der Aufstellung der ersten Regelwerke mußt auch die Frage nach der Überwachung gestellt werden. Das Bundesimmissionsschutzgesetz (1974) war ein grundlegender Beginn. Einschlägige Verordnungen, wie die TA-Luft (1983) und (1986) folgten. Dabei ist die TA-Luft (1986) mit dem technischen Kommentar ein umfangreiches Nachschlagewerk (Davis und Lange (1986)). Grundlage war es, daß die Bundesregierung zur Vorsorge vor schädlichen Umwelteinwirkungen Verwaltungsvorschriften erlassen konnte. Auch der oben erwähnte Gußstaub aus der Gießerei muß überwacht und reduziert werden. Filteranlagen wurden eingeführt. Die Dachauslässe wurden abgedichtet, Belüftungsanlagen mit Filtern sorgten für das notwendige Arbeitsklima. Nach der TA-Luft gilt für den Gesamtstaub, daß die im Abgas enthaltenen staubförmigen Bestandteile bei einem Massenstrom von 0,5 kg/h die Massenkonzentration von 0,5 g/m^3 nicht überschreiten dürfen. Massenkonzentrationen sind die Meßgrößen. Der Aeorsolgehalt der normalen Luft beträgt zum Vergleich etwa 10 - 100 $\mu g/m^3$.

In relativ kurzer Zeit waren die Parkplatzsorgen in der Nähe der Gießerei behoben. Die treibende Kraft dafür waren u.a. die Kosten der vielen Prozesse. Diese sichtbaren und riechbaren Beeinträchtigungen sind relativ leicht zu lösen. Für die Schwelle bei nicht direkt wahrnehmbaren Mengen und ihrer Wirkung auf die Gesundheit haben sich viele Experten verdient gemacht. Was passiert, wenn ein Tank mit Chlorgas oder Benzin leck ist. Die schweren Gase breiten sich anders in der Umgebung aus als die leicht flüchtigen Komponenten (Hartwig (1989)).

Klare Normen, Richtlinien und die Kenntnis von Ausbreitungsbedingungen zusammen schaffen dem Bürger eine gewisse Sicherheit. Wenn keine Richtlinie existiert, kann es Streit vor Gericht geben. Bei einer Richtlinie, die von den Verwaltungsgerichten akzeptiert ist, kann man prüfen, ob die Richtlinie eingehalten wurde.

Normzustände werden definiert. Meist nimmt man statistische Aussagen in der Form von Meßwerten, die über eine halbe Stunde gemittelt wurden, als Grundlage. Dies kann mit den Punktmeßsensoren erreicht werden. Die meisten Sensoren, die für die Überwachung der TA-Luft Verordnung eingesetzt werden, sind Punktmeßsensoren. Ähnlich wie in der Meteorologie, wo der Wind auch mit Propeller-Anemometern, mechanischen Windmeßsensoren erfaßt wird und auch ein Windmeßwert der Mittelwert über 10 Minuten ist, so ist auch hier die Mittelung vorgeschreiben. Es kann dabei durchaus vorkommen, daß kurzzeitig der maximale erlaubt Wert überschritten (oder unterschritten) wird. Die Problematik, die mit der kurzzeitigen Erhöhung zusammenhängt, ist bekannt (Kristensen et al. (1989)) und hat auch Auswirkungen. Zum Beispiel kann der Katalysator eines Kraftfahrzeuges die durch kurzfristige Beschleunigungen bewirkte Erhöhung der Abgaskonzentration nicht abbauen. Im Mittel, bei normalen Fahrbetrieb, arbeitet er zuverlässig.

Für die in diesem Buch vorgestellten Fernmeßsensoren stellt dies die erste Hürde für eine Akzeptanz dar. Wie kann man die Ergebnisse von Punktmeßsensoren mit denen der Fernmeßverfahren vergleichen?

Viele Versuche wurden durchgeführt mit einer Reihe von Punktmeßsensoren entlang einer Linie, die von einem Fernmeßverfahren (DOAS oder FTIR) integrierend oder vom Lidar entfernungsaufgelöst erfaßt wurde. Es zeigt sich häufig, daß die Ergebnisse unter vernünftigen Bedingungen vergleichbar sind. Das in Abbildung 1.1 (unten) dargestellte Szenario wurde dazu benutzt, die vom Fernmeßverfahren durch die Erfassung der Form und Stärke der Abgaswolke im Gitter ermittelte Quellstärke mit der an der Quelle vom Punktmeßsensor ermittelten Quellstärke zu vergleichen (Herrmann et al. (1981)). Die Fernmeßverfahren zeigen ihre Eignung auch in diesem, von Verordnungen beherrschten Gebiet. Ein Schritt zur Akzeptanz sind Eignungsprüfungen.

6.8 Eignungsprüfung

Wie schon geschildert, sind für eine kontinuierliche Überwachung von Immissionen an Meßgeräte einige Mindestanforderungen zu stellen. Diese sind in Richtlinien festgelegt (BMI (1981)). Die Geräte werden von den Prüfinstituten einem festgelegten Prüfplan unterzogen. Die Kriterien sind z. B.:

a) Es muß ein eindeutig definierter Zusammenhang zwischen dem Meßsignal und der zu messenden Massenkonzentration des Meßobjektes bestehen. Optimal ist ein linearer Zusammenhang.
b) Die Nachweisgrenze soll 10% des Langzeit-Immissionswertes (IW1) nicht überschreiten (siehe Abschnitt 6.4).
c) Die Reproduzierbarkeit (siehe Abschnitt 6.6.6) hat Mindestanforderungen zu genügen.
d) Die Nullpunktmessung soll nur wenig von der Umgebungstemperatur abhängen. Grenzen sind auch angegeben, wie weit die Empfindlichkeit von der Temperatur des Meßgutes und der Umgebung abweichen darf.
e) Für die Drift des Nullpunkt-Meßsignals und der Empfindlichkeit sind Maximalgrenzen angegeben.
f) Die Querempfindlichkeit zu anderen Gasen darf Maximalgrenzen nicht überschreiten.

Für die Punkte a) bis c) gibt es für die Fernmeßverfahren keine Schwierigkeiten. Gerätetechnisch lassen sich von der Umgebungstemperatur unabhängige Geräte fertigen (Punkte d und e). Die Transmissometer an Flughäfen zeigen dies. Eine lange Entwicklungszeit ist aber auch der Grund für die Zuverlässigkeit. Kleine Unachtsamkeiten in der Konstruktion, wie die Möglichkeit, in den meist mit einem Regenschutz versehenen Empfängeroptiken und einer Heizung für den Einsatz auch im Winter, haben schon oft Vögel zum Anlegen eines Nistplatzes eingeladen (und damit die Messung verhindert).

Die Querempfindlichkeit ist ein Hauptproblem. Wie schon bei der Darstellung der einfachen Meßverfahren (Abschnitt 5.1) gezeigt, hängen die Langwegabsorptionsmessungen (z. B. DOAS) von der jeweiligen Sichtweite ab. Die empfangene Lichtleistung wird bei Nebel stark reduziert und das Nutzsignal kann unter die geforderte Nachweisgrenze gelangen. Dies ist ein Nachteil für alle optischen Verfahren, es sind "Schönwettergeräte". Punktsensoren haben diese Probleme nicht.

An Korrekturen wird gearbeitet, u. a. durch die Variation der Basislänge, dem Einsatz variable Basislängen für gute und schlechte Sichtbedingungen. Die Erhöhung der Lampenintensität beim DOAS-Verfahren ist eine mögliche Erweiterung.

Das OPSIS-Gerät wird einer Eignungsprüfung unterzogen (Obländer et al. (1992)). Der Prüfplan mußte abgeändert werden. Durch die integrierende Messung über Distanzen von einigen 100 Metern ist eine Kontrolle mit dem Meßgut an einem Punkt nicht möglich. In Laborversuchen wurde das Meßgut in Küvetten in einer stark verkürzten Meßstrecke eingebracht mit einer höheren Konzentration, um diese Ergebnisse auf längere Meßstrecken übertragen zu können (Faktor σb in Gleichung 5.1). Wegen der bekannten Druckabhängigkeit des Meßeffektes ist diese Art der Übertragung der Eignungsprüfung für Fernmeßverfahren mit schmalbandiger Auflösung (Lidar) problematisch.

Die U. S. Environment Protection Agency (EPA) hat einen Testplan entwickelt, wie die Fernmeßverfahren (DOAS; FTIR) getestet werden können (Lay and Morales (1992)). Die Kriterien, die vorgeschlagen werden, sind:

a) Die Komponenten, die mit einem Multikomponentensystem (DOAS, FTIR) gemessen werden können, sollen auf die wichtigsten und realisierbarsten Komponenten am Beginn des Tests reduziert werden. (Für das OPSIS-Gerät waren Schwefeldioxid, Ozon, Benzol, Toluol, Stickstoffdioxid, Xylol und andere möglich, man hat sich beim Eignungstest bisher auf Schwefeldioxid und Stickstoffdioxid beschränkt.)
b) Die Nachweisgrenzen sind anzugeben.
c) Die Genauigkeit ist anzugeben.
d) Die Quellen und Umgebungsbedingungen müssen dem Verfahren angepaßt sein. Die Mengen müssen innerhalb der Nachweisgrenzen liegen.
e) Die Lage der Quellen zueinander ist zu beachten.
f) Die optimale Entfernung zur Quelle ist zu bestimmen.
g) Die Meßzeit ist festzulegen.
h) Die Beimengungen der Quelle (Schornstein) mit Rußteilchen ist zu klären.
i) Die Sauberkeit der Quelle in Hinblick auf Lecks ist zu untersuchen vor dem Test.

Nach diesen Tests mit gut protokollierten Ergebnissen können Aussagen über das Gerät gemacht werden. Abweichungen werden erkannt und können behoben oder über Software als Meßfehler identifiziert werden. Eine Prioritätenliste von Anwendungen für welche Gase in welchen Grenzen ist das Ergebnis.

6.9 Zusammenfassung

Die Verfahrensrichtlinien und Kenngrößen wurden dargestellt, Normen und Richtlinien dienen der Qualitätssicherung von Messungen. Ein Teil unserer Umwelt ist durch rechtliche Regelungen abgesichert. Übertretungen können mit Meßgeräten erfaßt werden, die einer Normung unterliegen. Für bestimmte Komponenten gibt es fest vorgeschriebene Sensoren. Die Fernerkungungssensoren betreten dieses abgesteckte Szenario. Sie müssen sich ihren Platz erobern. Einerseits tun sie es, weil es z. B. für die Überwachung von diffusen Quellen keine adäquaten, eingeführten Sensoren gibt oder ihre Installation nur mit einem großen Aufwand möglich wäre. Hier muß eine Richtlinie zum Betrieb dieser Sensoren für eine Absicherung der optischen Meßsysteme gegenüber den eingeführten Sensoren führen. Regeln, die für den Test der Punktsensoren zutreffen, sind nicht ohne weiteres auf die Fernerkungungssensoren zu übertragen. Es müssen spezielle Methoden entwickelt werden.

Definitionen und Prozeduren zur Bestimmung von Verfahrenskenngrößen bei Meßverfahren für gasförmige Luftverunreinigungen sind in den oben zitierten Normen und Richtlinien gegeben und bilden eine Basis, die Leistungsfähigkeit dieser Meßverfahren zu charakterisieren. Für bisher schon "etablierte" punktförmig messende Verfahren können die zitierten Dokumente in den meisten Fällen auch unmittelbar angewandt werden. So ist es nicht verwunderlich, daß bei Eignungsprüfungen oder einschlägigen Veröffentlichungen im Gemeinsamen Ministerialblatt dieselben oder ähnliche Begrifflichkeiten, wie sie in diesen Normen oder Richtlinien gegeben sind, verwandt bzw. direkt zitiert werden.

Für die Verwendung im Zusammenhang mit Fernmeßverfahren sind einige der Definitionen bzw. Berechnungsprozeduren noch anzupassen: Die Probenahme bei Fernmeßverfahren ist von anderer Art als z.B. von naßchemischen Verfahren. Der Meßstrahl durchläuft in der Regel in der freien Atmosphäre eine Stecke von einigen 100m bis einigen Kilometern. Insofern ist eine Kalibrierung nicht ohne weiteres in gleicher Form möglich wie bei herkömmlichen Meßverfahren. z.B. kann bei einer Kalibrierung von Langwegabsorptionsverfahren mit einer kurzen Absorptionszelle das Problem auftreten, daß bei einem relativ hohen Partialdruck des Meßgases sich die Absorptionsstrukturen aufgrund des "self-broadening" verändern. Gleichwohl gibt es auch für Fernmeßverfahren ernstzunehmende Ansätze für eine Art "Kalibrierung": So z. B. wird in einer Gruppe der US EPA für FTIR-Langwegabsorption ein Kalibrierverfahren diskutiert, bei dem für die Grundkalibrierung eine Mehrfachreflexionszelle und für Qualitätssicherungs-Checks im Feld eine kurze Absorptionszelle verwendet wird. Mit diesen kurzen Absorptionszellen sollen im Feld beispielsweise Dejustierungen, Drifterscheinungen, Veränderungen in der Präzision usw. erkannt werden. Beim National Physical Laboratory (NPL) in England wurden Untersuchungsreihen zur Kalibrierung von Langwegabsorptionsverfahren mit bis zu einigen 10 Meter langen Kalibrierküvetten durchgeführt, um festzustellen, bei welchen Gasen und bei welchen Drucken/Temperaturen man lange Küvetten nehmen muß bzw. bei welchen Verhältnissen man kurze Küvetten ohne allzu großen Kalibrierfehler verwenden kann.

In einer ganzen Reihe von Veröffentlichungen werden Versuche beschrieben, bei denen Fernmeßverfahren als Gesamtverfahren durch Vergleich mit anderen bekannten Meßverfahren oder durch Ausmessen von definierten Prüfgasfahnen validiert werden (Überprüfung der Genauigkeit).

Sowohl durch das NPL in Zusammenarbeit mit dem British Standard Institute als auch bei der US EPA wird derzeit versucht, Qualitätssicherungsprozeduren bzw. Bestimmungsverfahren für Kenngrößen von Fernmeßverfahren schriftlich zu fixieren. Die schon oben erwähnte Eignungsprüfung für das OPSIS-Meßgerät dient ebenfalls der Qualitätssicherung (Obländer et al. (1991)). Der Laufplan in Abbildung 6.3 zeigt eine Möglichkeit für das Vorgehen zur Herbeiführung der Akzeptanz von Fernerkundungsverfahren.

Es besteht eine Eigeninteresse der Herstellerfirmen und der Forschergruppen, die neuen Sensoren anzuwenden. Dies geschiet sowohl im Feldeinsatz als Pilotkampagnen, als auch im fortgeschrittenen Stadium der Sensorentwicklung von der Industrie selbst. Es besteht ein Eigeninteresse der Industrie, ihre Anlagen optimal zu überwachen.

Parallel dazu wird der Sensor einem Eignungstest auf der Grundlage der Testvorschriften für Punktsensoren zugeführt. Dies erfordert einen nicht zu unterschätzenden Kostenaufwand.

Um die entstehende, divergente Entwicklung (Einsatz in der Industrie ohne VDI-Richtlinie einerseits und Anpassung an für die neuen Verfahren unzulängliche Testprozedur andererseits) nicht zu groß werden zu lassen, sollte der Block 'Richtlinien' in Abbildung 6.3 schnell konkretisiert werden. Der Arbeitskreis (AK) Fernmeßverfahren in der Kommission Reinhaltung der Luft im VDI und DIN muß sich mit dieser Problematik befassen. Für den Bereich der Sichtweitenmessung an Flughäfen gibt es eine ähnliche Problematik. "Die Sichtweite wird mit Transmissometern gemessen", so steht es in der Anleitung. Fernmeßmethoden erlauben es, eine variable Basislänge zu realisieren und erlauben es, schräg in die Atmosphäre zu messen. Man kann für die Landung repräsentativere Daten über die atmosphärische Sichtschichtung erhalten, als mit Transmissometern am Boden. Die Überzeugungsarbeit für ein neues Verfahren kostet nicht nur Geld. Für die Industrie wäre es ein Vorteil, wenn Deutschland eine Eigenentwicklung einsetzen könnte und weltweit Reklame machte. Setzt die USA ein neues Verfahren als Standard, so hat dies auch Auswirkungen auf die BRD. Dies bedeutet, daß die Forschergruppen international zusammenarbeiten müssen.

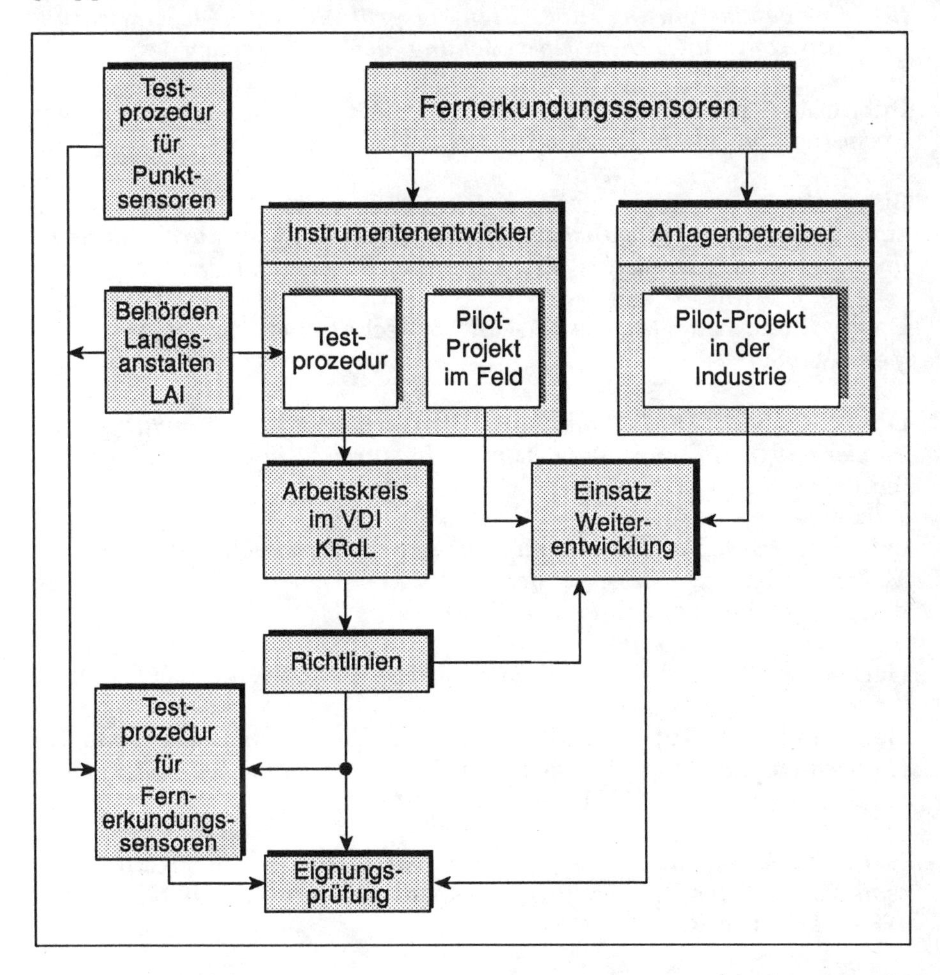

Abb. 6.3 Laufplan für die Akzeptanz der Fernerkundungsverfahren

In den folgenden Kapiteln wird über Anwendungen der Fernerkundungsverfahren berichtet, die sich zum größten Teil auf das eigene Interesse der Firmen und Labors zurückführen lassen.

6.10 Schrifttum

BMI (1981): *Bundeseinheitliche Praxis bei der Überwachung der Immissionen-* RdSchr.d.BMI v. 19.8.1981 - U II 8-556 134/4 *Richtlinien für die Bauausführung und Eignungsprüfung von Meßeinrichtungen zur kontinuierlichen Überwachung der Immissionen*

Buchholz, N.: *Grundlagen zur Kennzeichnung vollständiger Meßverfahren* , VDI Berichte Nr. 608 (1987) S. 99

Bundesimmissionsschutzgesetz BImSchG vom 15.03.1974: *Gesetz zum Schutz vor schädlichen Umwelteinwirkungen durch Luftverunreinigungen, Geräusche, Erschütterungen und ähnliche Vorgänge*

David, P. und Lang, M.: *Die TA-Luft 86*, Technischer Kommentar, VDI-Verlag (1986)

DIN ISO 5725: *Präzision von Prüfverfahren, Bestimmung von Wiederholbarkeit und Vergleichbarkeit durch Ringversuche,* (veröffentlichte Norm von 1988)

DIN/ISO 6879: *Verfahrenskenngrößen und verwandte Begriffe für Meßverfahren zur Messung der Luftbeschaffenheit* (deutsche Ausgabe der entsprechenden ISO-Norm, 1984)

Hartwig, S.: *Schwere Gase bei Störfallfreisetzung*, VDI-Verlag (1989)

Herrmann, H., Köpp, F., Werner, Ch.: *Remote measurements of plume dispersion over sea surface using the DFVLR Minilidar;* Optical Engineering 20, 759-771 (1981)

ISO 6879: *Air Quality - Performance characteristics and related concepts for air quality measuring methods* (veröffentlichte Norm von 1983, derzeit in Revision)

ISO 9169: *Air Quality - Determination of Performance Characteristics of Measurement Methods,* (Draft International Standard von 1991)

Junker, A., van de Wiel, H. J.: *Leistungskriterien und Testverfahren zur Beurteilung der Eignung von vollständigen Meßverfahren*, VDI Berichte Nr. 838 (1990) S. 585

Kristensen, L., Weil, J. C., Wyngaard, J. C.: *Recurrence of high concentration values in a diffusing, fluctuating scalar field;* Boundary Layer Meteorology, 47, 263 - 276 (1989)

Lay, L. and Morales, L.: *Open Path Monitoring Method Development,* EPA document (draft) April 3 (1992)

Obländer, W., Schmidt, E. und Walenda, R.: *Aufgaben aus der Praxis, Eignungsprüfungen und Mindestanforderungen, OPSIS Gerät als Modellfall für ein Zulassungsprüfverfahren. Laser in der Umweltmeßtechnik* Springer Verlag (1992) S. 141-145

TA Luft (Technische Anleitung zur Reinhaltung der Luft vom 28.08.1974): *Erste Allgemeine Verwaltungsvorschrift zum Bundesimmissionsschutzgesetz*

VDI 2449 (1): Blatt 1 *Prüfkriterien von Meßverfahren, Ermittlung von Verfahrenskenngrößen für die Messung gasförmiger Schadstoffe (Immission)* , (veröffentlichter Entwurf von 1991; wird das Blatt 1 von 1970 ablösen)

VDI 2449 (2): *Blatt 2 Grundlagen zur Kennzeichnung vollständiger Meßverfahren; Begriffsbestimmungen,* (veröffentlichte Richtlinie von 1987)

VDI 3490: Blatt 1 *Kalibrierung automatischer Emissionsmeßeinrichtungen* (veröffentlichter Entwurf von 1991)

VDI 1988: *Die Umweltschutzbeauftragten,* VDI Bericht 696, VDI Verlag

VDI 1989: *Mittelständliche Unternehmen und Umweltschutz,* VDI Berichte 746, VDI-Verlag

VDI-KRdL 1989: *Messen von Luftverunreinigung und Europäischer Binnenmarkt.,* Schriftenreihe, Band 13, die VDI-Kommission Reinhaltung der Luft.

VDI-KRdL 1990: *Umweltmeteorologie,* Schriftenreihe Band 15, die VDI-Kommission Reinhaltung der Luft

VDI-KRdL 1991: *Typische Konzentration von Spurenstoffen in der Troposphäre,* Schriftenreihe Band 15, die VDI-Kommission Reinhaltung der Luft

7 Anwendungsgebiete

Für die dargestellten Fernerkundungsverfahren gibt es die bereits in der Einleitung (Abb. 1.1) dargestellten drei Anwendungsgebiete. Gesetzliche Richtlinien (Abschn. 1.6) gibt es für die kleine Skala, die einzelne Fabrik oder die Verbrennung allgemein (Kfz). Für die mittlere Skala, die diffusen Quellen, sind Richtlinien in Vorbereitung. In diesem Kapitel werden die Verfahren auf die drei Anwendungsgebiete abgebildet und es werden Einsatzszenarien entworfen.

7.1 Emissions- und Immissionsüberwachung

Die Entwicklung der jüngsten Vergangenheit und der Gegenwart zeigt, daß optische Fernmeßverfahren in zunehmendem Maße zur Überwachung von Luftverunreinigungen eingesetzt werden. Diese Anwendungen können in folgende zwei Kategorien untergliedert werden, die bereits im Rahmen der herkömmlichen Luftanalytik etabliert wurden und in Zukunft auch für optische Fernmeßverfahren relevant sein werden.

(i) Emissionsüberwachung
Messungen in direkter bzw. näherer Umgebung der Quelle, je nachdem, ob es sich um die Überwachung einer direkten Emission (Schornstein, kompakte Industrieanlage, einzelne technische Apparatur) handelt oder um die Kontrolle einer diffusen Emission, die charakteristisch ist für ausgedehnte Quellen, wie z.B. eine größere Industrieanlage, eine Mülldeponie oder das gesamte Gelände eines Flughafens. Im Fall der Emissionsüberwachung können aufgrund der quellnahen Messung Aufschlüsse über die Ausbreitung der freigesetzten Luftverunreinigungen gewonnen werden. Diese Meßresultate können im Vergleich zu numerischen Simulationsrechnungen für Aussagen über die weitere quellferne Ausbreitung der Luftverunreinigungen genutzt werden.

(ii) Immissionsüberwachung
Messung in großer Entfernung von der Quelle. Der direkte Einfluß der Quelle ist bei einer Immissionsüberwachung nicht mehr erkennbar, da sich die Luftverunreinigungen bereits aufgrund atmosphärischer Turbulenzen mit der reinen Umgebungsluft vermischt haben. In diesem Fall wird primär die zeitliche Variation

der Luftqualität kontrolliert. Die Immissionsüberwachung kann in Zeiten bzw. in Gebieten starker Luftverunreinigung dazu eingesetzt werden, verringerte Grenzwerte für die Emission zu formulieren (Smogwarnung bzw. Zulassungsverfahren für geplante zusätzliche Emittenten), die wiederum durch eine entsprechende Emissionsüberwachung kontrolliert werden können.

In den folgenden Abschnitten dieses Kapitels wird anhand charakteristischer Beispiele demonstriert, daß optische Fernmeßverfahren bereits an vielfältigen Meßbeispielen ihre Flexibilität und Leistungsfähigkeit bewiesen haben und somit eine vielversprechende Ergänzung zu bereits etablierten Punktmeßverfahren darstellen.

7.2 Industrieanlage

In diesem Beispiel soll als Industrieanlage eine größere technische Anlage verstanden werden, die sich über mehrere tausend Quadratmeter Fläche erstreckt. In dieser Kategorie lassen sich Einrichtungen wie Raffinerien, Aluminiumhütten, Stahlwerke, Anlagen der kunststoffproduzierenden Industrie und anderes mehr erfassen. Diesen Anlagen ist die Eigenschaft gemeinsam, daß sie sich aufgrund ihrer Größe und ihrer internen Struktur wie eine diffuse Quelle verhalten. Eine derartige Anlage ist durch eine Vielzahl verschiedener Einzel-Emittenten charakterisiert, deren individuelle Wirkung von außen her nicht erkennbar ist, da sich die emittierten Luftverunreinigungen an der äußeren Grenze dieser Einrichtung bereits zum Teil mit der reinen Umgebungsluft vermischt haben. Es ist somit lediglich möglich, die integrale Emission der gesamten Anlage bzw. eines größeren Teilbereiches zu untersuchen. In den USA wurden in den vergangenen Jahren mehrfach Untersuchungen dieser Art durchgeführt, bei denen die FTIR-Technologie zum Einsatz kam (Spellicy et al (1991)). Bei diesen Messungen wurden optische Meßstrecken in der Nähe besonderer Bereiche innerhalb eines Industriekomplexes installiert. Im Zusammenwirken mit zusätzlichen meteorologischen Sensoren wurde in unterschiedlichen Höhen über der Erdoberfläche der Fluß von Luftverunreinigungen aus diesen Bereichen ermittelt und mit herkömmlichen Punktmeßverfahren verglichen. Zusätzlich wurden im Rahmen dieser Untersuchungen Vergleichsmessungen zwischen verschiedenen optischen Fernmeßverfahren durchgeführt, indem diese Anlagen unmittelbar benachbart betrieben wurden und somit jeweils möglichst identische Luftmassen analysierten. Es wurden bei diesen Vergleichstests ein DOAS-System und ein FTIR Instrument eingesetzt, wobei das DOAS-System im ultravioletten Spektralbereich betrieben wurde und das FTIR-Gerät im nahen und mittleren infraroten Bereich eingesetzt wurde. Bei beiden Verfahren handelt es sich um Langweg-Absorptionsmessungen, so daß die Auswahl der Meßstrecke für diese Vergleiche von besonderer Bedeutung war. Das DOAS-System wurde mit zwei Xenon-Hochdrucklampen betrieben, die zwei Meßstrecken mit Längen von 104 m und 500 m versorgten. Das FTIR-Instrument wurde mit einer gefalteten Meßstrecke von 2 x 250 m betrieben, d.h. die Infrarotquelle (Nernst-Stift) befand sich in unmittelbarer Nähe des FTIR-Instrumentes, während die Meßstrecke an der gegenüberliegenden Seite durch einen Retroreflektor abgeschlossen wurde. Am Ende dieses Retroreflektors war eine Meßstation mit konventionellen Meßinstrumenten installiert, wodurch ein Vergleich der Ergebnisse der optischen Fernmeßverfahren mit Resultaten der In-situ-Verfahren ermöglicht wurde.

In Schweden wurde in einer Reihe von Messungen die Emission von Quecksilberdampf (Hg) untersucht. Bei diesen Messungen kam das mobile Lidar-System der Universität Lund zum Einsatz, das mittels des DIAL-Verfahrens eine räumliche Kartographierung der Umgebung der betreffenden Industrieanlage vornahm (Edner et al. (1988)). Quecksilberdampf wird hauptsächlich durch Chloralkali-Fabriken, durch Kohlekraftwerke sowie durch Müllverbrennungsanlagen freigesetzt. Die Hintergrundkonzentration dieser Luftverunreinigung ist sehr gering und liegt im Bereich weniger ng/m. Aufgrund des sehr hohen Absorptionskoeffizienten bei 254 nm ist dieses atomare Spurengas jedoch mit leistungsfähigen und schmalbandigen Farbstofflasern nachweisbar. In Abbildung 7.1 ist die räumliche Verteilung des Quecksilberdampfes (horizontaler Schnitt) im Lee einer Chloralkali-Fabrik dargestellt, wobei die Meßentfernung etwa 500 m betrug. Es ist deutlich zu erkennen, daß die Quecksilberkonzentration im Kern dieser Wolke über 630 ng/m betrug.

Dieses mobile DIAL-System wurde zwischenzeitlich für simultane Messungen der NO- bzw. NO_2-Konzentration im Abgas von Wärmekraftwerken umgcrüstet (Edner et al. (1988)).

In weiteren Meßreihen wurde das Lidar-System für Messungen der diffusen Emission von Fluorwasserstoff (HF) eingesetzt, was besonders bei Aluminiumhütten freigesetzt wird.

In Großbritannien betreibt das National Physical Laboratory (NPL) in Teddington ein mobiles Lidar-System, das ebenfalls nach dem DIAL-Verfahren operiert und vorrangig zur Bestimmung von diffusen Emissionen organischer Spurengase bei Anlagen der Petrochemie eingesetzt wird (M.J.T. Milton et al. (1988)).

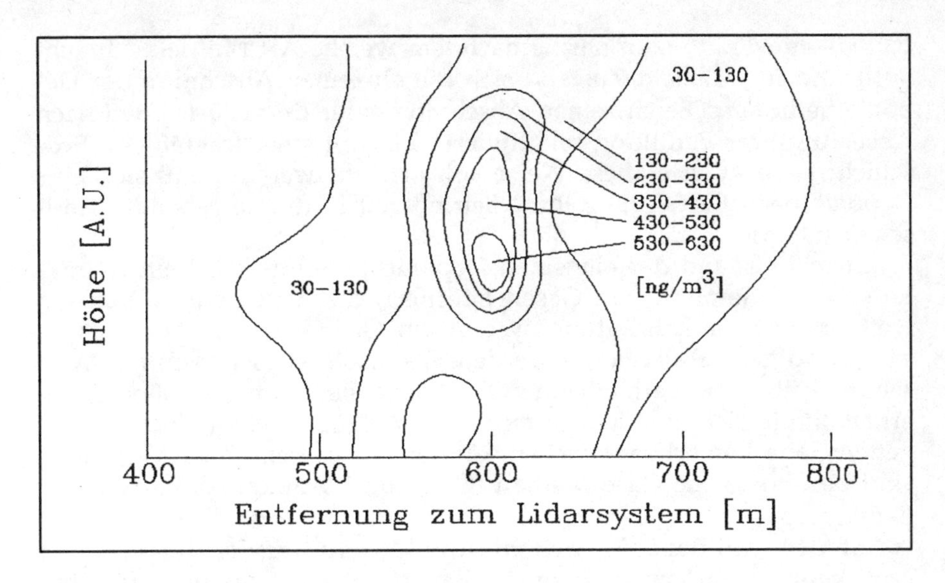

Abb. 7.1 Räumliche Kartographierung einer Hg-Wolke (Edner et al. (1988))

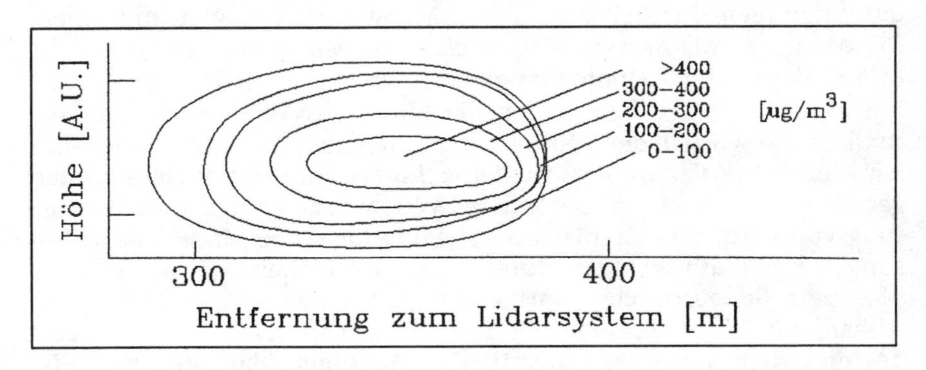

Abb. 7.2 Vertikales Profil für eine NO-Sondierung bei einem ölbefeuerten Wärmekraftwerk (Edner et al. (1988))

Zur Zeit werden in der Bundesrepublik Untersuchungen an ausgewählten Industrieanlagen durchgeführt, um die diffuse Emission halogenierter Kohlenwasserstoffe zu untersuchen. Im Mittelpunkt dieser Aktivitäten stehen besonders die Dämpfe organischer Lösungsmittel wie Trichlorethan oder Perchlorethylen.

Diese Messungen werden ebenfalls mit einem FTIR-System durchgeführt und erfolgen im Rahmen eines Projektes, das vom Bundesministerium für Forschung und Technologie (BMFT) gefördert wird.

Zur Gruppe der diffusen Quellen zählen auch weiträumige Areale wie z.B. Mülldeponien. Eine Deponie stellt im Laufe ihrer aktiven Phase (der Zeitraum der Befüllung) ein komplexes System unterschiedlicher Emittenten dar; je nachdem welche Art Müll eingebracht wird und in welchem Zustand sich die einzelnen Abschnitte der Deponie befinden. Die einzelnen Abschnitte einer Deponie werden nach Abschluß ihrer Befüllung rekultiviert, d.h. mit einer tragfähigen Erdschicht bedeckt. Auf diese Weise soll erreicht werden, daß sich eine Deponie nach Beendigung ihrer Betriebszeit in die umgebende Landschaft integrieren läßt.

Je nach Zustand der einzelnen Deponieabschnitte wird ein charakteristisches Gemisch von Gasen emittiert, die heutzutage durch ein weitverzweigtes Rohrleitungssystem am Grunde der Deponie abgesaugt und zentral verwertet werden. Dennoch ist es wesentlich, Aufschlüsse über die verbleibende Oberflächenemission der Deponie zu erhalten, die sich zum Teil störend in der Nachbarschaft einer derartigen Anlage bemerkbar machen können. In diesem Zusammenhang sind besonders die Gase Methan (CH_4) und Ammoniak (NH_3) von Bedeutung.

Auf der Mülldeponie Breitenbrunn/Allgäu wurden im Frühjahr und Sommer 1992 im Auftrag des Bayerischen Landesamtes für Umweltschutz Untersuchungen über die diffuse Emission von Luftverunreinigungen durchgeführt. Diese Messungen erfolgten mit einem FTIR-Instrument, dessen Meßstrecken in besonderer Weise an die Morphologie der Deponie angepaßt waren, um charakteristische Emissionsmuster zu beobachten. Bei dieser Anwendung kommt besonders der Vorteil der Multikomponentenanalyse zum Tragen, mit der eine weite Palette verschiedener Luftverunreinigungen simultan gemessen werden kann. Besonderer Wert wurde hierbei auf die Erfassung von vertikalen Gradienten der Emission gelegt, indem alle Messungen innerhalb weniger Minuten in zwei Höhen (0,5 m und 1 m) über dem Boden durchgeführt wurden. Auf diese Weise konnten in Abhängigkeit vom Zustand des betreffenden Deponieabschnittes und der aktuellen Wetterlage quantitative Aussagen über die Stärke der Oberflächenemission für verschiedene Spurengase getroffen werden.

7.3 Klima, Luftverkehr und Umwelt

7.3.1 Einleitung

Der Einsatz von Fernmeßverfahren zur globalen Überwachung der Atmosphäre ist ein Schwerpunkt bei den Raumfahrtorganisationen. Wie in Abbildung 1.1 für die obere Skala dargestellt, kann man sowohl passive Methoden mit der Sonne oder Sternen als Lichtquelle im sogenannten Limb-Meßverfahren einsetzen als auch die aktiven

Lidar-Verfahren. Dieses Szenario ist in Abbildung 7.3 (1) nochmals dargestellt.

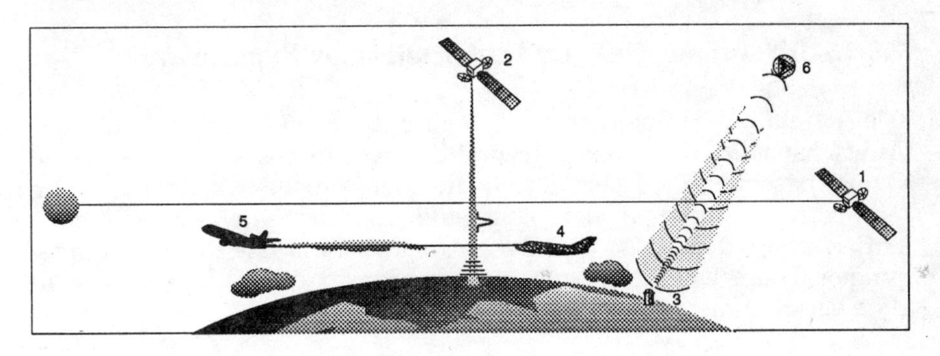

Abb. 7.3 Szenario für die Einsatz von Fernmeßverfahren

Ein weiterer Einsatz wird vom Boden aus durch Fernmessung routinemäßig durchgeführt (Abb. 7.3 (3)). Flugzeugmessungen sind als Stichproben anzusehen und dienen der Entwicklung und dem Test neuer Meßverfahren für einen späteren Einsatz im Weltraum (Abb. 7.3 (4)). Das Anwendungsgebiet ist international, Programme werden von nationalen und im vermehrten Maße von internationalen Organisationen wie der World Meteorological Organisation (WMO), der Europäischen Weltraumorganisation ESA oder der amerikanischen NASA durchgeführt.

Die internationale Konferenz über die Modellierung der globalen Klimaänderungen 1990 in Hamburg hatte für die Fernerkundung folgendes Ergebnis: Ein wesentlicher Aspekt zum Verständnis des Klimaproblems ist die genaue Beschreibung der Impuls-, Energie-, und Massenflüsse im Übergangsbereich von Subsystemen (Atmosphäre und oberer Ozean z.B.). Experimente, die zum Verständnis beitragen sollen und an denen auch optische Fernerkundungsverfahren teilhaben, sind z. B.:

ERBE Earth Radiation Budget Experiment
ISCCP International Cloud Climatology Project
GEWEX Global Energy and Water Cycle Experiment
WOCE World Ocean Circulation Experiment

Waren es anfangs einzelne Forschergruppen, die Pionierleistungen erbrachten, so wird mit zunehmender Gewißheit der menschlichen Beeinflussung des Klimas ein Vergleich der Meßergebnisse wichtig für die Glaubwürdigkeit. Auch diese Messungen müssen also kalibrierbar sein.

7.3.2 Klima und optische Fernerkundung

7.3.2.1 Treibhauseffekt und internationale Experimente

Die Klimaänderungen, z.B. die globale Erwärmung durch das Anwachsen der Treibhausgase und der Abbau des stratosphärischen Ozons beschleunigen sich durch die menschlichen Aktivitäten. Die Vorhersagen enthalten viele Ungewißheiten bezüglich der zeitlichen Entwicklung, der Größe und der regionalen Einflüsse der Klimaänderungen. Diese Ungewißheiten werden erzeugt durch das unvollständige Verständnis

- der Quellen und Senken der Treibhausgase wie CO_2, Methan, Ozon und der Halogenid-Kohlenstoff Verbindungen,
- der Wolken, die die Strahlungsbilanz der Atmosphäre stark beeinflussen und somit die Größe der Klimawirksamkeit,
- der Ozeane, die in Wechselwirkung mit der Atmosphäre für die zeitliche Wirksamkeit mitverantwortlich sind,
- der polaren Eiskappe, deren Änderung die Vorhersage der Höhe der Meeresspiegel beeinflußt,
- der Landoberfläche, deren Austausch von Energie und Wasser mit der Atmosphäre die Größe und regionale Verteilung der Klimaänderungen bestimmen.

Daher sind umfassende Überwachungen und Vorhersagemodelle notwendig. Dies sind:

- Systematische Beobachtungen der klimarelevanten Parameter auf einer langzeitigen, globalen Basis,
- Modellentwicklungen für Klimasimulation und Vorhersagen,
- Studium der Wechselwirkungen der physikalischen, chemischen und biologischen Prozesse zum Thema Klimaänderung, speziell derer die mit den Wolken und ihrer Wechselwirkung mit Atmosphäre, Ozean und Land verbunden sind.

Die Beobachtungen können global nur vom Satelliten aus durchgeführt werden. Wie schon bei der Wetterbeobachtung mit fünf geostationären und zwei polarumlaufenden Satelliten, die seit etwa zwanzig Jahren die Grundlage der operationellen Wettervorhersage bilden, sind die Basisparameter für die Klimavorhersage: Dreidimensionales Temperatur- und Windfeld, Wolken, Strahlung, Schnee- und Eisbedeckung, Ozeanoberflächtentemperatur nur vom Satelliten aus global zugänglich. Einige dieser Beobachtungen sind bereits möglich durch die Satelliten ERS 1, TOPEX und POSEIDON. Andere sind geplant.

Allein durch Satelliten lassen sich aber nicht alle Parameter gewinnen. Es wird stets eine Mischung aus Boden- und Flugzeugmessungen und den Satellitenmessungen geben mit konventionellen gut erprobten Meßgeräten und neuen Fernmeßmethoden. Das internationale Geosphären-Biosphären Programm (IGBP) bietet zum Beispiel ein breitgefächertes Forschungsprogramm zur Untersuchung der Wechselwirkungen. Zahlreiche Einzelaktivitäten werden von der Deutschen Forschungsgemeinschaft gefördert (DFG 1991). Dabei werden die konventionellen Sensoren zur Kalibrierung der neuen Verfahren herangezogen, man erhält dadurch die Kontinuität, die bei diesen langzeitigen Klimabeobachtungen wichtig ist.

Für die atmosphärischen Spurengase (siehe Kapitel 2) wird eine globale Erfassung notwendig. Das Ozon spielt eine dominante Rolle in der Chemie der Atmosphäre (Crutzen und Megie (1991)). Die mittlere, globale Ozeanverteilung ist eine Funktion der Breite, Länge und der Jahreszeit und wird bestimmt durch photochemische, chemische und dynamische Prozesse.

Die Treibhausgase Kohlendioxid und Methan müssen langzeitig beobachtet werden.

Der Trend in der Konzentration der Treibhausgase zeigt ein stetiges Anwachsen. Abbildung. 7.4 zeigt ein Balkendiagramm nach Hansen et al. (1988) mit dem Einfluß auf die relative Erwärmung in W/m^2 für jeweils 10-Jahres-Intervalle.

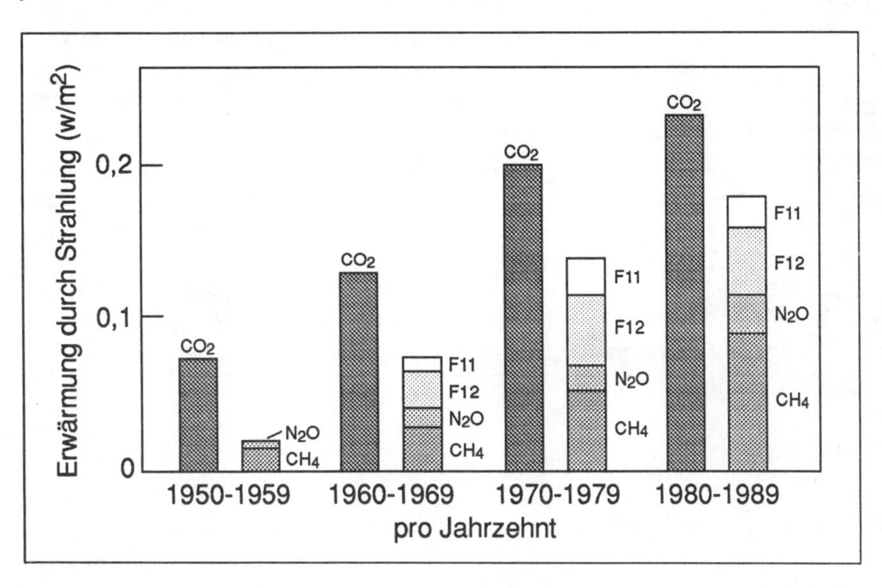

Abb. 7.4 Balkendiagramm des Einflusses der Konzentration der Treibhausgase auf die Erwärmung

Das Kohlendioxid stammt größtenteils von der Verbrennung fossiler Rohstoffe wie Kohle, Öl und Gas. In der Bundesrepublik (Abb. 7.5) wurden (1988) etwa 800 Millionen Tonnen Kohlendioxid erzeugt, aus Mineralöl (387 Mio t) Gas (98 Mio t), Braunkohle (102 Mio t) und Steinkohle (211 Mio t).

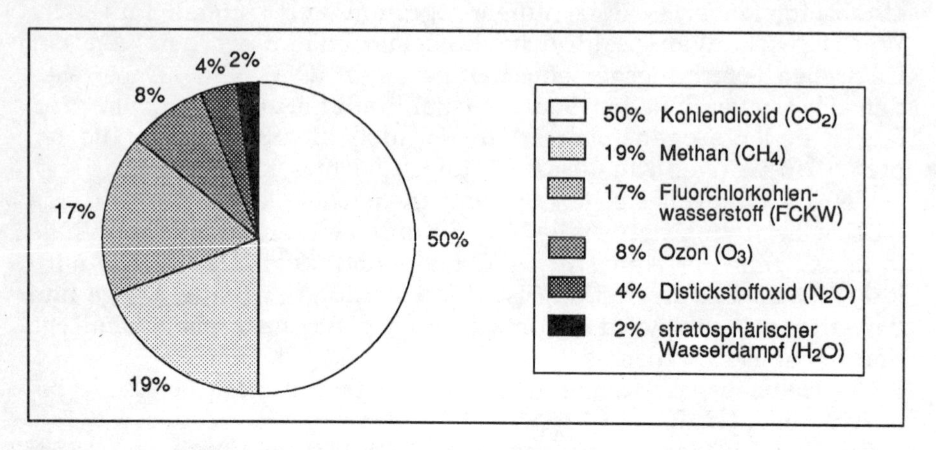

Abb. 7.5 Prozentuale Anteile der Emission klimarelevanter Spurengase in der Bundesrepublik

Der Anteil der Spurengase am Treibhauseffekt ist in Abbildung 7.5 zu sehen, 50% wird vom Kohlendioxid erzeugt. Methan liegt mit 19% an zweiter Stelle, seine Quellen sind die Verbrennung bei der Erdgas- und Erdöl Gewinnung, der Reisanbau und die Rinderhaltung. Die Fluorchlorkohlenwasserstoffe (F11, F12 in Abbildung 7.4) kommen als Treibmittel, Kühlmittel oder Dämmittel in Kunststoffschäumen zum Einsatz und damit in die Atmosphäre. Das Stickstoffdioxid (4%) bildet sich beim Abbau von Stickstoffdünger und bei der Verbrennung von Biomasse.

Die katalytische Zerstörung des Ozons durch Halogenkarbonate kann durch die Messung dieser Spurengase in die Datenbasis eingehen. Forderungen nach Messungen folgender Gase (Tab. 7.1) wurden an die ESA gestellt (Burrows (1992)).

Tabelle 7.1 Liste der Komponenten, die vom Satelliten aus gemessen werden sollten

STRATOSPHÄRE		
Globale Stratosphärenchemie	Stratosphären-Troposphären Austausch	Ozon-Studie in den Polarzonen
O_3 und die O_3 zerstörenden Gase: ClO_x (Cl, **ClO**) NO_x (**NO**, **NO_2**) BrO_x (Br, BrO) HO_x (OH, HO_2) Zeitweise vorhandene Vorratsgase: NO_3, N_2O_5, **HNO_3**, **HNO_4**, **$ClONO_2$**, **HOCl**, HF, HCHO, **CO** Quellgase: N_2O, **H_2O**, **CH_4**, **CFCs** Aerosol und Wolken Temperatur und Druck	O_3, H_2O, CFCs, CO, CO_2, NMHCs Temperatur und Druck Aerosol	**O_3** und die O_3 zerstörenden Gase: ClO_x (Cl, **ClO**) NO_x (**NO**, **NO_2**) BrO_x (Br, BrO) HO_x (OH, HO_2) Zeitweise vorhandene Vorratsgase: NO_3, N_2O_5, **HNO_3**, **HNO_4**, **$ClONO_2$**, **HOCl**, HF, HCHO, **CO** Quellgase: N_2O, **H_2O**, **CH_4**, **CFCs** Zusätzlich: ClO, OClO, Cl_2O_2, BrO Polare Stratosphären-Wolken (PSCs)
TROPOSPHÄRE		
Troposphärenchemie	Klimastudien	
O_3, **H_2O**, **CO**, **CH_4** und NMHCs, **NO_x**, PAN, HO_x, RO_x, HCHO und CH_3CHO	CO_2, N_2O, O_3 Profile, H_2O Profile, N_2O, CFCs Wolken, Aerosol (zusätzlich durch Sandstürme), Waldbrände, Strahlungsbilanz	

In Tabelle 7.1 sind die Gase hervorgehoben, die mit den zur Zeit geplanten Experimenten MIPAS, SCIAMACHI, GOMOS und MERIS (ESA 1992) erfaßt werden können. Dazu kommen in der Zukunft aktive Sensoren wie ein atmosphärisches Lidar ATLID zur entfernungsaufgelösten Wolkenmessung, das Doppler Wind Lidar ALADIN zur Erfassung des dreidimensionalen Windfeldes und ein Differential Absorptions Lidar DIAL (Abb. 7.3 (2)). Die Tabelle zeigt nur eine Minderheit der Parameter und man erkennt, daß begleitende Messungen vom Boden oder Flugzeug aus notwendig sind. Das wird noch dadurch unterstrichen, daß von der Planung eines Satellitenexperiments bis zum wirklichen Start durchschnittlich 10 Jahre vergehen. In dieser Zeit entwickelt sich nicht nur die Technik weiter, es werden auch andere Gase oder Parameter gefunden, die auch gemessen werden sollten. Das heißt, zukünftige Sensoren sollten so flexibel sein, daß sie den sich wandelnden Anforderungen genügen.

Viele der in Tabelle 7.1 aufgeführten Parameter sind schwer mit der erforderlichen Genauigkeit zu erfassen. Tabelle 7.2 zeigt die Genauigkeitsanforderungen der operationellen Meteorologie und Klimatologie an die Messungen, sowie die Wiederholzeit.

Tabelle 7.2 Anforderungen an die Genauigkeit und Wiederholzeit der Messungen vom Satelliten aus

Parameter	Genauigkeit	Wiederholzeit der Messungen
Wind Feld	2 m/s	3 Std
Temperatur	0,5 K	3 Std
Relative Feuchte	10 %	3 Std
Wolken Temperatur	1 K	1 Std
Wolkenbedeckung	3 %	-
Wolkenobergrenze	< 1 km	-
Aerosolsäulengehalt	5 %	täglich
Ozon	2 %	täglich

7.3.2.2 Flüssigphasenchemie und Wolken

Viele der Gase und Partikel, die durch natürliche und anthropogene Prozesse in die Atmosphäre gelangen, kommen über eine Flüssigphase (Nebel, Wolken, Regen) wieder auf die Erde. Der Nebel ist in Los Angeles wesentlich saurer als z.B. in der Po-Ebene (NAPAP 1988).

Diese Analyse von Nebentröpfchen und Wolken ist nur im Labor möglich, eine optische Fernmeßmeßmethode zur Bestimmung des ph-Wertes einer Wolke gibt es nicht. Der Einfluß der Wolken auf den Strahlungshaushalt und die Wirkung der polaren Wolken auf die Ozonchemie kann dagegen mittels optischer Methoden erfaßt werden. Beim Studium des Ozonabbaues ist man auf die polaren Stratosphärischen Wolken aufmerksam geworden.

Die polaren stratosphärischen Wolken (PSC) können unterschieden werden in Nitrit Azid Trihydrate (NAT) Wolken als PSC Typ I (bei 195 K) und in Eiswolken als PSC Typ II (unter 185 K). Typ I wird wiederum in 2 Untergruppen unterteilt. Tabelle 7.3 zeigt die Partikeleigenschaften.

Tabelle 7.3 Parameter der PSC TYP I Wolken

	Typ Ia	Typ Ib
Streuverhältnis	<2	>2
Depolarisation	>10 %	< 10 %
Partikelgröße	> 1 µm	>1 µm
Zahl der Partikel	<< 1	= 1

Die Eiswolken vom Typ II bewirken eine starke Depolarisation und Streuverhältnisse. Aerosole von Vulkanausbrüchen im Bereich von 10 - 25 km können zusätzlich auftreten. Damit entsteht das Problem der Unterscheidung Vulkan-Aerosol, Eiswolken und PSCII sowie PSC Ia, Ib. Wie aus Abschnitt 5.7.1 bekannt ist, kann man mittels verschiedener Wellenlängen die Größenverteilung grob erfassen. Die Depolarisation ist meßbar.

Bei zusätzlicher Messung der Mehrfachstreuung kann man zwischen Eiswolken und Aerosolen oder Typ I PSC unterscheiden. Eine Lidar-Station in polaren Breiten kann Aussagen über die Wolkenschichtungen und ihre Unterscheidung liefern. Ein Expertensystem wie es in Abbildung 5.30 zu sehen ist, wird hilfreich sein. Messungen in dieser Hinsicht liegen vor (Stefanutti et al. (1991)).

Eine globalere Erfassung ist vom Satelliten aus mit einem Rückstreulidar möglich. Dieses Rückstreulidar kann auch Aussagen über die anderen troposphärischen Wolken machen, in der Reihenfolge:

- Obergrenze
- Eisteilchen und oder Wassertröpfchen (mittels Depolarisationsmessung)
- Untergrenze, optische Dicke (bei optisch oder geometrisch dünnen Wolken)
- Größenverteilung (mittels Mehrfachstreuungsmessung - siehe Abschnitt 5.7.1.2)
- Flüssig-Wasser Gehalt

In Kombination mit dem Radar kann so ein Beitrag zum hydrologischen Kreislauf geleistet werden.

7.3.2.3 Spezielle Sensoren

Als spezielle Sensoren für die Anwendungen im Problembereich Klima seien die ESA-Plattform POEM-1 mit dem MIPAS-System, das atmosphärische Lidar (ATLID) und zwei Sensorsysteme vom Boden aus ausgewählt.

Die erste "Polar Orbiting Earth Mission" (POEM) konzentriert sich auf die Beobachtung der Umwelt einschließlich des Studiums der Klimaänderung und sie liefert Beiträge für die operationelle Meteorologie. Die optischen Sensoren sind GOMOS (Global Ozone Monitoring by Occultation of Stars), MIPAS (Michelson Interferometer for Passive Atmospheric Someding) und MERIS (Medium Resolution Imaging Spectrometer). GOMOS baut auf den TOMS-Sensor (Total Ozone Mapping Spectrometer) auf, welcher seit 1978 auf NIMBUS 7 das Ozon mißt. Es ist ein Spektrometer (siehe Abschnitt 5.2), welches auf ausgewählte Sterne gerichtet werden kann und in Okkultation im Höhenbereich von 20 km bis 100 km mißt. Es erreicht typisch 14 Orbits pro Tag und produziert damit mehr Daten als ein globales Netz aus 360 Bodenstationen. Abbildung 7.6 zeigt das Bodenschema des Sensors und Tabelle 7.4 zeigt die Eigenschaften.

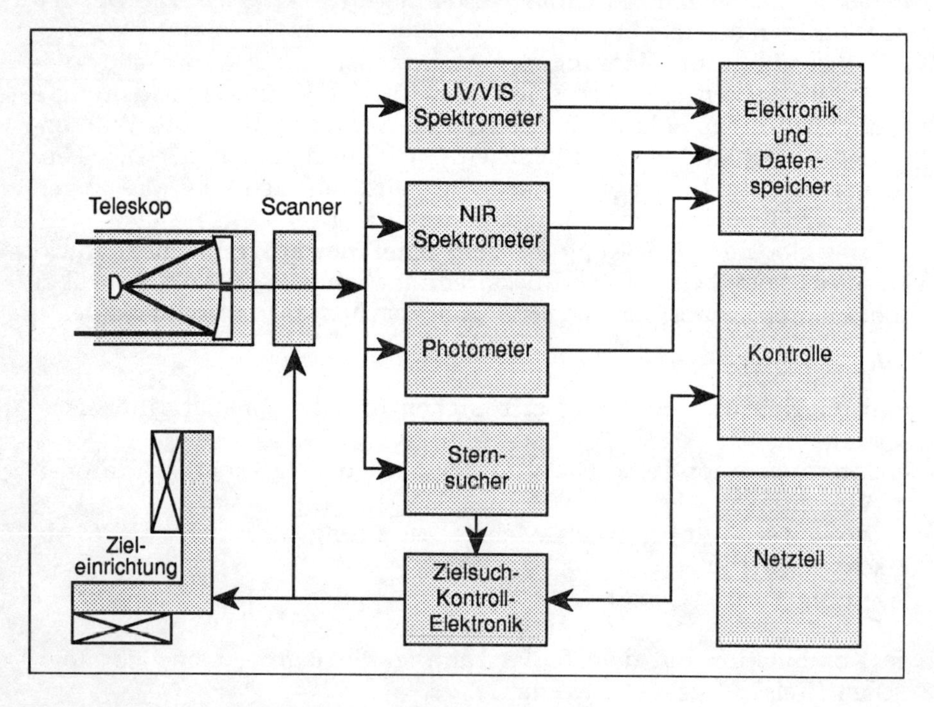

Abb. 7.6 Blockschema des GOMOS-Instruments

Tabelle 7.4 Daten des GOMOS-Sensors

Kanal	Spektral-bereich	Spektrale Auflösung	Höhe	Entfernungs-Auflösung	Gas-komponente
UVIS	250-675 nm	0,6 nm	20 km bis 100 km	1,7 km	O_3, NO_2, NO_3 Aerosole
IR 1	756-773 nm	0,12 nm			O_2 (Temperatur-Information)
IR 2	926-952 nm	0,12 nm			H_2O
PHOT 1	650-700 nm	breitbandig			
PHOT 2	470-520 nm	breitbandig			

Die Genauigkeit des Sensors erlaubt es, Änderungen des Ozongehalts in der Größenordnung von 0,05% pro Jahr zu erfassen.

MIPAS mißt die Emission der atmosphärischen Gase gegen den Horizont der Erde (Limb) über eine Höhe von 5 km (wolkenlos) bis 150 km. Die Wärmestrahlung im Bereich von 4,15 µm bis 14,6 µm wird gemessen. Das Gerät ist also unabhängig von der Tageszeit einsetzbar. Es soll bis zu 20 Spurengase erfassen. Abbildung 7.7 zeigt die Gase und die Höhe in der gemessen werden kann.

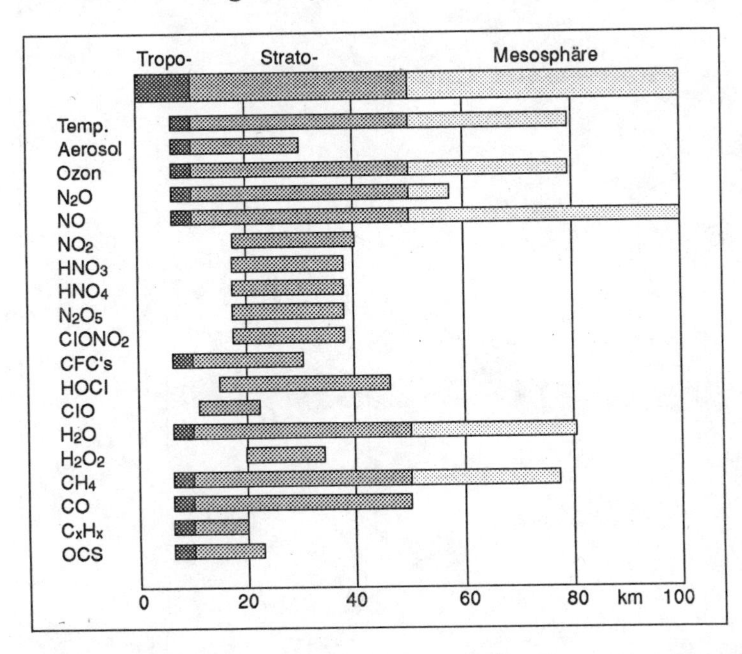

Abb. 7.7 Atmosphärische Parameter, die mit dem MIPAS-Sensor in den gezeigten Höhenbereichen meßbar sind

Die spektrale Auflösung beträgt 0,05 Wellenzahlen. Die Anforderungen in der Tabelle 7.1 sind damit zum Teil erfüllt.

MERIS ist vor allem für Land- und Wasseranwendungen vorgesehen. Es mißt die reflektierte Strahlung von der Erdoberfläche und von Wolken im Spektralbereich von 400 bis 1050 nm. Die Auflösung beträgt 2,5 nm bei 685 nm. 15 Spektralkanäle mit 2,5 bis 25 nm Breite können per Programm ausgewählt werden. Das Gesichtsfeld beträgt ± 41° bei 0,0181° Einzelelementauflösung. Bei Wahl der Spektralkanäle in der Nähe einer Sauerstofflinie (760 nm) kann man über den Säulengehalt des Sauerstoffs bei Wolkenmessungen die Höhe der Wolkenobergrenze bestimmen. Die Differential-Absorptions Methode kann also auch für passive Sensoren benutzt werden (Abschnitt 5.2) (Zdunkovski et al. (1980), Fischer et al. (1991)).

ATLID, das atmosphärische Lidar ist erst für die nächste Plattform geplant. Ein Rückstreulidar (siehe Abschnitt 5.7.1) wird eingesetzt. Bereits 1994 soll ein erster Test eines Rückstreulidars auf einer Space-Shuttle Mission erfolgen (Literatur LITE). Das ESA-System ATLID kann nach der Phase A-Studie des MATRA-Konsortiums (Literatur MATRA (ILRC16)) folgendermaßen aussehen (Abb. 7.8):

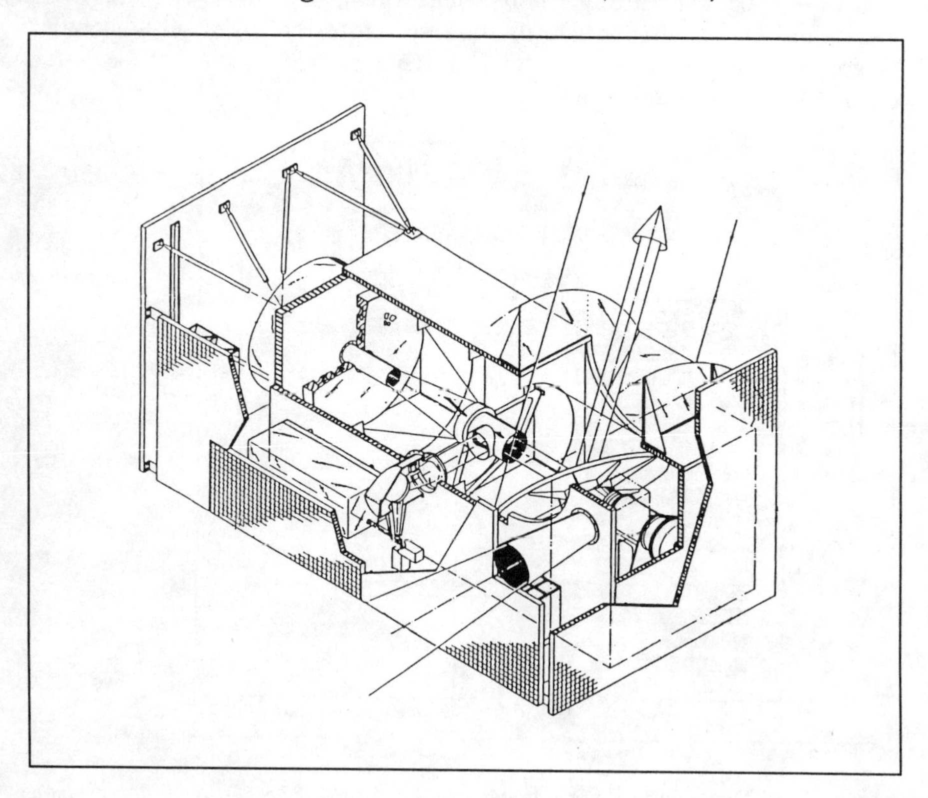

Abb. 7.8 ATLID-Konfiguration

Ein diodengepumpter Nd:YAG-Laser wird koaxial zum Teleskop über einen Scanspiegel ausgesandt, die zurückgestreute Strahlung wird empfangen und verarbeitet. Die technischen Daten des Vorschlags sind in Tabelle 7.5 aufgeführt.

Tabelle 7.5 Technische Daten des ATLID-Vorschlags (MATRA)

SENDER		EMPFÄNGER	
Puls-Energie (1,064 µm)	100 mJ	Teleskop-Durchmesser	500 mm
Puls-Frequenz	100 Hz	Gesichtsfeld	700 µrad
Puls-Länge	20 ns	Transmission	Tag: 0,40
Strahl-Divergenz	100 µrad		Nacht: 0,70
Linienbreite	1 Å	Bandbreite	Tag: 2 Å
			Nacht: 100 A
		Linear polar. Detektor	APD
		Empfindlichkeit	36 A/W
		Quantenwirkungsgrad	36 %
		Verstärkung	120
		Dunkelstrom	50 nA
		NEZ (Det. + Amp.)	$9 \cdot 10^{-13}$ A/√Hz
		Rauschfaktor	2,2
		Digitalisierungsrate	1,5 MHz
		Elektrische Bandbreite	750 KHz

Man erreicht damit die in Tabelle 7.6 geschilderten Meßergebnisse.

Tabelle 7.6 Parameter und ihre Auflösung mit dem ATLID Sensor (MATRA)

TYP DER MESSUNG	SNR	MESS./HORIZONTALE AUFLÖSUNG	MESSUNG	KOMMENTAR
Wolkenobergrenze	2-3	Einzelschuß / 15 km		
Altostratus			Tag/Nacht	
Cirrus			Tag/Nacht	
Cumulus unter Cirrus			Nacht	am Tag mit Mittelung über 15 x 15 km^2
Cirrus Ausdehnung	5	gemittelt / 50 km	Tag/Nacht	
Cirrus optische Dichte	20	gemittelt / 100 km	Nacht	
Höhe der planetarischen Grundschicht	2-3	gemittelt / 100 km	Tag/Nacht	
Opt. Dicke der planetarischen Grundschicht	6	gemittelt / 100 km	Tag/Nacht	nur im Winter

Für den Aufwand, den man heute schon betreiben muß um den Sensor im Jahre 2002 fliegen zu sehen, ist das zu erwartende Ergebnis recht mager. Kombinationen mit anderen Sensoren wie am Beispiel der POEM-1 Mission werden das Bild verbessern. (Fischer et al. (1991)).

Observatorium: Die Lidar-Techniken haben bedeutende Beiträge zum Verständnis der Zusammensetzung der Troposphäre bis hinein in die untere Thermosphäre geliefert und diese Ergebnisse fließen ein in das Verständnis der Klimaänderungen. Die Genauigkeit, vertikale und zeitliche Auflösung, sowie die Empfindlichkeit ist begrenzt durch die Signalstärke. Durch die Erhöhung der Empfängerfläche, etwa durch die Benutzung eines großen astronomischen Teleskops kann das Signal nach der Lidar-Gleichung (5.19) verbessert werden. Es wird vorgeschlagen (Gardner (1992)), ein Mehrkomponenten-Lidar-Observatorium zum Beispiel auf Hawaii zu errichten, an dem routinemäßig die Temperatur, der dreidimensionale Wind, Wasserdampf und Ozon gemessen wird.

Retroreflektoren: Ein Vorschlag einiger Japaner (Sugimoto et al. (1992)) kann in diesem Zusammenhang wichtig werden. Der Säulengehalt von Spurengasen kann durch Lasermessungen zu einem Reflektor im Raum erhalten werden. Diese ursprünglich für die Vermessung der festen Erde mittels Lasern entwickelten Retro-Satelliten (Dassing et al. (1992)) können auch von der Fernerkundung - und speziell von den Observatorien - benutzt werden. Wenn man nicht an der Höhenauflösung interessiert ist oder diese aus anderen Messungen ableiten kann, ist dies ein ernst zu nehmender Vorschlag (Abb. 7.3 (3)).

7.3.3 Luftverkehr und Umwelt

In den letzten Jahren ist die Frage nach der Umweltbelastung durch den Flugverkehr unter verschiedensten Aspekten diskutiert worden. Die Ingenieure entwickeln zwar immer bessere Turbinen, die leiser und effektiver sind, trotzdem wird gerade im empfindlichen Höhenbereich zwischen Troposphäre und Stratosphäre (Abb. 2.7) am häufigsten geflogen und entsprechend die größte Treibstoffmenge verbrannt (Schumann (1990)). Die Abgase können sowohl in die Stratosphäre gelangen als auch in die Troposphäre. Kondensstreifen sind ein sichtbarer Effekt. Seine klimarelevante Wirkung wird studiert. Die Flugtreibstoffe bestehen aus Kohlenwasserstoffen (Kerosin), die mit dem Sauerstoff der Luft in den Triebwerken u.a. zu Kohlendioxid und Wasserdampf (Wolkenbildung) verbrennen. Dabei können die Rückstreulidar-Systeme (Abschn. 5.7) die geometrischen Abmessungen und die Streueigenschaften liefern (Schumann und Wendling (1990)).

Ein Teil des Stickstoffs in der Luft wird in den Triebwerken zu Stickoxid (NO) oxidiert. Das NO_x kann in der Stratosphäre zum Ozonabbau beitragen. Besonders in der Startphase wird ein Teil des Treibstoffs nur unvollständig verbrannt, so daß Kohlenmonoxid und unverbrannte Kohlenwasserstoffe neben Rußteilchen übrigbleiben. Dies führt dazu, daß Flughäfen als diffuse Quellen für Kohlenwasserstoff gelten und als solche behandelt werden müssen. Kohlenmonoxid ist vom Straßenverkehr und aus Verbrennunganlagen her bekannt und entsteht vermehrt nach der Landung der Flugzeuge auf dem Weg zum Terminal (Grieb und Simon (1990)).

Der Luftverkehr hat also eine Komponente der Umweltbelastung, die am Flughafen selbst besteht (diffuse Quelle) und eine bisher noch wenig studierte Komponente in normalen Flughöhen. Der erste Punkt kann mit dem in Abschnitt 5.3 aufgezeigten Methoden überwacht werden. Für den Einfluß in großen Höhen ist neben der Modellierung der Kondensstreifen in den Strahlungsrechnungen eine genaue Analyse der Wirkung der Verbrennungsprodukte unter den in diesen Höhen herrschenden Umgebungsbedingungen notwendig. Abbildung 7.3 zeigt als Schema ein Meßflugzeug (4), welches einer Passagiermaschine (5) folgt und die Produkte im Abstand von der Quelle analysiert. Dazu eignen sich besonders die Multikomponentensysteme wie das FTIR.

7.4 Luftverkehr

Die Entwicklung des internationalen zivilen Luftverkehrs ist seit mehreren Jahren durch ein drastisches Anwachsen der Flugbewegungen charakterisiert. Im Jahr 1978 wurden noch 920 Milliarden Personenkilometer registriert, während bereits im Jahr 1990 1900 Milliarden Personenkilometer geflogen wurden. Es wird damit gerechnet, daß sich diese Zahl bis zum Jahre 2005 voraussichtlich nochmals verdoppeln wird.

Es ist leicht einsichtig, daß diese Zunahme der Flugkapazitäten ebenfalls eine deutliche Erhöhung des Treibstoffverbrauches bedingt. Nach IATA-Angaben wurden im Jahr 1990 160 Millionen Tonnen Kerosin verbraucht, wobei 17% bis 20% im Bereich der Tropopause (8 - 12 km Höhe) verbraucht wurden. Insgesamt werden 5,4% aller Erdölprodukte zu Kerosin verarbeitet.

Die bei der Verbrennung von 1 kg Kerosin durch Oxidation erzeugten Abgase setzen sich anteilig folgendermaßen zusammen:

CO_2 3,15 kg
H_2O 1,24 kg
NO_x *, CH_x *, Ruß *

* Diese Werte richten sich primär nach dem Typ und dem Zustand des betreffenden Triebwerkes und können somit nicht in allgemein gültiger Form angegeben werden.

Im Bereich der Tropopause, in der sich der internationale Reiseverkehr abspielt, weisen inerte Spurengase aufgrund der stabilen atmosphärischen Zustände eine lange Verweilzeit (>1 Jahr) auf. Somit ist die Gefahr vorhanden, daß ein stetig zunehmender Luftverkehr in diesem Höhenbereich zu einer Anreicherung von Spurengasen im Bereich der Tropopause führt, die nicht durch natürliche Senken reduziert werden kann. In Tabelle 7.7 ist die Konzentration einiger Spurengase für den Bereich der Tropopause dargestellt.

Tabelle 7.7 Mittlere Konzentration ausgewählter Spurengase im Höhenbereich der Tropopause (8 - 12 km)

Spurengas	Konzentration
H_2O	3-5 ppm
CH_4	1,5 ppm
O_3	1,3 ppm
NO_x	3 ppb
CO	130 ppb
CO_2	322 ppm

Es ist schwierig, die zusätzliche Deposition von Spurengasen aufgrund von Triebwerksemissionen langfristig bzw. in einem ausgedehnten geographischen Maßstab abzuschätzen. Modellrechnungen gehen davon aus, daß bis zum heutigen Zeitpunkt die Konzentration von Stickstoffoxiden (NO_x) um 40% angestiegen ist, während die Konzentration der klimarelevanten OH-Radikale und des Ozons um 10% zugenommen hat. Es liegen Ergebnisse von Modellrechnungen vor, die bei dem oben angenommenen Wachstum des zivilen Luftverkehrs eine Zunahme der Stickoxid-Konzentration um 75% des momentanen Wertes bis zum Jahre 2025 prognostizieren. Für das Ozon wird für die gleiche Zeitspanne mit einer Steigerung von mehr als 35% gerechnet. Auf den stark frequentierten Strecken, wie z.B. der Nordatlantikroute wird zusätzlich mit einer Zunahme der relativen Luftfeuchtigkeit um 30% gerechnet.

Es muß damit gerechnet werden, daß diese klimarelevanten Depositionen in einem normalerweise sehr spurengasarmen Höhenbereich der Atmosphäre zu erheblichen klimatischen Veränderungen führen wird. Es ist allerdings aufgrund der hohen Komplexität dieser chemischen und physikalischen Vorgänge zur Zeit noch sehr schwierig, weitreichende Aussagen über die Entwicklung dieser Spurengaskonzentrationen zu geben.

Zur Zeit existieren ein- und zweidimensionale Ausbreitungsmodelle, die jedoch für diese Fragestellungen in folgenden Punkten ausgeweitet werden müssen, was zusätzlich durch die große Zahl der beteiligten chemischen Reaktionen (>100) begründet ist:

- Dreidimensionale Ausbreitung
- Höhere zeitliche Auflösung
- Höhere örtliche Auflösung (reduzierter Abstand der Knotenpunkte)

Es werden in Modellrechnungen typischerweise etwa 35 verschiedene Spurengase erfaßt, deren chemische Umsetzung anhand dieser Modelle als Funktion der Zeit behandelt wird. Es handelt sich bei den Eingangsparametern dieser Modelle u.a. um eine große Zahl von Spurengaskonzentrationen, deren Werte für jeweils gleiche Zeitpunkte vorliegen müssen. Aus diesem Grund ist es notwendig, bei Messungen von tatsächlichen atmosphärischen Konzentrationen eine maximale Zahl unterschiedlicher Komponenten in minimaler Zeit zu erfassen.

Hier bietet z.B. die FTIR-Technologie mit der Möglichkeit der Multikomponentenanalyse entscheidende Vorteile, da mit relativ geringem instrumentellem Aufwand eine weite Palette von Spurengasen zeitgleich detektiert werden kann.

Im Rahmen dieser Untersuchungen können verschiedene Meßkonfigurationen zum Einsatz kommen, je nachdem, ob in geringer Entfernung von der Quelle (Abgasstrahl) gemessen werden soll bzw. die weiträumige Verteilung der Abgase analysiert werden soll.

Bei einer Untersuchung des Abgasstrahls können im Prinzip folgende Arten einer FTIR–Messung angewandt werden:

- Analyse der thermischen Emission der Gase unmittelbar nach Verlassen des Triebwerkes. Hier wird der Abgasstrahl noch weitgehend unverwirbelt sein. Die Länge der Meßstrecke ist hier durch den Durchmesser des Abgasstrahls definiert.
- Analyse der spektralen Absorption durch die kühlen Abgase. In diesem Fall kann die Emission einer natürlichen Strahlungsquelle (z.B. Sonne) genutzt werden. Dabei wird die Meßstrecke durch den Durchmesser des Abgasstrahls definiert, der sich mit zunehmender Entfernung vom Triebwerk vergrößert.

Die weiträumige Verteilung der Abgase kann mit einer FTIR–Messung untersucht werden, wobei die Meßstrecke durch den Sehstrahl des Instrumentes durch die Atmosphäre in Richtung der Sonne definiert ist. Durch dieses als 'Limb Scanning' bekannte Meßverfahren wird das FTIR-Instrument auf die Strahlungsquelle (Sonnenscheibe) ausgerichtet unter der Bedingung, daß der Sehstrahl durch die zu untersuchenden Schichten der Atmosphäre verläuft. Die Bestimmung der Konzentration der Spurengase erfolgt wiederum durch die analytische Auswertung der spektralen Absorptions-Signatur der Spurengase.

Eine weitere Meßmöglichkeit basiert auf der spektralen Analyse der geringen thermischen Eigenstrahlung der Spurengase selbst. Da die Umgebungstemperatur im Bereich der Tropopause gewöhnlich im Bereich von 215 K bis 225 K liegt, ist diese Eigenstrahlung jedoch relativ gering, so daß ein erhöhter instrumenteller Aufwand (kryogen gekühltes FTIR-System) betrieben werden muß. Der Vorteil dieses Verfahrens liegt allerdings in der Möglichkeit, Messungen ohne eine richtungsbezogene Strahlungsquelle durchführen zu können, wodurch die Flexibilität der Messung erhöht wird und auch Nachtmessungen ermöglicht werden. Letzterer Vorteil ist wesentlich zur quantitativen Untersuchung von photochemischen Prozessen, die in starkem Maße von der solaren Einstrahlung abhängen.

7.5 Zusammenfassung

Die Möglichkeit klimarelevante Spurengase nachzuweisen hat den direkten Bezug zur Frage nach der zukünftigen Bewohnbarkeit der Erde.

- *Observatorien*
  Die Konzentration der langlebigen, klimarelevanten Gase in der Atmosphäre nimmt ständig zu. Eine Kontrolle mit einer relativ geringen Meßnetzdichte auf der Erde ist notwendig. Die Messungen könnten sehr genau sein, man muß die Gase mit 0,1% Auflösung messen. Lidar und passive optische Verfahren können sich ergänzen. Die Methoden sind im physikalischen Sinne kalibriert, da Absorptionsquerschnitte von Molekülen Naturkonstanten sind.

- *Satelliten*
  Für das Thema Ozonloch und Stratosphärenchemie kann man nach Abbildung 7.3 vom Satelliten aus kontinuierlich und global messen. Eine Höhenauflösung von 1 km ist angemessen. Eine breitbandige Analyse ist wichtig, um auch Moleküle zu entdecken, an die man heute noch nicht denkt, die aber in einigen Jahren wichtig sein können.

- *Flugzeuge*
  Um diese neuen Erkenntnisse zu gewinnen, sind Experimente in Forschungsflugzeugen und hochfliegenden Flugzeugen, wie der ge-

planten STRATO 2C, wichtig. Der Problemkreis der Quellen und Senken für OH-Radikale kann mit hoher zeitlicher und räumlicher Auflösung erfaßt werden.

- *Geräteentwickler*
Breitbandige Multikomponentensensoren sind ebenso wichtig wie hochempfindliche Einzelsensoren. Für die Klimaforschung bedeutet dies einerseits langlebige und wartungsarme Sensoren in den Observatorien, so wie Neuentwicklungen für gerade aus den Universitätslabors kommende Gedanken, z.B. Halogenid-Radikale zu messen.

7.6 Schrifttum

Burrows, J. P.: "*Atmospheric Chemistry" in Report of the Earth Obersvation User Consultancy Meeting*, pp. 15-23, ESA SP 1143 (1992)

Crutzen, P., and Megie, G.: "*Atmospheric Chemistry and the Biosphere*"; ESA 'Report of th Earth Obersation User Consultation Meeting, ESA SP 1143 (1991)

Dassing, R., Schlüter, W., Schreiber, U.: *Das neue Fernerkundungsmeßsystem der Fundamentalstation Wettzell,* Zeitschrift für Vermessungswesen 117, 180- 188 (1992)

DFG: *Das Internationale Geosphären-Biosphären Programm (IGBP), Ergebnisse des zweiten nationalen IGBP- Kolloquiums,* Berlin, 14.-15. Oktober 1991

Edner, H., Faris, G. W., Sunesson, A., Svanberg, S.: *Progress in DIAL Measurements at Short UV-Wavelengths,* Proc. Inkrn. Laser-Radar Conference, Innicken, 480-483 (1988)

ESA: *Report of the Earth Obersvation User Consultancy Meeting,* ESA SP 1143 (1992)

Fischer, J., Cordes, W., Schmitz-Peiffer, A., Renger, W., Mörl, P.: "*Detection of Cloud-Top Height from Backscattered Radiances within the Oxygen A Band*", Journal Appl. Meteorol. 30, 1260-1267 (1991)

Grieb, H., Simon, B.: *Pollutant Emissions of Existing and Future Engines for Commercial Aircrafts,* Schumann U. (Ed.) "Airtraffic and Environment - Background, Tendencies and Potential Global Atmospheric Effects", Springer Lecture Series 60, S. 43 - 83 (1990)

Matra-Espace: *Phase A Study of the Atmospheric Lidar (ATLID)*, Ref. 326/AT/FP (1990)

Milton, M. J. T., Bradsell, R. H., Jolliff, B.W., Swann, N. R. W. and Woods, P. T.: *The Design and Development of a Near-Infrared DIAL System for the Detection of Hydrocarbons*, Proceedings of the 14th International Laser-Radar Conference, S. 370-373, (1988)

NAPAP, National and Precipitation Assessment Program: *The causes and effects of acidic deposition;* Washington, D. C. (1988)

Schumann, U.: *Air Traffic and the Environment - Background, Tendencies, and Potential Global Atmospherec Effects*, Springer Lecture Series 60 (1990)

Schumann, U. und Wendling, P.: *Determination of Contrails from Satellite Data and Observational Results*, S. 138-153 in Schumann U.: Air Traffic and the Environment - Background, Tendencies, and Potential Global Atmospherec Effects, Springer Lecture Series 60 (1990)

Spellicy, R. L., Draves, J. A., Crow, W. L., Herget, W. F., Buchholtz, W. F.: *A Demonstration of Optical Remote Sensing in a Petrochemical Environment Proc. Optical Remote Sensing and Applications to Environmentaland Industrial Safety Problems*, Air and Waste Management Association, Houston (1992)

Spellicy, R. L., Crow, W. L., Draves, J. A., Buchholtz, W. F., Herget W. F., Spectroscopy, Volume 6, Number 9, (1991)

Stefanutti, L., Morandi, M., Del Guarta, M., Godin, S., Megie, G., Brechet, I., Piquard, I.: *"Polar Stratospheric Cloud Oberservations over the Antarctic Continent of Dumout D`urville"*, Journal Geophys. Res. 96, 12975-12987, (1991)

Sugimoto, N., Minato, A., Sasano,Y.: *Spectroscopic Method for Earth - Satellite - Earth Laser Long-Path Absorption Measurements Using Retroreflector in Space (RIS)*, Proceedings 16th International Laser-Radar Conference, Cambridge, MA, July 20-24 659-662 (1992)

Zdunkovski W. G., Welch R. M., Korb G.: *"An Inverstigation of the Structure of typical two-stream Methods for the Calculation of Solar Fluxes and Heating Rates in Clouds"*; Beitr. Phys. Atmosph. 53, 147-166, (1980)

8 Zukunftsaussichten

In den Kapiteln 5 und 7 wurden Beispiele angeführt, die bereits in die Zukunft weisen. Bis zu einem operationellen Einsatz der dargestellten Möglichkeiten stehen noch die Hürden der im Kapitel 6 gezeigten Verfahrensrichtlinien im Wege. Um optische Fernmeßverfahren für Behörden und Betreiber akzeptabel zu machen, sind einige Probleme zu lösen (Bröker (1992)). Ein Forum für die Erstellung eines Kataloges von Anforderungen an ein Fernmeßverfahren kann ein Arbeitsausschuß in der Kommission Reinhaltung der Luft im VDI und DIN sein. Die Fertigstellung der Richtlinie wird im günstigsten Fall einen Zeitraum von mindestens zwei Jahren erfordern.

Wenn man diesen Prozeß in der Form des zweiten Futurs ansiedelt, sind die Zukunftsaussichten der Verfahren auf den Gebieten Laserentwicklung, Verbesserung der FTIR Methoden als Multikomponentensysteme und in der Einbeziehung von Expertensystemen zu suchen.

8.1 Laser

Auf dem Gebiet der Laserentwicklung für Fernmeßverfahren geht im Augenblick ein verwirrender Entwicklungsschub durch die Labors. Von den durchstimmbaren Lasern über die Techniken des Pumpens mittels Laserdioden bis zu Frequenzstabilitäten im Hertz-Bereich reichen die Entwicklungen. Schließlich ist der optische Verstärker als Detektorvorverstärker von der Nachrichtentechnik (siehe Abschnitt 5.8.1) her bekannt und kann in der Lidar-Technik eingesetzt werden.

8.1.1 Durchstimmbare Laser

Die für die DIAL Technik und für Raman Lidar benutzten Dye-Laser werden abgelöst durch durchstimmbare Festkörperlaser. Der Grund liegt u.a. in der Abhängigkeit der beim Dye-Laser benutzten optischen Elemente Etalon und Gitter vom Luftdruck und der Beschleunigung. Bei einem flugzeuggetragenen Fernerkundungslidar treten unterschiedliche Beschleunigungen auf, die das Gitter verstimmen können und der Druck in der Kabine wechselt, was Auswirkungen auf die Wellenlängenselektion des Etalons hat (Ehret et al. (1991)). Festkörperlaser, die sich durchstimmen lassen, wurden untersucht für ihre

Anwendung in Lidar-Systemen. Typische Ausgangsenergien von 100 mJ bei einer Pulsfolgefrequenz von 1 - 100 Hz werden verlangt.

Der Alexandrite-Laser, Chrom in Chrysoberyl ($BeAl_2O_4$), war einer der ersten durchstimmbaren Festkörperlaser (Bruneau et al. (1991)). Der Durchstimmbereich ist von 700 - 810 nm. Zur Zeit wird der Titan-Saphir-Laser ($Ti{:}Al_2O_3$) mit seinem Durchstimmbereich von 700 - 1100 nm weiterentwickelt. Er eignet sich besonders für die Wasserdampf-DIAL Messungen.

Den Wellenlängenbereich von 1,5 - 2,2 µm erreicht man mit Erbium, Thullium und Holmium Lasern. Wegen der Augensicherheitsprobleme (Abschnitt 5.9) sind Laser bei 2 µm besonders gefragt. Die Materialien Thullium und Holmium in verschiedenen Kristallen bieten sich als Laser an. Ein Holmium:YSGG wurde bereits für Wasserdampfmessungen eingesetzt (Cha et al. (1991)). Holmium:YAG-Laser werden für Doppler-Lidar angewandt (Hendserson et al. (1989)). Dieser Laser soll die bisher eingesetzten CO_2-Laser ablösen (Piltingrud (1991)).

Weitere Beispiele für das Gebiet der durchstimmbaren Festkörperlaser sind in Byer et al. (1985) und in Shoud und Jenssen (1989) zu finden. Weitere Wellenlängenbereiche können mittels Raman-Zellen und mit den nicht linearen Optiken erreicht werden (Byer (1989)).

Neben diesen Fernerkundungsanwendungen kommt dem Studium der Verbrennungsvorgänge mittels durchstimmbarer Laser eine große Aufgabe zu. Die bekannten Laserdioden im Bereich von 8 - 12 µm können gezielt über die Absorptionslinien der meisten interessierenden Gase abgestimmt werden (Tacke et al. (1990)).

8.1.2 Laserdioden als Pumplichtquellen

Der Vergleich der Spektren einer Krypton-Blitzlampe und einer Laserdiode im Zusammenhang mit dem Absorptionsspektrum des Nd: YAG Materials (Abb. 8.1) zeigt, daß man einen Nd:YAG-Laser mit einer Laserdiode pumpen kann.

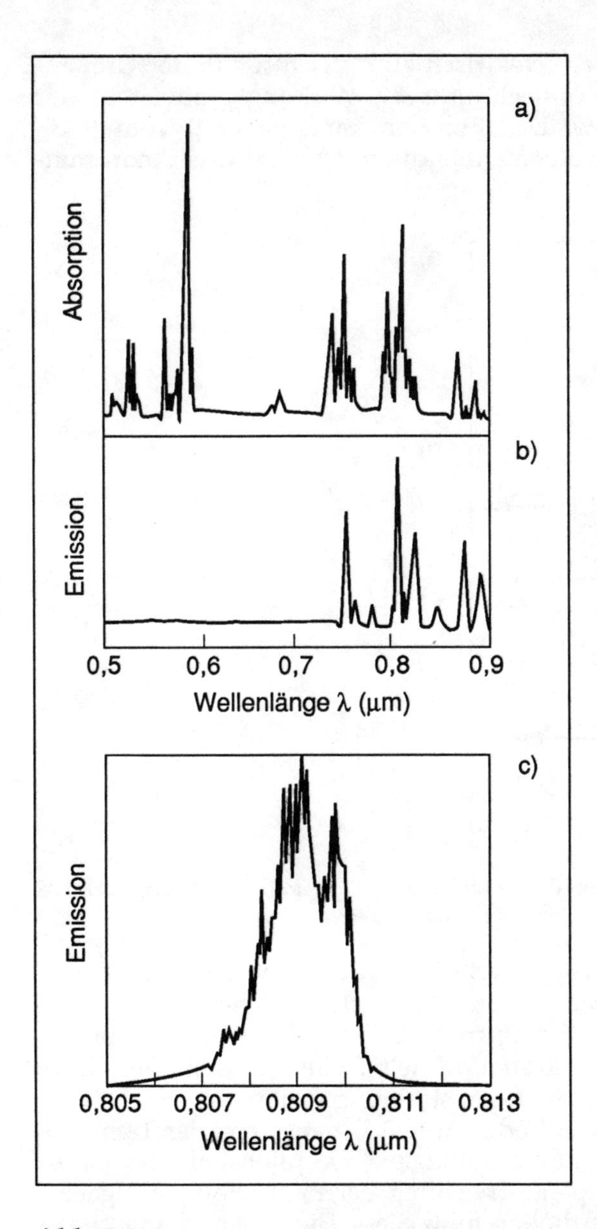

Abb. 8.1 Absorptionsspektrum von Nd:YAG (a) und Emissionsspektrum einer Krypton-Bogenlampe (b). Das Emissionsspektrum einer Laserdiode ist in einem anderen Wellenlängenmaßstab unten (c) dargestellt.

Der Wirkungsgrad wird bei optimaler Übereinstimmung von Pumplicht mit dem Absorptionsspektrum maximal werden. Die beim Blitzlampenpumpen auftretende Temperaturerhöhung des Lasermediums muß durch Wärmetauscher vermieden werden. Der Wirkungsgrad der Laserdioden (elektrisch zu optisch) ist in der Größenordnung von 30%. Der optisch-optische Wirkungsgrad ist in der Größenordnung vom 45%. Das Pumpen kann generell vom Ende oder von der Seite her erfolgen. Abbildung 8.2 zeigt drei Anordnungen.

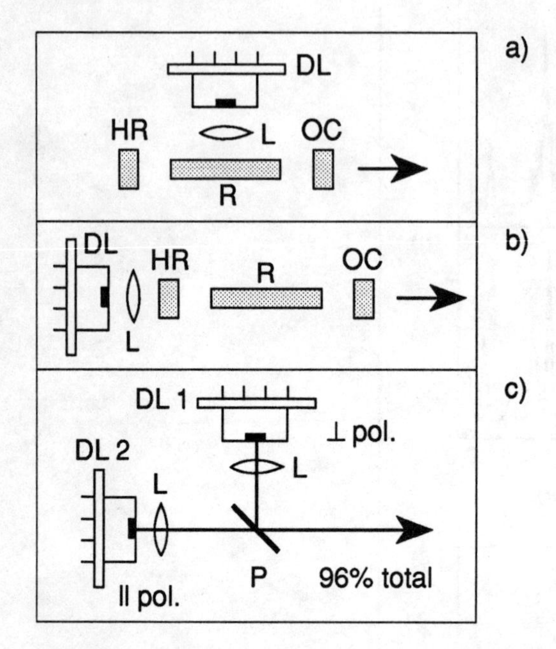

Abb. 8.2 Schema der Pump-Anordnung für Laserdioden a) seitliches Pumpen b) Pumpen von einem Ende (auch über Faser) c) Pumpen mit zwei Dioden

Eine Hilfskonstruktion ist notwendig, um die Divergenz der Strahlung der Laserdiode zu reduzieren. Die Abstrahlfläche ist unsymmetrisch, z.B. 1 µm x 50 µm. Der Abstrahlwinkel ist in diesem Beispiel 5° x 10°. Größere Winkel sind normal. Mittels Zylinderlinsen oder GRIN Linsen (L in Abb. 8.2) wird die Pumpstrahlung gebündelt.

Die Wellenlänge der Laserdiode (Abb. 8.1) hängt von der Temperatur ab. Die Abstimmung auf die optimale Absorptionslinie des Laser-Materials muß durch Temperaturregelung der Pumpdiode erfolgen.

Beim Pumpen mit Laserdioden muß diese Diode sehr stabil gehalten werden. Dies erfordert einen vergleichsweise ähnlichen Aufwand wie das ältere Verfahren mit Blitzlampe und Kühlung. Der Wirkungsgrad (elektrisch zu optisch) wird trotzdem wesentlich verbessert und man hat den Vorteil, hohe Pulsfolgefrequenzen zu realisieren. Ein Beispiel für den Pulsbetrieb ist in Abbildung 8.3 zu sehen (Mehnert et al. (1991)).

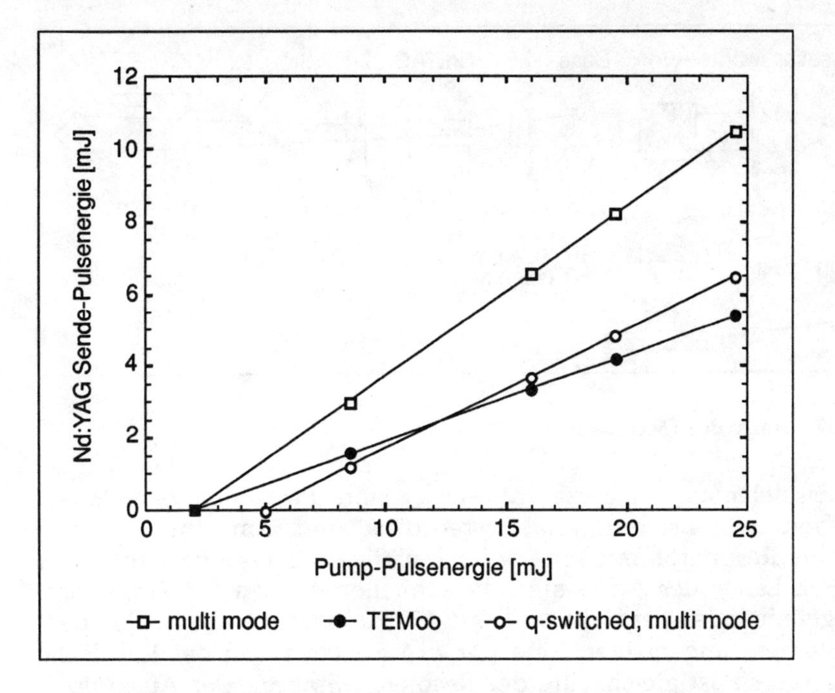

Abb. 8.3 Daten des diodengepumpten Nd:YAG-Lasers (Mehnert et. al (1991))

Das Lasersystem kann mit 100 Hz betrieben werden und erreicht mit 25 mJ Pumpenergie 11 mJ Multimode Nd:YAG-Pulsenergie. Für den Q-switch-Betrieb wurden 6,5 mJ erreicht und bei Frequenzverdopplung 1,2 mJ.

Die Vorteile des Pumpens mit Laserdioden liegen in der Verbesserung des Wirkungsgrades und in der kleineren Dimension. Damit verbunden ist u.a. eine mögliche höhere Pulsfolge und eine längere Lebensdauer. Die Nachteile können in einer unsachgemäßen Handhabung der empfindlichen Laserdioden liegen; man benötigt einen größeren Aufwand an dieser Stelle.

8.1.3 Frequenzstabile Laser

Ein Vorteil des Pumpens mit Laserdioden wird offensichtlich, wenn man das Thema Frequenzstabilität betrachtet. Eine Temperaturänderung von 1 µK bewirkt eine Resonanzfrequenzänderung von 3,1 kHz (Kane und Byer (1985)).

Frequenzstabile, abstimmbare Laser werden bei Doppler-Verfahren und DIAL-Verfahren benötigt. Eine der Ringlaser-Anordnung ähnliche Form wurde für den Twisted-Mode Aufbau (TMC) gewählt (Wallmeroth und Peuser (1988)). Abbildung 8.4 zeigt den Aufbau.

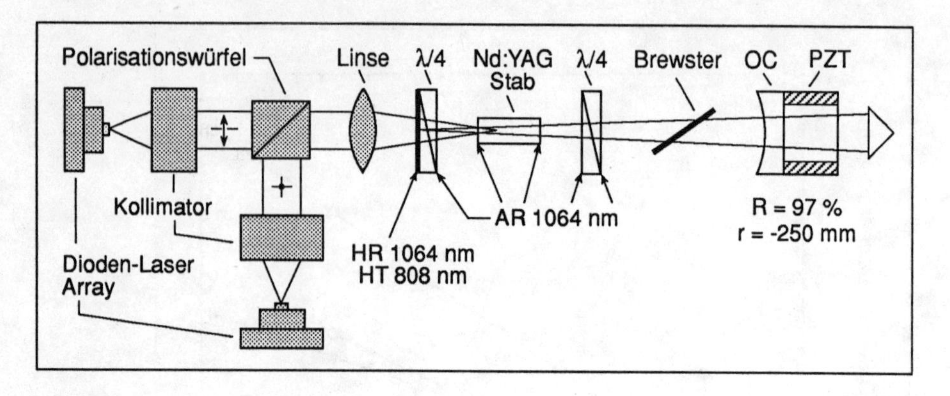

Abb. 8.4 Prinzip des TMC-Lasers

Schlüsselelement für diese TMC-Laser sind die beiden λ/4-Platten, die neben dem Lasermaterial angeordnet sind, um eine stehende Welle im Resonator mit einer gleichmäßigen Energieverteilung zu erzeugen. Längs der Achse sind die schnellen Achsen der Platten um 90° gegeneinander verdreht und mit 45° zu einem Brewster-Polarisations-Element angeordnet. Eine der λ/4-Platten ist an der Endfläche verspiegelt, sie ist gleichzeitig der Resonator-Spiegel. Der Auskoppel-Spiegel ist als Plankonvex-Linse mit einem Krümmungsradius von minus 250 mm gestaltet. Ein Piezo-Element ist hinzugefügt, um die Frequenz zu regeln.

Bei dem Versuch (Wallmeroth (1990)) wurden zwei 1-Watt Dioden zum Pumpen von 620 mW Dauerstrich-Leistung benutzt. Die so aufgebauten Nd:YAG-Laser sind frequenzstabil und über einen kleinen Wellenlängenbereich abstimmbar. Ein monolitisch-integrierter Aufbau (Wallmeroth (1990)) erbrachte eine Stabilität von 10 KHz innerhalb 10 ms. Mittels einer Regelung über die Pumpstrahlung (Heilmann und Wandernoth (1992)) konnte eine Langzeitstabilität in der Größenordnung einiger kHz erreicht werden. Der Abstimmbereich des Nd:YAG-Lasers ist so groß, daß man einige Jod-Absorptionslinien im frequenzverdoppelten, ausgehenden Strahl überdecken kann. Damit ist es möglich, eine natürliche Referenzwellenlänge für die frequenzstabile Ausgangstrahlung zu erhalten. (Wallmeroth und Letterer (1990)).

8.1.4 Optische Verstärker

Dieses optische Element, der optische Verstärker als Detektor-Vorverstärker, wird in der Zukunft eine große Rolle sowohl als schmalbandiges, aktives Filter als auch als Verstärker spielen. Alle Lidar-Verfahren werden vom Hintergrundlicht negativ beeinflußt, speziell das Raman

Lidar ist in der Anwendung bei Tageslicht kritisch (Abschn. 5.7.2 und 5.7.4). In der optischen Nachrichtentechnik sind diese Verstärker bei hohen Datenraten im Einsatz. Für Lidar liegen erste Ansätze vor (Malota (1986)); Tests zeigen die Bedeutung bei Lidar-Systemen, die nahezu beugungsbegrenzt arbeiten (Überlagerungempfang). Das Prinzip ist folgendes (Abb. 8.5):

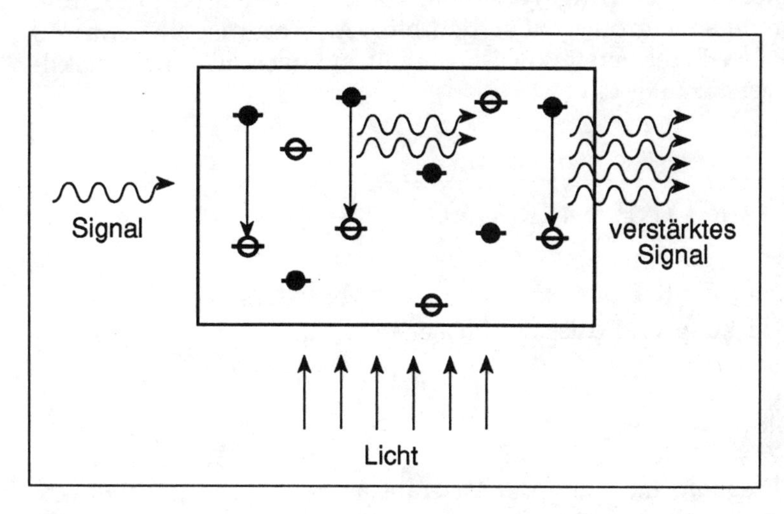

Abb. 8.5 Prinzip des optischen Verstärkers

Einige Photonen erreichen den Verstärker und werden durch das Medium verstärkt. Dazu ist es nötig, daß die Wellenlängen der Photonen mit der Laserwellenlänge des Mediums übereinstimmen. Man unterscheidet zwischen dem Fabry-Perot Verstärker und dem "Travelling Wave"-Verstärker. Die Kleinsignalverstärkung hängt ab von der Länge Z des Mediums

$$I_\nu(z) = I_\nu(0)\, e^{(\gamma(\nu) - \alpha)\, z} \tag{8.1}$$

wobei $\gamma(\nu)$ der Kleinsignalverstärkungskoeffizient und α der Absorptionskoeffizient ist. Der Koeffizient $\gamma(\nu)$ ist gegeben durch

$$(\nu) = \frac{c'^2}{8\pi\tau_{sp}\cdot\nu^2}\left(N_2 - \frac{g_2}{g_1} N_1\right) g(\nu) \tag{8.2}$$

mit

c' = Lichtgeschwindigkeit im Verstärkermedium
t_{sp} = Lebensdauer des oberen Laserniveaus

ν = Laserfrequenz
N_i = Besetzungsdichte des j-ten Energieniveaus
g_i = Entartung des j-ten Energieniveaus
$g(\nu)$ = Fluoreszenz-Linienformfunktion

Der dargestellte "Travelling-Wave"-Verstärker hat den Nachteil, daß die Bandbreite sehr groß ist. Für den Nd:YAG-Laser ist sie etwa 210 GHz. Der Fabry-Perot Verstärker ist schmalbandiger und somit selektiver. Seine Verstärkung $G(\nu)$ ist

$$G(\nu) = \frac{(1-R_1)\,(1-R_2)\cdot G_s}{(1-\sqrt{R_1R_2}\cdot G_s)^2 + 4\sqrt{R_1R_2}\cdot G_s\cdot \sin^2(\frac{\delta}{2})} \tag{8.3}$$

R_1 und R_2 sind die Reflexionsfaktoren der zwei Laserspiegel, G_s ist die Einwegverstärkung und d ist die Phasenänderung

$$\delta = 2\pi\,\frac{\Delta\nu}{FSR} \tag{8.4}$$

mit $\Delta\nu$ als Frequenzänderung der Laserausgangsfrequenz und FSR als freier Spektralbereich mit

$$FSR = \frac{c}{2n_{Res}\cdot L} \tag{8.5}$$

n_{Res} ist der mittlere Brechungsindex des Materials, L ist die Resonatorlänge.

Die Beziehung wurde im Labor getestet (Letterer (1992)). Dabei wurde der in Abbildung 8.4 (b) gezeigte Pumpaufbau abgewandelt (Abb. 8.6).

Die Laserdiode pumpt den integrierten TMC-Nd:YAG-Laser. Dessen Strahlung wird auf ein Rad fokussiert und das Doppler-verschobene, reflektierte Signal wird über den Fabry-Perot-Verstärker gemeinsam mit der Strahlung des "Lokalen Oszillators" (LO) auf den Detektor gegeben. Der MITMC-Laser ist Sender, Verstärker und LO. Die Stabilität des Lasers wird von einem handelsüblichen Fabry Perot kontrolliert.

Bei Veränderung der Doppler-Verschiebung durch Änderung der Radumdrehung kann die Frequenzabhängigkeit der Verstärkung bestimmt werden. Abbildung 8.7 zeigt das Ergebnis (Letterer (1992)).

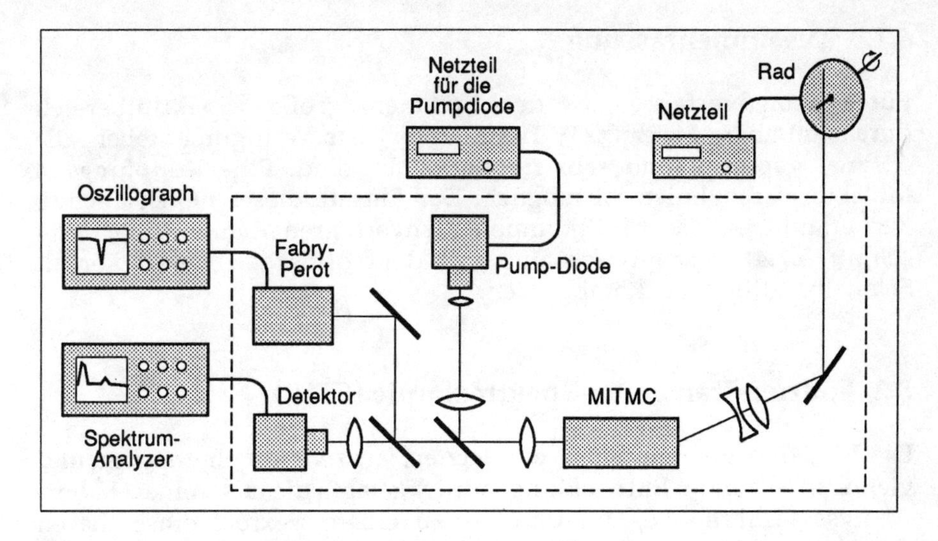

Abb. 8.6 Prinzip einer Dauerstrich-Lidars mit Überlagerungsempfang und optischem Verstärker

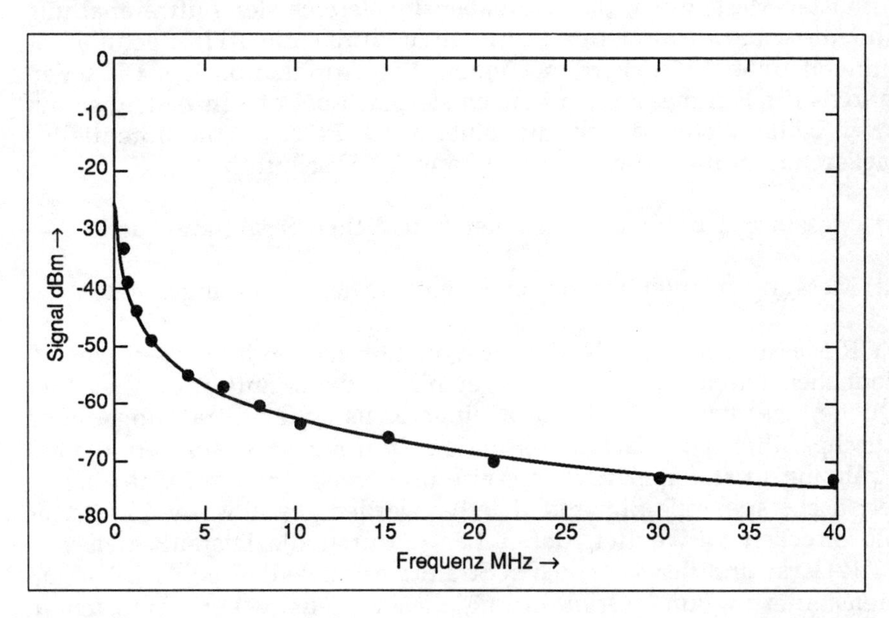

Abb. 8.7 Signal am Detektor in dB gegen die Doppler Verschiebung in MHz

Die ausgezogene Kurve in Abbildung 8.7 entspricht der Gleichung 8.3; die Punkte sind Meßpunkte. Dieses Beispiel zeigt, daß der optische Verstärker auf der Basis eines Fabry-Perot Verstärkers als aktiv-optisches Schmalbandfilter mit einer Bandbreite von etwa 1 MHz benutzt werden kann.

8.1.5 Zusammenfassung

Für Fernmeßverfahren werden in einem großen Spektralbereich durchstimmbare Laser (z. B. Titan Saphir) zur Verfügung stehen, die optimal gepumpt und sehr frequenzstabil sind. Eine Kopplung an Molekülreferenzlinien ist möglich. Der Einsatz dieser neuen Techniken erlaubt es, das Multikomponentenverfahren Raman-Lidar (Abschnitt 5.7.4) aufzugreifen und mit dem optischen Verstärker als Schmalbandfilter zu kombinieren.

8.2 Fourier-Transform-Spektroskopie (FTIR)

Die FTIR-Technologie hat in den letzten Jahrzehnten eine stetige und vielversprechende Entwicklung zurückgelegt, die als reines Labor-Analyseverfahren begann und bis zu einem flexibel einsetzbaren Fernmeßverfahren in der Umweltmeßtechnik führte. Diese Entwicklung ist ungebrochen und sie demonstriert anhand erfolgreich durchgeführter Messungen, daß Aufgaben im Bereich der Luftreinhaltung und die Überprüfung der Luftqualität durch die FTIR-Technologie sinnvoll unterstützt werden können. Die Applikation des FTIR-Verfahrens für Fernmessungen konzentriert sich bei diesen Aufgaben auf zwei Teilbereiche, durch die eine weite Palette von potentiellen Meßszenarien untersucht werden kann (s. Abschnitt 5.4):

(i) Messungen unter Einsatz einer künstlichen Strahlungsquelle

(ii) Messungen unter Einsatz einer natürlichen Strahlungsquelle

FTIR-Messungen zum Nachweis von Luftverunreinigungen im bodennahen Bereich, also in geringer bis mittlerer Entfernung von der Quelle, werden unter Einsatz einer künstlichen Strahlungsquelle durchgeführt. Die nachzuweisenden Spurengase absorbieren diese Strahlung in stoffspezifischer Weise und erzeugen somit eine charakteristische spektrale Signatur. Hierbei werden geschlossene bistatische Meßstrecken verwendet, deren Länge durch die Distanz zwischen FTIR-Gerät und der künstlichen Strahlungsquelle definiert ist. Die Dimensionierung und Orientierung dieser Meßstrecken läßt sich in weiten Grenzen der aktuellen Meßaufgabe und den örtlichen Gegebenheiten anpassen. Aus diesem Grund kann davon ausgegangen werden, daß FTIR-Messungen mit abgeschlossenen Meßstrecken in zunehmendem Maße für lokale Untersuchungen eingesetzt werden. Die Einrichtung von Meßstrecken in unterschiedlichen Höhen (optischer Zaun) ermöglicht in Verbindung mit meteorologischen Daten (Windrichtung und –stärke) die Beurteilung des Transportes von

Luftverunreinigungen aus einem vorgegebenen Gebiet heraus (z.B. diffuse Emission aus einem Deponiegelände). Die Entwicklung mobiler FTIR-Systeme für den Feldeinsatz hat diese Meßziele in den Bereich einer kurzfristigen Realisierung gebracht. Die weitere Entwicklung der FTIR-Geräte für den Feldeinsatz (Emissionskontrolle, Überwachung der Luftqualität) wird sich stark an den Erfordernissen für diese Meßaufgaben orientieren. Es wird damit gerechnet, daß der Schwerpunkt der Entwicklung sich auf die Realisierung von Geräten konzentriert, die folgenden Kriterien genügen:

- Relativ einfache Bedienung
- Betrieb unter erschwerten Einsatzbedingungen
- Hohe Güte der Meßergebnisse hinsichtlich Reproduzierbarkeit, Kalibrierbarkeit, Genauigkeit und anderer durch Richtlinien vorgegebener Eigenschaften
- Schnelle Verfügbarkeit der Resultate (Echtzeit-Messung)

Die Steigerung der spektralen Empfindlichkeit (Auflösungsvermögen) der FTIR-Geräte wird diesen Kriterien untergeordnet werden, solange das bisher erreichte Auflösungsvermögen den gestellten Aufgaben genügt. Im Rahmen von Laboruntersuchungen für grundlagenorientierte Untersuchungen von Spektren von Luftverunreinigungen werden zunehmend Geräte mit sehr hohem Auflösungsvermögen eingesetzt werden, wodurch bislang noch nicht vorhandene Informationen und Daten über die Struktur dieser Spektren für Feldmessungen zur Verfügung gestellt werden können.

Im Fall (ii) werden Messungen zusammengefaßt, die die thermische Analyse des zu untersuchenden Gases (z.B. heiße Verbrennungsabgase) untersuchen bzw. auf der Absorption einer natürlichen Strahlungsquelle (z.B. Sonne) durch nachzuweisende Spurengase beruhen. In Sonderfällen, die im Bereich der Atmosphärenforschung liegen, wird die thermische Emission von Gasen im Bereich der Stratosphäre analysiert, um besonders dort wirksame kritische Spurengase nachzuweisen (Fischer (1990)). Es handelt sich hierbei um offene monostatische Meßstrecken, da die Länge der Meßstrecke nicht bestimmt ist. Es wird in diesem Fall die gesamte (integrale) Menge des in Blickrichtung des FTIR-Gerätes befindlichen Spurengases nachgewiesen.

In einer ähnlich gelagerten Anwendung kann von einem in größerer Höhe stationierten FTIR-System (flugzeuggetragenes System) die Absorption der terrestrischen Infrarotstrahlung durch die in der Troposphäre befindlichen Luftverunreinigungen quantitativ untersucht werden. In diesem Fall würde zwar eine natürliche Strahlungsquelle (Erdoberfläche) genutzt; die Meßstrecke wäre jedoch aufgrund der bekannten Flughöhe genau definiert und somit geschlossen. Mit einer derartigen Meßkonfiguration ließen sich die integralen Konzentrationen verschiedener weiträumig verteilter Luftverunreinigungen bestimmen.

Weitere Applikationen liegen im Bereich der Untersuchung von Flugzeugabgasen unter realistischen Meßbedingungen (Reiseflughöhe). Die Berücksichtigung dieser Meßkonfiguration ist eine wesentliche Voraussetzung für eine sinnvolle Durchführung dieser Messungen, da die Auswirkungen der meteorologischen Parameter der Umgebung auf die chemischen Umwandlungen der emittierten Luftverunreinigungen somit besonders effektiv untersucht werden kann. Aufgrund der Größe der Meßstrecken wird bei diesen Applikationen primär die weiträumige Verteilung von Luftverunreinigungen im Vordergrund stehen.

Es kommen somit auch Anwendungen im Bereich der kontinentalen oder globalen Überwachung in Betracht. Diese Untersuchungen bedingen die Verfügbarkeit von (weitgehend) automatisierten und kompakten FTIR-Geräten; besonders wenn satellitengestützte Messungen vorgesehen sind, die sich über mehrere Jahre erstrecken. Diese Anwendungen werden technologische Erfahrungen erbringen, die sich in entsprechendem Maße auch für umweltrelevante Entwicklungen auf dem FTIR-Gebiet einsetzen lassen. Hier sei besonders an die Vereinfachung der Handhabung und an einen zuverlässigen Betrieb unter erschwerten Feldmeßbedingungen gedacht. In den USA wurden in Zusammenarbeit zwischen Herstellern von FTIR-Systemen und der Environmental Protection Agency (EPA) eine Vielzahl von Feldmeßkampagnen durchgeführt, in denen die Ergebnisse der FTIR-Systeme mit den Resultaten punktförmig messender Geräte verglichen wurden (Russwurm et al. (1990), Russwurm et al. (1991)).

Es wird damit gerechnet, daß diese Aktivitäten in naher Zukunft auch in der Bundesrepublik unter Beteiligung entsprechender privater und offizieller Kreise durchgeführt werden. Die offizielle Einführung von optischen Fernmeßverfahren zur Messung von gasförmigen Luftverunreinigungen bedingt ein offizielles Regelwerk (Richtlinien), in dem die technischen Grundvoraussetzungen für diese Meßverfahren, sowie deren Anwendung im Bereich der Bestimmung von Luftverunreinigungen definiert sind. In der Bundesrepublik hat sich im Jahre 1992 ein VDI-Arbeitskreis etabliert, der sich mit der Erarbeitung von einer Richtlinie für optische Fernmeßverfahren beschäftigt. In diesem Arbeitskreis wird die FTIR-Technologie als vorrangiges Meßprinzip für die Erarbeitung dieser Richtlinien angesehen. Andere optische Fernmeßverfahren sollen entsprechend ihrem Entwicklungsstand zu späteren Zeitpunkten in diese Richtlinien eingebunden werden.

8.3 Schrifttum

Bröker, G.: *Überwachung der Luftqualität*, Proceeding LASER 91, Laser in der Umwelttechnik, S. 255-257, Springer Verlag (1992)

Bruneau, D., Cazeneuve, H., Loth, C., Pelon, J.: *Double-pulse dual-wavelength Alexandrite Laser for atmospheric water rapor measurements*, Appl. Opt. 30, 3930 - 3937 (1991)

Byer, R. C., Gustafson, E. K., Trebino, R.: *Tunalbe Solid State Lasers for Remote Sensing*, Springer Series in Optical Sciences, Springer Verlag Berlin (1965)

Byer, R. L.: *Nonlinear frequency conversion enhances diode-pumped lasers*, Laser Focus World, March 1989, 77 - 86

Cha, S., Chan, K. P., Killinger, D.: *Tunable 2.1-μm Ho lidar for simultanous range resolved measurements on atmospheric water rapor und aerosol backscatter profiles*, Appl. Opt. 30, 3938 - 3943 (1991)

Ehret, G. Kiemle, C., Renger, W., Simmet, G.: *Wasserdampf-Differential Lidar im nahen Infrarot* , Laser in der Umwelttechnik (S. 102-110), Springer Verlag Berlin (1991)

Fischer, H., Oelhaf, H., Fergg, F., Fritsche, Ch., Piesch, Ch., Rabus, D., Seefeldner, M., Friedl-Vallon, F., Völker, W.: *Limb Emission with the Ballon Version of the Michelson Interferometer for Atmospheric Sounding (MIPAS)*, Proc. Optical Remote Sensing of the Atmosphere, 150-153, Incline Village (1990)

Heilmann, R., Wandernoth, B.: *Active light incluced thermal frequency stabisisation of monolithic integrated twisted-mode-carity Nd: YAG laser* , Electronic Letters 28, 1367-1368 (1992)

Henderson, S. W., Hale, C. P.: *Tunable single-longitudianal - mode laser diode pumped Tm: Ho: YAG laser*, Opt. Lett. 29. 1716 - 1719 (1990)

Kane, T. J., Byer, R. L.: *Monolithic, unidirectional singe-mode Nd: YAG ring laser*, Opt. Lett. 10, 65 - 67 (1985)

Letterer, R.: *Optischer Detektorvorverstärker im Direkt- und Überlagerungempfang*, Dissertation der LMU München 31.03. (1992)

Malota, F.: *Überlegungen und Rechnungen zur Anwendung eines optischen Verstärkers als End- und Vorverstärker.* DFVLR - FB 86 - II (1986)

Mehnert, A., Peuser, P., Schmitt, N. P.: *New Solid State Lasers for Applications in Lidar-Systems,* proceedings, LASER 91, pp 201 - 204.

Piltingrud, H. V.: *CO_2 laser for lidar applications, producing two narrowly spaced independly wavelength - selectable Q-Switched output pulses.* Appl. Opt. 30, 3952 - 3963 (1991).

Russwurm, G. M., Kegann, R. H., Simpson, O. A. and McClenny, W. A.: *Use of Fourier Transform Spectrometer for a Remote Sensor at Superfund sites,* Proc. SPIE, Vol. 1433 (1991)

Russwurm, G. M. and McClenny, W. A.: *A Comparison of FTIR Open Path Ambient data with Method TO-14 Canister data, Measurement of Toxic and Related Air Pollutants,* Air & Waste Management Association, Pittsburgh (1990)

Stand, M. C., Jenssen, H. P.: *Tunable Solid State Lasers,* OSA-Proceedings Volume 5, May 1-3, North Falmouth, USA (1992)

Tacke, M., Grupp, H., Mannesbart, W, Slemr, F.: *Die technische, wirschaftliche und umweltpolitische Bedeutung der Diodenlaserspektroskopie;* IPM (Fraunhofer Institut für Physikalische Meßtechnik) Bericht 03/1990.

Wallmeroth, K., Peuser, P.: *High-power, CW single frequency,* TEM, Springer Verlag (1992), diode-laser-pumped Nd: YAG laser, Electronic Letters 24, 1086 - 1088, (1988)

Wallmeroth, K., Letterer, R.: *Cesium frequency standard for lasers at l = 1.06 μm,* Opt. Letters 15, 812 - 813 (1990)

9 Zusammenfassung und Ausblick

Es wurde in den vorigen Kapiteln gezeigt, daß es verschiedene Arten von Quellen gibt, deren Emission von Luftverunreinigungen zu unterschiedlichen Auswirkungen in der unmittelbaren Umgebung führt.

Je nach Größe und Struktur der Quelle wird zwischen einer geführten (punktförmigen) Emission und flächenhaften bzw. linienhaften (diffusen) Emissionen unterschieden. Die weitere Ausbreitung dieser Luftverunreinigungen im Nah- und Fernfeld kann mit Hilfe von numerischen Ausbreitungsmodellen simuliert werden, womit sich eine überblickhafte Darstellung dieser Vorgänge ergibt. Hierbei werden zusätzliche charakteristische topographische und meteorologische Einflußgrößen mit einbezogen.

Diffuse Quellen sollten sich aufgrund der Meßreichweite von optischen Fernmeßverfahren besonders mit diesen Anlagen überwachen lassen, da bereits durch eine geringe Anzahl von Sensoren die Emission aus relativ weit ausgedehnten Gebieten erfaßbar wird. Dies bedingt bei der Bestimmung von Transportvorgängen von Luftverunreinigungen die zusätzliche Messung des bodennahen Windfeldes.

Aufgrund der unterschiedlichen Ergebnisstruktur der optischen Fernmeßverfahren (integrierend bzw. räumlich auflösend) ist eine sorgfältige Evaluierung der jeweiligen Systemparameter notwendig. Für die offizielle Anwendung von optischen Fernmeßverfahren für Überwachungsaufgaben ist es erforderlich, Richtlinien zu erarbeiten, die diese Verfahren und ihre systemspezifische Leistungsfähigkeit unter realen Meßbedingungen quantitativ charakterisieren. Zu diesem Zweck hat sich eine VDI-Arbeitsgruppe etabliert, die diese Richtlinien formulieren wird. Diese Arbeitsgruppe umfaßt Mitglieder aus dem Umfeld der Kontrollbehörden, Hersteller von optischen Fernmeßsystemen und Mitglieder aus dem Bereich der Forschung (Atmosphärenchemie bzw. -physik). Die in der Arbeitsgruppe zu behandelnden Themen werden durch die jeweils fachlich zuständigen Vertreter erarbeitet und der Gruppe präsentiert.

Aufgrund der Tatsache, daß die FTIR-Technologie relativ weit fortgeschritten ist, wurde vereinbart, die Erstellung einer Richtlinie zunächst am Beispiel des FTIR-Verfahrens zu beginnen. Das Lidar-Verfahren wird zeitlich versetzt ebenfalls in dieser Arbeitsgruppe behandelt, sobald erste allgemein gültige Ergebnisse erarbeitet worden sind. Durch dieses zeitlich gestaffelte Vorgehen soll sichergestellt werden, daß die unterschiedlichen Fernmeßverfahren entsprechend ihres jeweiligen Entwicklungsstandes behandelt werden, wodurch eine konsequente Erstellung dieser Richtlinie ermöglicht werden soll. Der Regelkreis für die Überwachung der Umwelt, der in der Einleitung geschildert wurde, ist aus der Sicht der Wissenschaftler verdeutlicht worden. Es kommt darauf an, zu handeln und die Menschen wachzurütteln, zu sensibilisieren über die Wirkung der Luftschadstoffe. Die Methoden und Verfahren wurden geschildert, Anwendungsszenarien wie in Abbildung 1.1 konnten konkretisiert werden. Die Wege zu einer Akzeptanz wurden ausgewiesen. Mit dem steigenden Umweltbewußtsein in der Bevölkerung und der Aufgabe im Hintergrund, den Planeten Erde auch im nächsten Jahrhundert bewohnbar zu erhalten, kann das dargestellte Material in zweierlei Richtungen genutzt werden:

a) Die Techniker erhalten neue Verfahren, die sie in Geräte umsetzen können und mit denen die Schadgase an der Quelle reduziert werden können.
b) Die Behörden erhalten neue Meßgeräte, Modelle und neues Wissen über die Wirkung des komplizierten Regelkreises der Luftchemie, die sie für eine optimale Kontrolle der Einhaltung der Gesetze nutzen können.

Ein Hilfsmittel für die Umsetzung ist der Informationsaustausch. Auf dem Gebiet der Verbrennung gibt es eine "Forschungsvereinigung Verbrennungskraftmaschinen". In dieser Vereinigung sind Hersteller von Verbrennungskraftmaschinen zusammengeschlossen. Sie diskutieren und fördern Arbeiten, deren Ergebnisse zu Neuentwicklungen führen können. Die optimale Prozeßsteuerung mittels Analyse der Verbrennungsprozesse unter Benutzung von Laserverfahren ist ein Ergebnis. Dabei muß die Multikomponenten-Analytik sehr schnell sein. Die Messung in der Umgebung von Feuerungsanlagen (dies gilt auch für den Straßen- und Luftverkehr) muß in engem Kontakt zu der Forschungsvereinigung gesehen werden.

Für das große Gebiet der klimarelevanten Spurenstoffe bestehen Analysemethoden. Die Weiterentwicklung und die Auswertung im Langzeitversuch werden neue Erkenntnisse über Wirkungen der Spurengase und Radikale geben, die wiederum auf Richtlinien und Gesetze zurückwirken (Verbot der Fluorchlorkohlenwasserstoffe). Hier muß man wegen der Langzeitwirkung sehr vorsichtig mit Einzelergebnissen umgehen, um voreilige, pressewirksame Schlußfolgerungen zu vermeiden. Ein internationales Gremium in der Art eines Klimadienstes ist erforderlich.

Das vorliegende Buch ist ein Konzentrat aus vielen, einzelnen Forschungsergebnissen. Eigene Arbeiten bilden das Gerüst. Wir bedauern sehr, daß Professor Dr. Konradin Weber aufgrund seines Wechsels vom VDI (Kommission Reinhaltung der Luft) zur Fachhochschule Düsseldorf während der Erstellung des Manuskripts durch die Mehrbelastung seine Mitarbeit am Buch einstellen mußte. Dadurch fehlt im "Roten Faden" der Anschluß von den Möglichkeiten der Fernmeßverfahren zum praktischen Einsatz im gesetzlich abgedeckten Einsatzfeld bei der Emissions- und Immissionsüberwachung. Wir hoffen bei einer Neuauflage mit seiner Mithilfe diese Lücke schließen zu können.

Wir haben zu danken den Kollegen J. Streicher (Abschnitte 5.7.1.1, 5.7.1.2, 5.7.1.3, 5.9), W. Krichbaumer (Abschnitte 4.6.2 und 5.7.1.3) und K. Wallmeroth (Abschnitte 5.8.2, 8.1) für ihre Textbeiträge zum Thema Lidar. Ch. Rapp hat mit seinen Diskussionsbeiträgen zum Thema "Modulierte Lidar-Verfahren" (Abschnitt 5.8.1) zur Klärung des Textbeitrages wesentlich beigetragen. H. Rippel hat wesentlich am Text zum FTIR (Abschnitt 5.4) mitgearbeitet.

Unseren ganz besonderen Dank verdient Frau Ute Hauenstein, die mittels des Programms ALDUS-FREEHAND die meisten der Zeichnungen aus unvollständigen Entwürfen erzeugte und als Abbildungen anschließend mit dem Textsystem MAC-WRITE zu der vorliegenden Arbeit verband. Weiterer Dank geht an Frau Birgit Pöllmann, die Teile des Textes aus oft unleserlichen Vorlagen zusammengestellt hat.

11 Sachwortverzeichnis

Springer-Verlag und Umwelt

Als internationaler wissenschaftlicher Verlag sind wir uns unserer besonderen Verpflichtung der Umwelt gegenüber bewußt und beziehen umweltorientierte Grundsätze in Unternehmensentscheidungen mit ein.

Von unseren Geschäftspartnern (Druckereien, Papierfabriken, Verpackungsherstellern usw.) verlangen wir, daß sie sowohl beim Herstellungsprozeß selbst als auch beim Einsatz der zur Verwendung kommenden Materialien ökologische Gesichtspunkte berücksichtigen.

Das für dieses Buch verwendete Papier ist aus chlorfrei bzw. chlorarm hergestelltem Zellstoff gefertigt und im ph-Wert neutral.

G. Baumbach, Universität Stuttgart

Luftreinhaltung

Entstehung, Ausbreitung und Wirkung von Luftverunreinigungen – Meßtechnik, Emissionsminderung und Vorschriften

Unter Mitarbeit von K. Baumann, F. Dröscher, H. Gross, B. Steisslinger

2. Aufl. 1992. XVI, 431 S. 210 Abb. Brosch. DM 78,–
ISBN 3-540-55078-X

Reinhaltung der Luft wird als fachübergreifendes Thema behandelt. Der Bogen wird von der Entstehung der Schadstoffe über die Ausbreitung und Umwandlung in der Atmosphäre, die Wirkung auf Menschen, Tiere, Pflanzen und Sachgüter bis hin zu Minderungstechniken bei den verschiedenen Quellen gespannt.

Meßtechnik stellt einen Schwerpunkt des Buches dar wegen der besonderen Bedeutung für das Erkennen von Luftschadstoffen sowie zur Überprüfung und Überwachung von Minderungsmaßnahmen. Aktuelle Probleme – SO_2-Ferntransport, Ozon in der Umgebungsluft, neuartige Waldschäden, Emissionsminderung bei Verbrennung fossiler Brennstoffe – werden behandelt; der Stand der Vorschriften als Rahmen für die Maßnahmen zur Reinhaltung der Luft wird aufgezeigt. Das Buch gilt als Lehrbuch und Nachschlagewerk zugleich und wendet sich an alle, die am Thema Umweltschutz/-technik interessiert sind.

Preisänderung vorbehalten

Staub – Reinhaltung der Luft Air Quality Control

Herausgeber:
Berufsgenossenschaftliches Institut für Arbeitssicherheit – BIA
Hauptverband der gewerblichen Berufsgenossenschaften e.V.,
Sankt Augustin

Kommission Reinhaltung der Luft (KRdL) im VDI und DIN, Düsseldorf

Redaktion:
Für den Bereich Gefahrstoffe am Arbeitsplatz: J. Lambert, W. Kopp,
L.-H. Engels, BIA, Sankt Augustin
Für den Bereich Reinhaltung der Luft: K. Grefen, K. Jüstel, VDI, Düsseldorf

ISSN 0039-0771 Titel Nr. 150